これだけマスター

1級
電気通信工事施工管理技士
第一次検定

関根康明[著]

Ohmsha

はじめに

「1級電気通信工事施工管理技士」の資格制度は，建設業法に基づく国家資格で，令和元年度から実施されています．資格を取得すると，電気通信工事の監理技術者になることができます．

この資格は，個人にとってだけでなく，会社にとっても技術力で評価され，電気通信工事の受注機会が増えるなど，大きなメリットがあります．

本書の作成にあたって，**過去の出題頻度**や**出題傾向**を加味し，**分野ごとに重要学習項目を抽出**しています．苦手項目を重点的に学習しやすいよう工夫して，得意分野を再認識することで取りこぼしをなくし，最小限の学習で合格ラインを突破できる構成となっています．また，節ごとに★の数で重要度を示しており，重要度順に学べる構成にすることで，短期間で効率的に習得できるように編集しました．さらに，重要事項が覚えやすい『ごろあわせ』と，要点を端的に表した『Point』を載せ，また，各章の過去問題により，学習効果を測定できるようにしました．

本書により，1級電気通信工事施工管理技術検定の第一次検定に合格されることを祈念いたします．

なお，本書を刊行するに当たり，編集，校正にご尽力いただいた株式会社オーム社の方々に感謝する次第です．

2024年4月

関　根　康　明

目次

Ⅳ部 関連分野

Ⅴ部 施工管理法

受検ガイダンス

1. 1級電気通信工事施工管理技術検定の概要

電気通信工事施工管理技術検定とは

国土交通省は，建設工事に従事する技術者の技術の向上を図ることを目的として，建設業法第27条の規定に基づき技術検定を行っています．技術検定には，「**電気通信工事施工管理**」など7種目があり，それぞれ「**1級**」と「**2級**」に区分されています．

電気通信工事施工管理技術検定の構成

技術検定は，「**第一次検定**」と「**第二次検定**」に分かれています．第一次検定の合格者は所定の手続き後「**1級電気通信工事施工管理技士補**」，第二次検定の合格者は所定の手続き後「**1級電気通信工事施工管理技士**」と称することができます．

2. 受検の手引き

受検資格

【第一次検定】

令和6年度中における年齢が<u>19歳以上</u>の者

【第二次検定】

令和6年度より施工管理技術検定の受検資格が変わります．

第二次検定は，令和6年度から**令和10年度までの5年間は制度改正に伴う経過措置として，**【令和6年度からの新受検資格】と【令和5年度までの旧受検資格】の**どちらの受検資格でも受検が可能**です．

【令和5年度までの旧受検資格】

令和3年度以降の1級第一次検定に合格し，かつ，下記（イ）（ロ）（ハ）のいずれかの実務経験がある者

イ　学歴等

<table>
<tr><th rowspan="2">学歴と資格</th><th colspan="2">電気通信工事施工管理に関する必要な実務経験年数</th></tr>
<tr><th>指定学科</th><th>指定学科以外</th></tr>
<tr><td rowspan="2">学校教育法による
・大学
・専門学校の「高度専門士」</td><td>卒業後3年以上の
実務経験年数</td><td>卒業後4年6ヵ月以上の
実務経験年数</td></tr>
<tr><td colspan="2">(1年以上の指導監督的実務経験年数が含まれていること)</td></tr>
<tr><td rowspan="2">学校教育法による
・短期大学
・高等専門学校（5年制）
・専門学校の「専門士」</td><td>卒業後5年以上の
実務経験年数</td><td>卒業後7年6ヵ月以上の
実務経験年数</td></tr>
<tr><td colspan="2">(1年以上の指導監督的実務経験年数が含まれていること)</td></tr>
<tr><td rowspan="2">学校教育法による
・高等学校
・中等教育学校（中高一貫6年）
・専修学校の専門課程</td><td>卒業後10年以上の
実務経験年数</td><td>卒業後11年6ヵ月以上の
実務経験年数</td></tr>
<tr><td colspan="2">(1年以上の指導監督的実務経験年数が含まれていること)</td></tr>
<tr><td>その他（学歴を問わず）</td><td colspan="2">15年以上の実務経験年数
(1年以上の指導監督的実務経験年数が含まれていること)</td></tr>
</table>

ロ　2級電気通信工事施工管理技術検定第二次検定に合格した者

<table>
<tr><th colspan="2" rowspan="2">学歴と資格</th><th colspan="2">電気通信工事施工管理に関する必要な実務経験年数</th></tr>
<tr><th>指定学科</th><th>指定学科以外</th></tr>
<tr><td colspan="2">2級電気通信工事施工管理技術検定
第二次検定に合格した者
（令和2年度までは実地試験）</td><td colspan="2">合格後5年以上の実務経験年数
(1年以上の指導監督的実務経験年数が含まれていること)</td></tr>
<tr><td rowspan="3">2級電気通信工事施工管理技術検定第二次検定合格後，実務経験が5年未満の者
（令和2年度までは実地試験）</td><td rowspan="2">学校教育法による
・高等学校
・中等教育学校
（中高一貫6年）
・専修学校の
専門課程</td><td>卒業後9年以上の
実務経験年数</td><td>卒業後
10年6ヵ月以上の
実務経験年数</td></tr>
<tr><td colspan="2">(1年以上の指導監督的実務経験年数が含まれていること)</td></tr>
<tr><td>その他
（学歴を問わず）</td><td colspan="2">14年以上の実務経験年数
(1年以上の指導監督的実務経験年数が含まれていること)</td></tr>
</table>

※次の場合は，電気通信工事施工管理に関する必要な実務経験年数等が短縮される．

①専任の主任技術者の実務経験が1年（365日）以上ある者

②指導監督的実務経験年数が1年以上，主任技術者の資格要件成立後，専任の監理技術者の指導のもとにおける実務経験が2年以上ある者

ハ　電気通信主任技術者資格者証の交付を受けた者

<table>
<tr><th rowspan="2">学歴と資格</th><th colspan="2">電気通信工事施工管理に関する必要な実務経験年数</th></tr>
<tr><th>指定学科</th><th>指定学科以外</th></tr>
<tr><td>電気通信事業法による
電気通信主任技術者資格者証の
交付を受けた者</td><td colspan="2">6年以上の実務経験年数
（1年以上の指導監督的実務経験年数が含まれていること）
［交付後ではなく通算での実務経験］</td></tr>
</table>

※詳細は，試験実施機関のホームページを参照してください．

【令和6年度からの新受検資格】

<table>
<tr><th></th><th>受検資格要件</th><th>第二次検定の受検に必要な実務経験年数</th></tr>
<tr><td rowspan="7">1級</td><td rowspan="3">令和3年度以降の
1級 第一次検定合格者</td><td>合格後　5年以上の実務経験年数</td></tr>
<tr><td>合格後　特定実務経験（※1）1年以上を含む
3年以上の実務経験年数</td></tr>
<tr><td>合格後　監理技術者補佐（※2）としての
1年以上の実務経験年数</td></tr>
<tr><td rowspan="2">2級第二次検定（旧実地試験含む）に合格した後，1級 第一次検定に合格した者
（1級 第一次検定受検予定者を含む）</td><td>2級合格後　5年以上の実務経験年数</td></tr>
<tr><td>2級合格後　特定実務経験（※1）1年以上を含む
3年以上の実務経験年数</td></tr>
<tr><td rowspan="2">技術士第二次試験合格者
（土木施工管理技術検定のみ）</td><td>合格後　5年以上の実務経験年数</td></tr>
<tr><td>合格後　特定実務経験（※1）1年以上を含む
3年以上の実務経験年数</td></tr>
</table>

※1 特定実務経験とは，通常の実務経験の要件に加えて，請負金額4,500万円以上の電気通信工事において，監理技術者または主任技術者（当該業種の監理技術者資格者証を有する者に限る）の指導の下または自ら監理技術者若しくは主任技術者として施工管理を行った経験をいう．

※2 監理技術者補佐としての実務経験は，電気通信工事の主任技術者資格を有する者が，1級第一次検定に合格後，特例監理技術者（2つの現場を兼務している監理技術者）のもとで1つの現場に専任配置された工事に関するものに限る．

受検手続き

【第一次検定】

・申込受付：例年5月上旬～5月下旬

・試験日　：例年9月上旬

・合格発表：例年10月上旬

・試験地　：札幌，仙台，東京，新潟，金沢，名古屋，大阪，広島，高松，福岡，熊本，那覇の12地区
（金沢，熊本地区は当面の間の臨時開催地区．）

【第二次検定】

・申込受付：例年5月上旬～5月下旬
・試験日　：例年12月上旬
・合格発表：例年，翌年の3月上旬
・試験地　：札幌，仙台，東京，新潟，名古屋，大阪，広島，高松，福岡，那覇の10地区

電気通信工事施工管理技術検定に関する申込書類提出および問合先
一般財団法人　全国建設研修センター　電気通信工事試験部
〒187-8540 東京都小平市喜平町2-1-2
https://www.jctc.jp

試験に関する情報は，今後変更される可能性があります．受検する場合は，国土交通大臣指定試験機関である全国建設研修センターなどの公表する最新情報を必ずご確認ください．

3．第一次検定の試験形式と合格基準

試験形式

問題は択一式で解答はマークシート方式で行います．試験時間は，A問題150分，B問題120分です．AとBの間に昼休憩があります．検定科目の範囲を次のページの表にまとめましたので参照してください。

問題	出題分野	出題分類	出題数	解答数
A	電気通信工学	電気理論，通信工学，情報工学，電子工学	16	11
	電気通信設備	有線電気通信設備，無線電気通信設備，ネットワーク設備，情報設備，放送機械設備等	28	14
	法規	建設業法，労働基準法，労働安全衛生法，電気通信事業法，有線電気通信法，電波法等	14	8
B	関連分野	公共工事標準請負契約約款，JIS記号	2	2
		電気設備関係，機械設備関，土木・建築関係	8	5
	施工管理法	工事施工，施工計画，工程管理，品質管理，安全管理	17	15
	施工管理法（応用能力）	工事施工，施工計画，工程管理，安全管理等	5	5
計			90問	60問

※試験形式は変更される可能性があります．

合格基準

次の基準以上の者を合格とします．ただし，試験の実施状況等を踏まえ変更する可能性があります．

・第一次検定

全体の得点が60%以上

施工管理法（応用能力）の得点が40%以上

・第二次検定

全体の得点が60%以上

I 部

電気通信工学等

第1章 電気理論

1 電気回路の法則

重要度★★★

(1) オームの法則

$V = IR$

V：電圧〔V〕 I：電流〔A〕 R：抵抗〔Ω〕

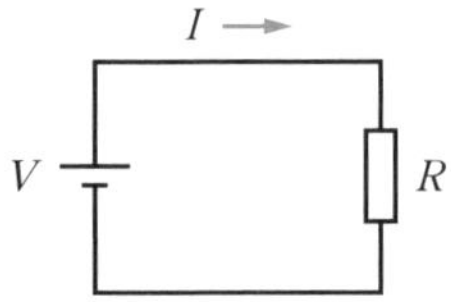

図1・1 直流回路

ごろあわせ ぼくはアイである（ぼくは英語でI《アイ》である）

V I R

$V = IR$の公式から，$I = V/R$，$R = V/I$と変形できる．

point

オームの法則は，直流回路だけでなく交流回路でも成り立つ．その場合，抵抗Rの代わりにインピーダンスZにすればよい．

(2) 電力と電力量

［①電力］

直流回路における電力は，

$P = VI$ ……①

P：電力〔W〕　V：電圧〔V〕　I：電流〔A〕

①式にオームの法則の公式$V=IR$を代入すると，

$$P=VI=I^2R \quad \cdots\cdots ②$$

公式②は，抵抗Rの導体に電流が流れたときの**消費電力**を表す．

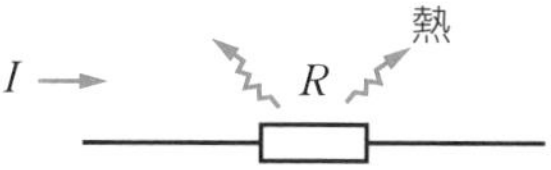

図1・2　消費電力

導体に電流が流れると**熱（ジュール熱）が発生**する．t〔s〕間に流れ続けたとき，

$$Q=I^2Rt \quad \cdots\cdots ③$$

Q：熱エネルギー〔J〕　I：電流〔A〕　R：抵抗〔Ω〕　t：時間〔s〕

③は，②の電力〔W〕に時間をかけたもので，電力量〔Ws〕という．

point

電力量と熱量はどちらもエネルギーであり，電力量〔Ws〕＝熱量〔J〕である．

(3) 最大電力

図に示す回路において，内部抵抗r〔Ω〕，起電力E〔V〕の電源を抵抗R〔Ω〕の素子に接続したとき，素子に供給される**電力P〔W〕は，$r=R$のとき最大**となる．例えば，$r=10\,\Omega$，起電力$E=8\,\mathrm{V}$とすると，$R=10\,\Omega$のとき電力は最大となり，$P=I^2R=(8/20)^2\times 10=1.6\,\mathrm{W}$となる．

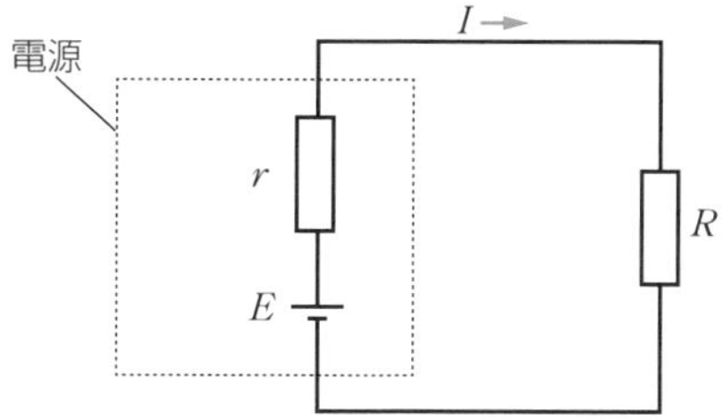

図1・3　最大電力

(4) キルヒホッフの法則

[① 第1法則]

電気回路の1点に流れ込む**電流の和は0**である．

(流れ込む電流を＋符号，流れ出す電流を－符号)

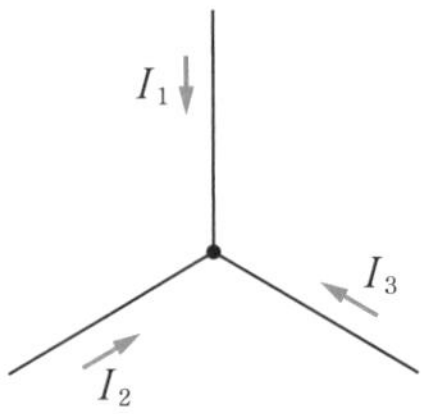

$$I_1+I_2+I_3=0$$

図1・4　第1法則

[②第2法則]

回路において，起電力 (電圧) の合計と抵抗の電圧降下の合計は等しい．

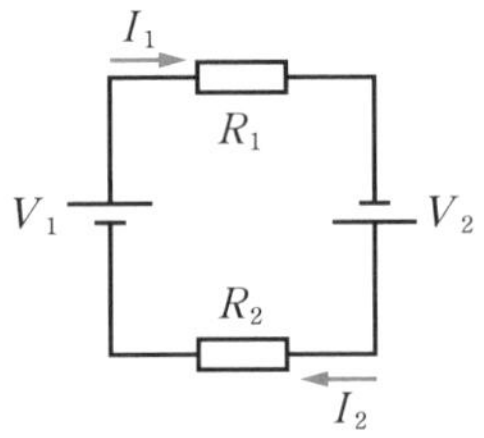

$$V_1+V_2=I_1R_1+I_2R_2$$

図1・5　第2法則

2　抵抗

重要度 ★★★

(1) 合成抵抗

合成抵抗とは，2個以上の抵抗を接続したときの全体の抵抗をいう．接続の仕方により，合成抵抗の求め方が異なる．

[①直列接続]

抵抗R_1，R_2を**直列接続**したとき，端子ab間の合成抵抗は，

$R=R_1+R_2$

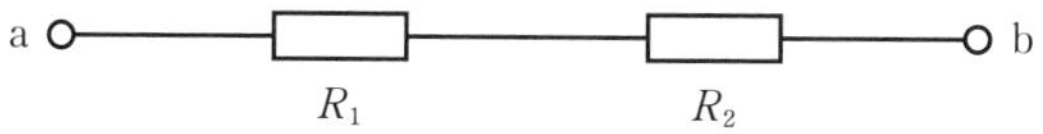

図1・6　抵抗の直列接続

point

抵抗が3個以上でもすべての抵抗値を足し算すればよい.

[②並列接続]

抵抗R_1, R_2を**並列接続**したとき, 端子ab間の合成抵抗は,

$$R=\frac{R_1R_2}{R_1+R_2}\quad\cdots\cdots①$$

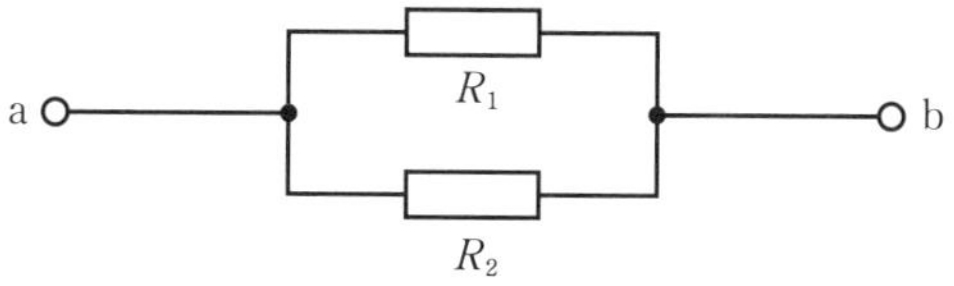

図1・7　抵抗の並列接続

point

抵抗2個の並列接続の場合は, 「積/和」で計算できる. 3個以上のときは, 万能公式として,

$1/R=1/R_1+1/R_2+1/R_3+\cdots\cdots$　からRを計算するが, 一般には, 式①を複数回利用する.

(2) 分流器

分流器とは, **電流計の測定範囲を拡大**するために, 電流計と並列に接続した**抵抗器**のことをいう. 図に示す最大目盛I_a〔A〕, 内部抵抗r〔Ω〕の電流計に分流器を接続して, 測定範囲をI〔A〕まで拡大したときの分流器の倍率mと分流器の抵抗R_s〔Ω〕は次のとおりである.

$m=I/I_a$

$R_s=rI_a/I_s$　(電流計と分流器の電圧は等しいので$R_sI_s=rI_a$)

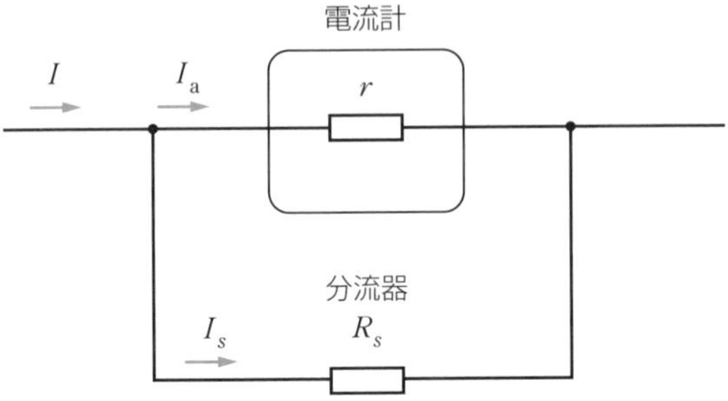

図１・８　分流器

測定電流IをI_aとI_sに**分流**させることにより，**高電流が測定**できる．

(3) 倍率器

倍率器とは，**電圧計の測定範囲を拡大**するため，電圧計と直列に接続した**抵抗器**のことをいう．図に示す最大目盛V_a〔V〕，内部抵抗r〔Ω〕の電圧計に倍率器を接続して，測定範囲をV〔V〕まで拡大したときの倍率器の倍率mと倍率器の抵抗R_s〔Ω〕は次のとおりである．

$m = V/V_a$

$R_s = rV_s/V_a$　（電圧計と倍率器の電流は等しいので$V_S/R_s = V_a/r$）

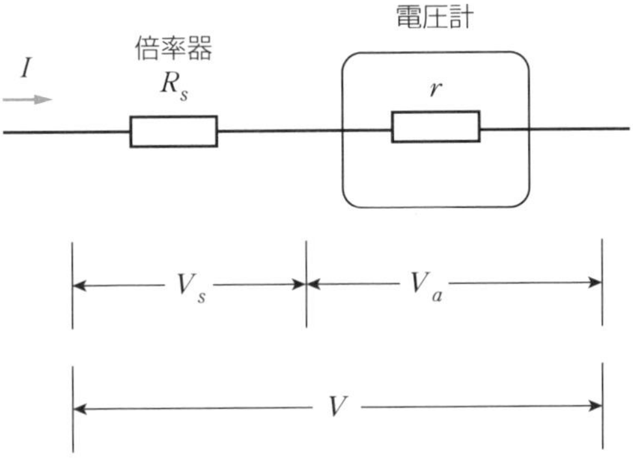

図１・９　倍率器

測定電圧 V を V_a と V_s に**分圧**させることにより，**高電圧が測定**できる．

3　コンデンサと合成容量　重要度★★★

(1) 合成容量

合成容量とは，2個以上のコンデンサを接続したときの，全体のコンデンサの静電容量をいう．接続の仕方により，合成容量の求め方は異なる．

[①直列接続]

コンデンサ C_1，C_2 を**直列接続**したときの合成容量は，

$$C=\frac{C_1C_2}{C_1+C_2}$$

図1・10　コンデンサの直列接続

積/和の式が利用できるのは，コンデンサ2個の直列接続の場合であり，3個以上のときは，$1/C=1/C_1+1/C_2+1/C_3+\cdots\cdots$　から C を計算する．

[②並列接続]

コンデンサ C_1，C_2 を**並列接続**したときの合成容量は，

$$C=C_1+C_2$$

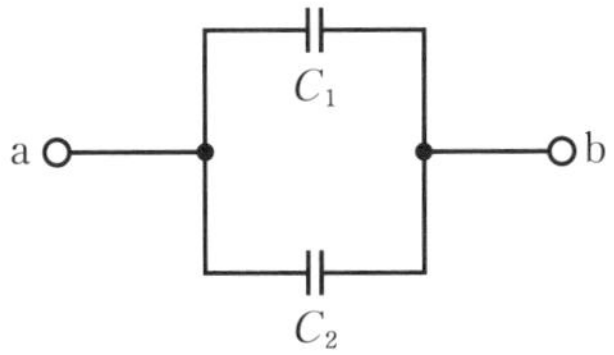

図1・11　コンデンサの並列接続

> point
> コンデンサの合成容量は，抵抗の合成抵抗の逆の公式である．

(2) 誘電体

誘電体とは，電界（電気の働く場）において，原子が**誘電分極**（＋と－に分離すること）する物体をいう．プラスチックがその一例で，誘電体は**絶縁体**である．

自由電子はほとんどないため，直流電流は流れない．ただし，交流の電界中では分極の遅れによる交流電流が流れ，**誘電損失**を生じる．

誘電率ε《イプシロン》は，平行電極間に充填《じゅうてん》された物質の誘電分極のしやすさをいう．誘電分極のしやすい物質はεの値が大きくなる．

真空の誘電率はε_0で表し，その値は$\varepsilon_0 \fallingdotseq 8.854 \times 10^{-12}$〔F/m〕である．

ある誘電体の誘電の度合いを示すとき，誘電率（ε）のε_0に対する比で表す．

$$\varepsilon_S = \varepsilon / \varepsilon_0$$

このε_Sを**比誘電率**という．なお，真空中の誘電率は，空気中の誘電率にほぼ等しい．

ごろあわせ　**ややこしいてんでマイナーな住人**

ややこし：8.854　てんでマイナー：10^{-12}

(3) 平行板電極間の静電容量

2枚の平板（金属板）を平行においてコンデンサを作る．このときの静電容量C〔F〕は，次の式で表される．

$$C = \varepsilon S / d$$

d：平行板間距離〔m〕　ε：誘電率〔F/m〕　S：平行板面積〔㎡〕

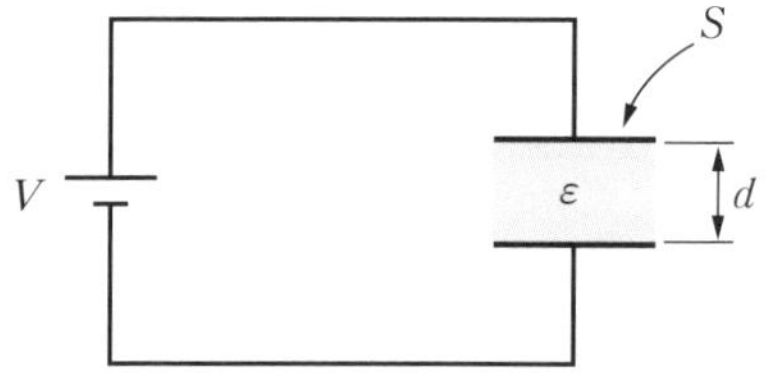

図1・12　コンデンサ回路

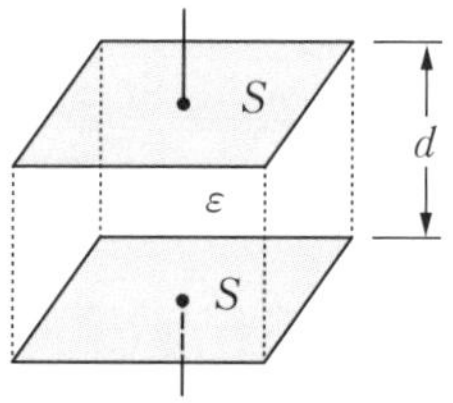

図1・13　コンデンサ詳細

ごろあわせ　デーブ 氏 の ゆで 麺
　　　　　　d分　 の 誘電率 面積

(4) コンデンサの電荷量

導体に電圧を加えると電荷が現れる．その電荷を蓄える機器が**コンデンサ**であり，その能力を**静電容量**といい，**記号はC**，**単位は〔F〕**《ファラド》で表す．蓄えられる電荷量Q〔C〕《クーロン》※は，次のとおりである．

$$Q = CV$$

C：静電容量〔F〕　　V：電圧〔V〕

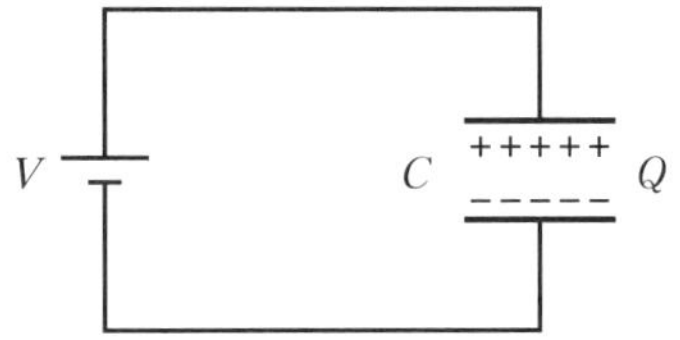

図1・14　コンデンサの電荷量

一般には，〔μF〕《マイクロ》，〔pF〕《ピコ》の単位が使われる．

$1\mu F = 10^{-6} F$　　$1 pF = 10^{-12} F$

※電荷の単位はC《クーロン》で，静電容量の表示記号はC《シー》である．

ごろあわせ　給料 は 渋い（あの会社で稼げる給料は渋い）
　　　　　　Q　$=$　CV

(5) 静電エネルギー

コンデンサに蓄えられる**静電エネルギー**W〔J〕は，次のとおりである．

$$W = CV^2/2$$

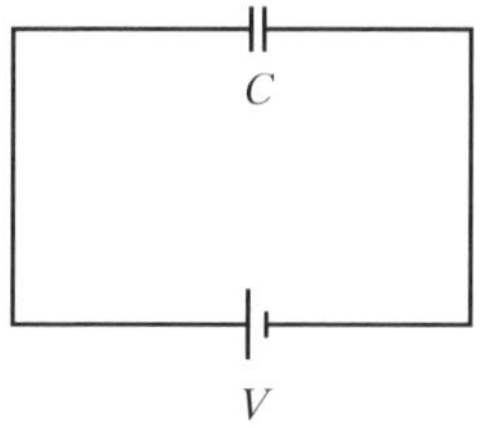

図1・15　コンデンサの静電エネルギー

ごろあわせ　**自分渋い爺《じい》**

$W = CV^2/2$

4　電界　重要度★★★

(1) 電界とは

電界は電場ともいい，電荷に**電気力の働く空間**をいう．また，空間内のある点で，単位電荷1C《クーロン》に働く電気力を電界の強さという．

電気力線は，電界の方向と一致させた仮想の線であり，次の性質がある．

①正電荷に始まり負電荷に終わる．

　※電位の高い点から低い点に向かう．

②密度は，その点の電界の大きさを表す．

　※電気力線が密集するほど電界は強い．

③等電位面と垂直に交わる．

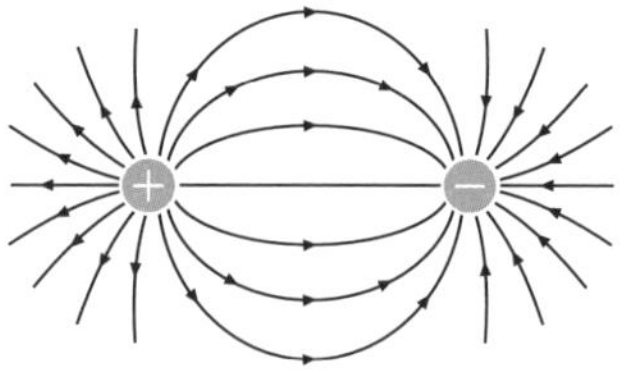

図1・16　電気力線

point

電気力線は，電気がどのように作用するかを示した仮想線であり，実際に目に見えない．

(2) 電界の強さ

真空中においてA点にQ〔C〕の**点電荷**（点状の小さな電荷）をおいたとき，r〔m〕離れたB点における**電界の強さ**E〔V/m〕は次の式で表される．

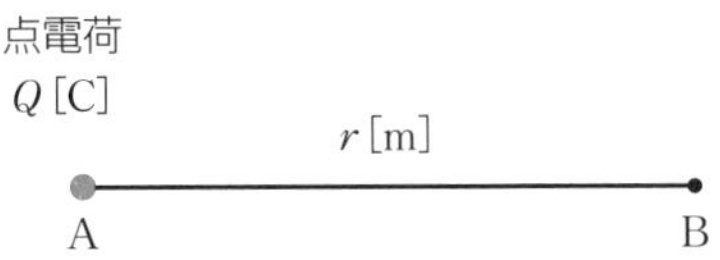

図1・17　電界の強さ

$E = Q/4\pi\varepsilon_o r^2$

ε_o〔F/m〕：真空中の誘電率

なお，電界の強さの単位は〔V/m〕でもあり，〔N/C〕で表すこともできる．

(3) 電位

前図1・17において，B点の電位は次の式で表される．

$E = Q/4\pi\varepsilon_o r$

5　クーロンの法則　重要度★★☆

2つの点電荷に働く**静電力**F〔N〕は次の式で表される．

$F = Q_1 Q_2/4\pi\varepsilon r^2$

Q_1, Q_2：電荷〔C〕　ε：電荷を取り巻く媒質の誘電率〔F/m〕

r：2つの電荷の距離〔m〕

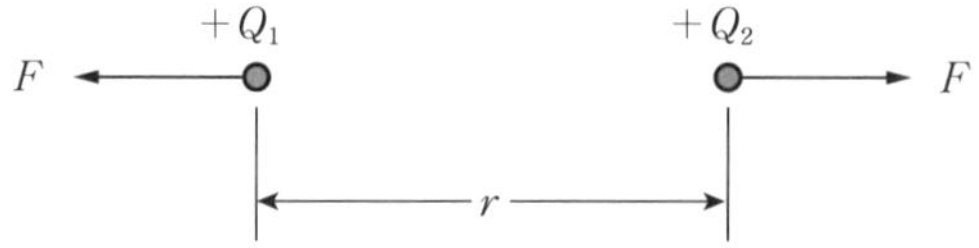

図1・18　点電荷に働く力

ごろあわせ　**心配いっぱい あるじ は 救急**

$4\pi\varepsilon$　　r^2　　QQ

point

電荷が同符号（＋同士，－同士）は反発，異符号（＋と－）は吸引．

point

電位は $\propto Q/\mathrm{r}$，電界は $\propto Q/\mathrm{r}^2$，クーロン力は $\propto Q^2/\mathrm{r}^2$ である．

6　磁界

重要度★★☆

（1）磁界とは

磁石を置くと，その周囲に鉄等を吸いつける力が働く．この力を**磁力**といい，磁力の作用する周囲（場，フィールド）を**磁界**という．磁界は磁場ともいう．

磁石において，N極からS極に向かって矢線が出ており，これを**磁力線**という．磁力線は，電界の場合の電気力線と同様に，仮想的な線である．磁力線の本数が多ければ，「磁力が強い」と表現する．

磁界には次の性質がある．

①磁石にはN極とS極がある．

②磁力線は，N極から出てS極に入る．

③磁力線は分岐，交差はしない．

④異種の磁極（NとS）の間には，吸引力が働く．

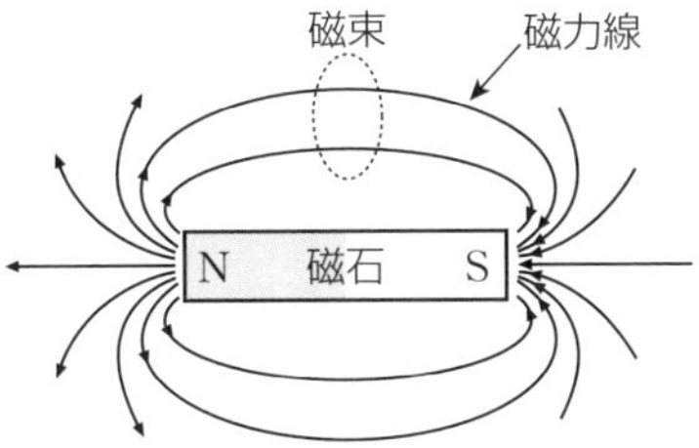

図1・19　磁力線

(2) 磁性体

磁石の性質を持ったものを**磁性体**という.

磁界中に鉄, ニッケル, コバルトのような金属を置くと強く磁化（磁石の性質をもつ）される. これを強磁性体という.

(3) 磁化曲線

磁界の強さ H〔A/m〕と磁束密度 B〔T《テスラ》〕の関係を示した図で, **ヒステリシスループ**ともよばれる.

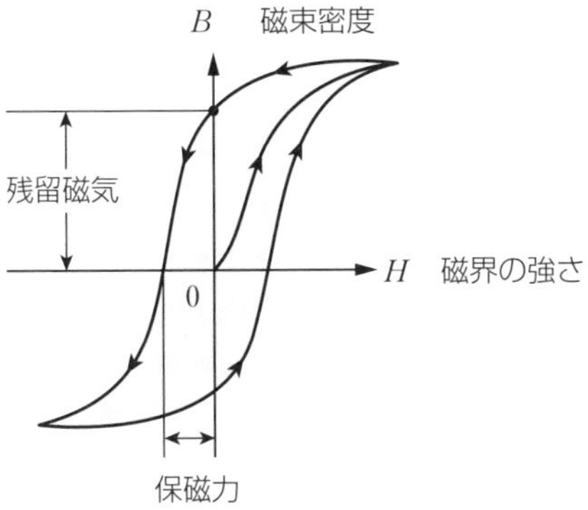

図1・20　磁化曲線

この曲線を一まわりするときに消費される電気エネルギー（熱）は, この曲線内の**面積に比例**する.

①電磁石…鉄心材料としては残留磁気が大きく，**保磁力の小さい**磁性体が適している．

②永久磁石…残留磁気，保磁力ともに大きい**強磁性体**が適している．

7　右ねじの法則

重要度★★★

(1) 電流と磁界

導体（電線）に電流が流れると導体を中心とした**同心円状に磁界が発生**する．導体（電線）に電流が流れるとき，その方向をねじの進む向きにとると，右ねじを回す方向に同心円状の磁界が発生する．これを**右ねじの法則**という．

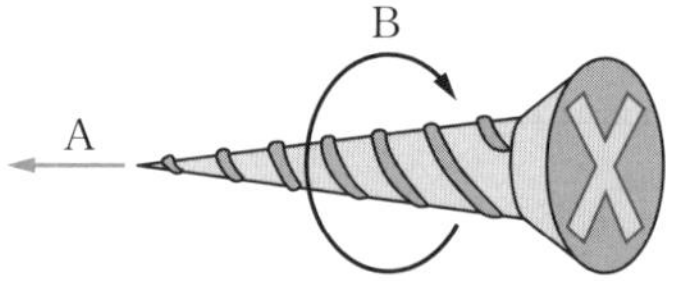

A：電流の流れる方向
B：磁界の発生する方向

図1・21　電流と磁界

point

導体に電流が流れると周囲に磁界が生じる．磁界があると電流が流れる．
（起電力が生じる）

(2) 電流と磁界の方向

電流の流れる方向や磁界の方向等を，紙面上で表現するには，次の記号を用いると便利である．

⊗　矢尻を見ている（机上の紙面の上から下に向かう方向）

⊙　矢先を見ている（机上の紙面の下から上に向かう方向）

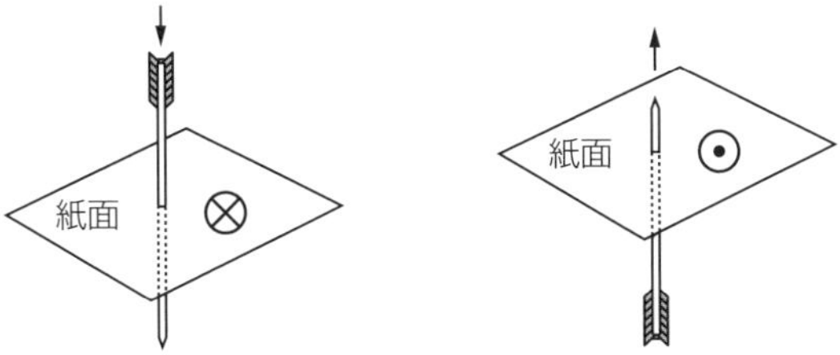

図1・22　流れる向きの表示法

(3) 直線状導体

無限に長い直線状導体に，図に示す方向(下から上)に電流Iが流れているとき，点Pにおける磁界の向きは**右ねじの法則**により，矢印の方向となる．

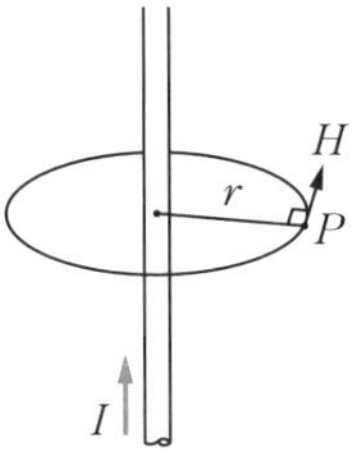

図1・23　直線状導体

また，磁界の大きさH〔A/m〕は次の式で表される．

$$H = \frac{I}{2\pi r}$$

I：電流〔A〕　r：電線からの距離〔m〕

ごろあわせ　**突っ張り で 出る**

$2\pi r$　　電流(I)

(4) 円形状導体

導体を円形にしたものに電流を流すと，磁界は円の中心部に**直線状に発生**する．

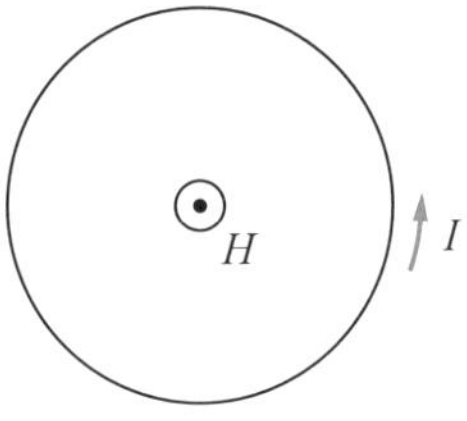

図1・24　円形状導体

そのときの磁界の大きさH〔A/m〕は次の式で表される．

$H = I/2r$

I：電流の大きさ〔A〕　r：円の半径〔m〕

ごろあわせ **2人 で 出る**

$2r$　電流 (I)

8　フレミングの法則

重要度 ★★☆

(1) フレミングの左手の法則

磁界中に導体 (電線) を置き電流を流すと，導体を動かそうとする力が働く．この力を**電磁力**という．

左手の親指，人さし指，中指をそれぞれ直角になるように開く．人さし指を磁界B，中指を電流Iの方向に向けると親指の方向に電磁力Fが働く．

たとえば，U字形磁石の中に導体を軽い糸で吊り下げ，電流を流すと，導体は上向きに力を受けて移動する．

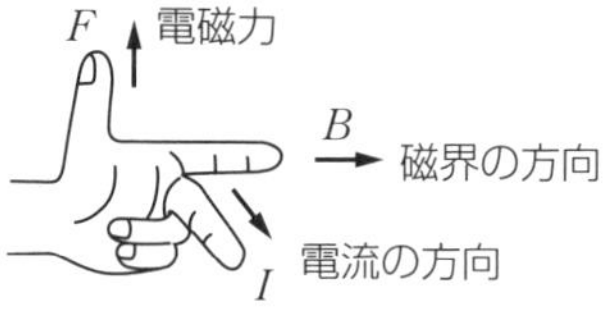

図1・25　フレミングの左手の法則

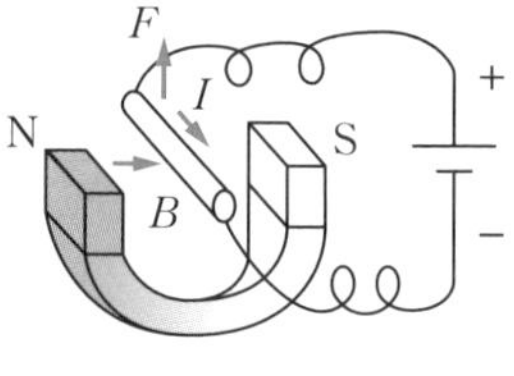

図1・26　導体に働く力

ごろあわせ **左ききの FBI**

親指から順にF (電磁力) B (磁界の方向) I (電流の方向)

(2) 平行導体に働く力

2本の無限に長い導体L_1とL_2は平行である．これに電流を流す．

①導体L_1とL_2に**同方向**に電流を流すと，導体に**吸引力** (F) が働く．

②導体L_1とL_2に**反対方向**に電流を流すと，導体に**反発力** (F) が働く．

同方向の場合を例にとると，L_1に電流が流れることで右ねじの法則によりL_2に⊗方向に磁界B_1が発生する．一方，L_2の電流により，L_1に⊙方向にB_2が発生する．L_1，L_2でそれぞれフレミングの左手の法則を適用すると，図のようにFが働く.

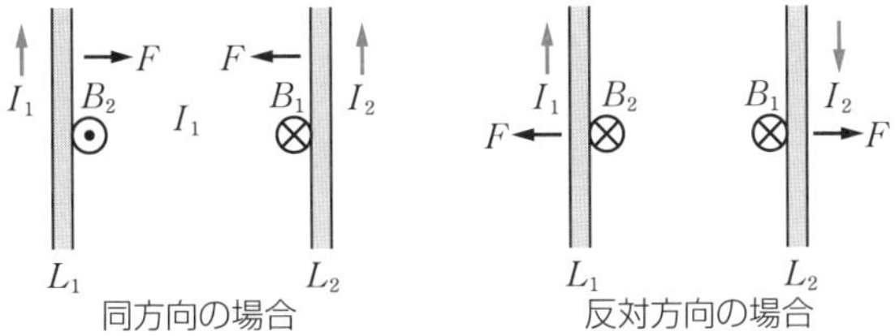

図1・27　平行導体に働く力

> **ごろあわせ**　**同 級 半 々（同級生と先輩の数は半々である）**
> 同 方向 吸引 反 対方向 反発

(3) 電磁力の大きさ

電流の流れる導体が磁界中に斜めに置かれたとき，導体に働く**電磁力**の大きさFは次の式で表される.

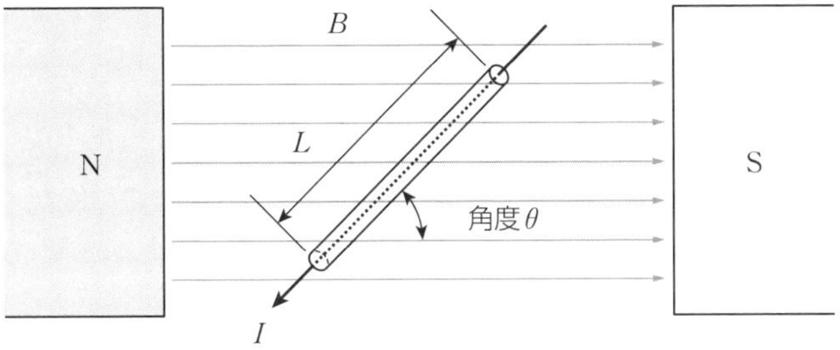

図1・28　電磁力

$F = BIL\sin\theta$

B：磁束密度〔T〕または〔Wb/m^2〕　I：電流〔A〕　L：導体の長さ〔m〕

θ：BとIのなす角

> **ごろあわせ**　**ビル最新**
> $BIL\sin\theta$

平行導体L_1とL_2に（r〔m〕離れている）同方向に電流を流した場合，L_1による磁界の強さは$H=I_1/2\pi r$である．また，$B=\mu_0 H$（μ_0は真空中の透磁率で，$4\pi\times10^{-7}$〔H/m〕）の関係があるから，

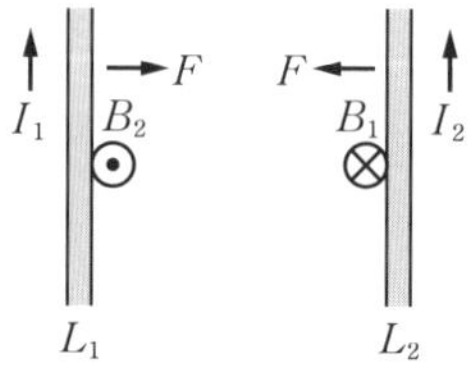

図1・29　平行導体

$$F=BIL\sin\theta=\mu_0 I_1 I_2 L/2\pi r$$

となる．

9　電磁誘導と磁気回路　重要度★★★

(1) ファラデーの電磁誘導の式

コイルの中を通る**磁束が変化**すると，コイルに電圧e〔V〕が生じる．この誘導された起電力を**誘導起電力**という．eは次の式で表される．

$$e=-N\Delta\Phi/\Delta t$$

N：コイルの巻数　$\Delta\Phi$：磁束の変化〔Wb《ウェーバ》〕　Δt：時間の変化〔s〕

これを**ファラデーの電磁誘導の法則**という．

図1・30は磁石とコイルが静止した状態で，コイルを貫通する磁束のΦは一定である．図1・31は磁石を矢印の方向に移動させコイルに近づけていくと，コイルを貫通する磁束が$\Delta\Phi$だけ増加する．磁束を一定に保とうとするため，点線の矢印の方向に$\Delta\Phi$分の磁束が発生するように，**起電力eが誘導**される．

逆に，磁石をコイルから離していくと，逆向きの誘導起電力が発生する．

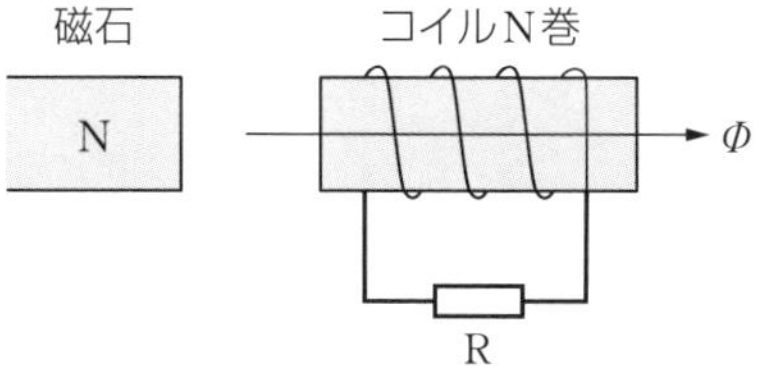

図1・30　磁石とコイルの配置

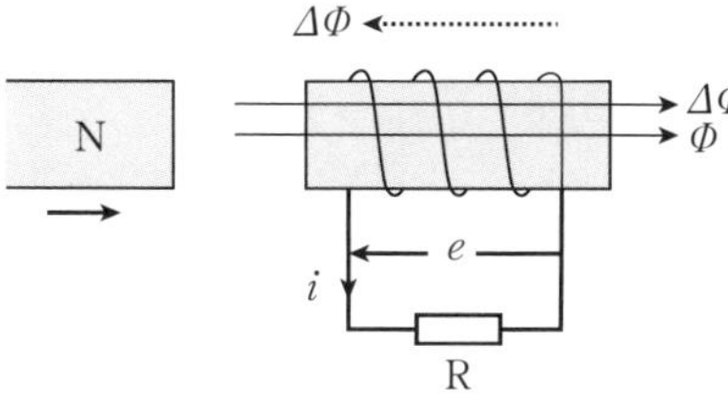

図1・31　電磁誘導

【例題】 巻数100のコイルの磁束が0.2秒に0.01〔Wb〕変化したとき，誘導される起電力は何Vか.

(答) $100 \times 0.01/0.2 = 5$V

point

－（マイナス符号）がつくのは，磁束の変化を妨げる向きに磁束が発生するため.

(2) 自己誘導作用

自己誘導とは，**自己のコイル**に流れる電流により，起電力が発生する現象である.

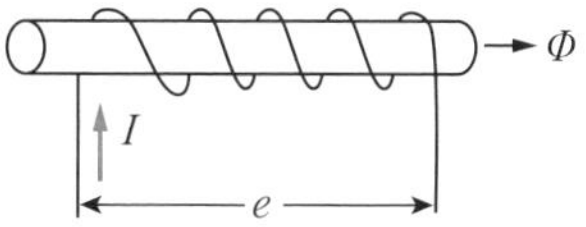

図1・32　自己誘導

ファラデーの電磁誘導の法則において，起電力の大きさだけ考慮すると次のようになる.

$e = N\Delta\Phi/\Delta t$ ……①

ここで，電流がΔIだけ変化すると，磁束は$\Delta\Phi$だけ変化し，$\Delta\Phi = k\Delta I$の関係がある．$\Delta\Phi$とΔIは比例する.

①式に代入すると，$e = Nk\Delta I/\Delta t$であり，$Nk = L$とおけば，

$e = L\Delta I/\Delta t$ ……②

このLが**インダクタンス**で，単位は〔H《ヘンリー》〕である.

①，②より，$LI = \phi N$が成り立つ.

ごろあわせ **えらい ファイン プレー**

LI 　　ϕN

point

Lを自己インダクタンスといい，コイルの能力を示す．単位は〔H〕《ヘンリー》である．コンデンサの能力を示す静電容量〔F〕《ファラド》と対照して記憶するとよい．

(3) 相互誘導作用

コイルAの電流変化により，コイルBに電圧が誘起される現象を，**相互誘導作用**という．

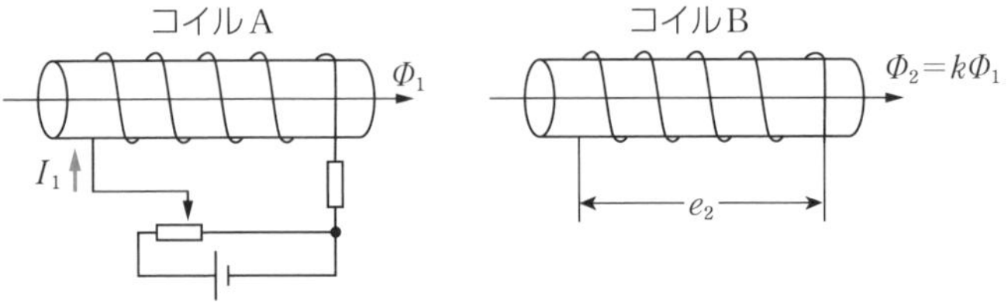

図1・33　相互誘導

その電圧の大きさe_2〔V〕は，次の式で表される．

$e_2 = M\varDelta I_1/\varDelta t$

M：相互インダクタンス〔H〕　$\varDelta I_1$：コイルAに流れる電流の変化〔A〕

また，コイルAには**自己誘導作用**によって，$e_1 = L_1\,\varDelta I_1/\varDelta t$〔V〕の電圧が発生している．

コイルAに流した電流により，磁束Φ_1が生じ，そのうちの何%かがコイルBと**鎖交**《さこう》（貫通）する．鎖交する磁束をΦ_2とすると，$\Phi_1 = k\Phi_2$の関係がある（$0 \leqq k \leqq 1$）．このkを**結合係数**という．

相互インダクタンスMと自己インダクタンスL_1，L_2には次の関係がある．

$M = k\sqrt{L_1 L_2}$

ごろあわせ ミー は 蹴《け》ると りんりん 鈴鳴らす

$M \quad = \quad k\sqrt{\ } \quad L_1 \quad L_2$

(4) 環状コイルのインダクタンス

自己インダクタンスLは，$LI = \Phi N$より

$L = N\Phi/I = \mu SN^2/\ell$

point

Lは環状コイルの形状や材質によって決まる.

次に，環状鉄心に2つのコイルが巻かれた，**環状コイル**を考える．相互インダクタンスM〔H〕は，次の式で表される．(漏れ磁束はないものとする)

$M = \mu SN_1N_2/\ell$

ℓ：平均磁路長〔m〕　S：断面積〔m^2〕

μ：透磁率〔H/m〕　N_1, N_2：巻数

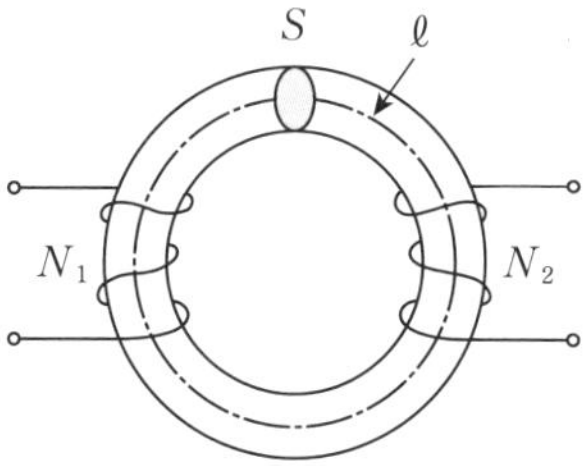

図1・34　環状コイル (二巻)

ごろあわせ 次郎長親分 マイク で シング ニンニン

磁路長分の　μ　S　N_1N_2

(5) 電磁エネルギー

コイルに蓄えられる**電磁エネルギー**W〔J〕は，次の式で表される.

図1・35　電磁エネルギー

$W = LI^2/2$

L：コイルのインダクタンス〔H〕　I：電流〔A〕

ごろあわせ **自分 は えら い爺**

$LI_2/2$

point

静電エネルギー（$CV^2/2$）と対比して覚える．

10 単相交流回路

重要度 ★★★

（1）交流回路とは

流れる電流の方向および大きさが，一定の周期（T）で変化するものを**交流**という（電圧も同様）．

波形は三角波，方形波（四角）など種々《しゅじゅ》あるが，一般に扱うのは**正弦波**（sin 曲線）である．

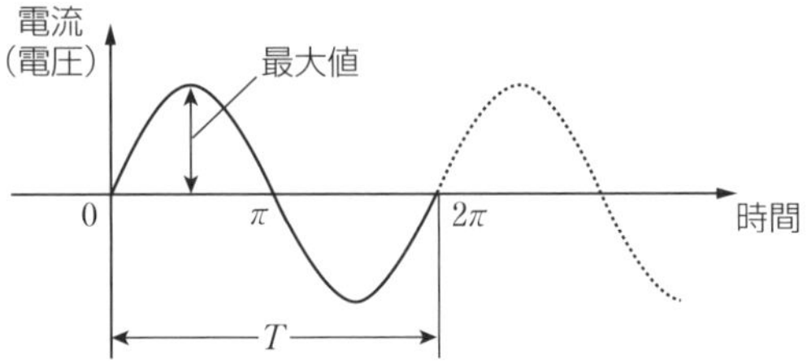

図1・36　単相交流

周波数 f〔Hz《ヘルツ》〕は波が1秒間に振動する回数で，交流電源の周波数として，50 Hz と 60 Hz が使用されている．周期 T，角周波数 ω《オメガ》とは次の関係がある．

$T = 1/f$　　　$\omega = 2\pi f$

一般に，交流の電圧，電流の値は**実効値**で表示される．

E_e, I_e は実効値の電圧，電流で，E_m, I_m は最大値である．

$E_e = E_m/\sqrt{2}$　　　$I_e = I_m/\sqrt{2}$

また，電圧，電流の**瞬時値**は次のように小文字で表わす．

$i = I_m \sin\omega t$　　　$e = E_m \sin\omega t$

I_m：電流の最大値〔A〕　E_m：電圧の最大値〔V〕　t：時間〔s〕

(2) 交流回路の基本パーツ

交流回路を構成する要素（パーツ）として，抵抗R，インダクタンスL，静電容量Cの3つがある．

［①抵抗R〔Ω〕］

抵抗は，直流,交流とも純粋に抵抗分として作用する．

［②インダクタンスL〔H〕］

インダクタンスLは，コイル固有の値で周波数とは無関係である．直流回路では，コイルは単なる巻線として作用するので，抵抗分しかないが，交流回路では，抵抗分のほか**リアクタンス$X_L=\omega L$**がある．

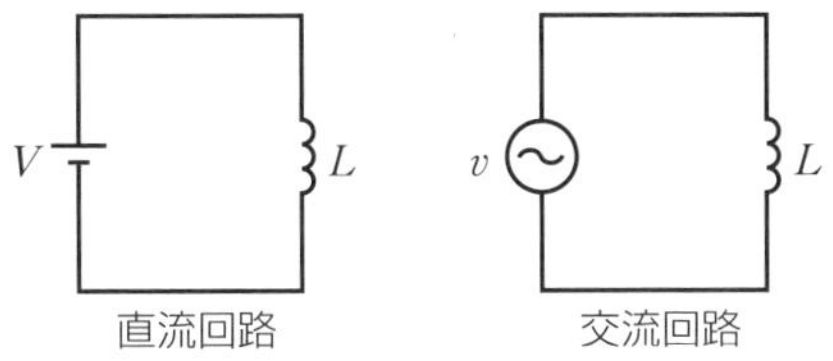

図1・37　コイルの回路

［③静電容量C〔F〕］

静電容量Cは，コンデンサ固有の値で周波数に無関係である．コンデンサは電極間に絶縁材が充填されており，流れる電流は，直流では0であるが，交流では**リアクタンス$X_C=1/\omega C$** がある．

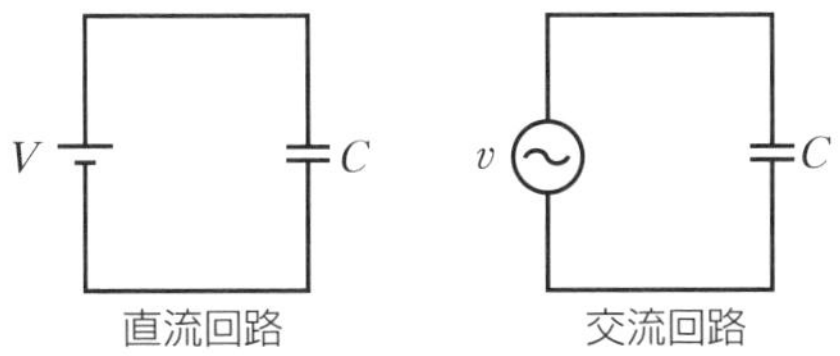

図1・38　コンデンサの回路

(3) インピーダンス

インピーダンスZは，**抵抗とリアクタンスを合成**したものである．一般に，インピーダンスは，虚数を使って表わすことができる．

虚数とは，ある数を2乗するとマイナスとなるような数をいう．現実に存在する実数に対し，「虚数」は架空の数である．たとえば，$x^2 = -5$ となるような x は虚数である．また，$j^2 = -1$ となる j を虚数単位という．

$Z = R + jX$

R：抵抗　　X：リアクタンス

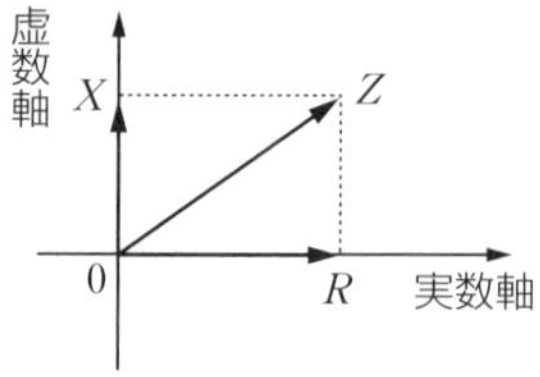

図1・39　直交座標

リアクタンスとは「抵抗するもの」の意味で，記号は X で表し，コイルによる**誘導リアクタンス** X_L $(= \omega L)$ と，コンデンサによる**容量リアクタンス** X_C $(= 1/\omega C)$ がある．

図1・40　インピーダンスZ

point

$X_L = \omega L$，$X_C = 1/\omega C$ の単位は〔Ω〕である．周波数が高くなるほどコイルには電流が流れにくいが，コンデンサには流れやすくなる．

ごろあわせ　**ゆう通りおめえが得る**

誘導リアクタンス　ωL　容量リアクタンスは L と C を入れ替えて逆

直列回路のインピーダンス Z の大きさは，次の式で表せる．

$Z = \sqrt{R^2 + (X_L - X_C)^2}$

※ $(X_L - X_C)$ でも $(X_C - X_L)$ でもよい．

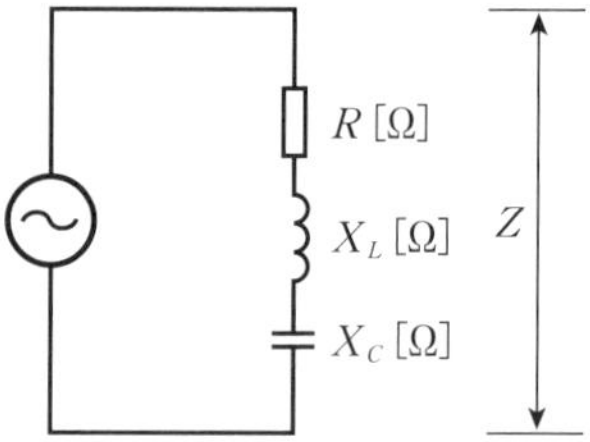

図1・41　直列回路

並列回路の場合,

$$\dot{Z}=\frac{1}{\dfrac{1}{R}+j\omega C+\dfrac{1}{j\omega L}}=\frac{1}{\dfrac{1}{R}+j\left(\omega C-\dfrac{1}{\omega L}\right)}$$

$$=\frac{R}{1+jR\left(\omega C-\dfrac{1}{\omega L}\right)}$$

となる.

Zの大きさも計算できるが,試験では電流値を求めさせるものが出題される.

$I=\sqrt{I_R^2+(I_L-I_C)^2}$で計算する.

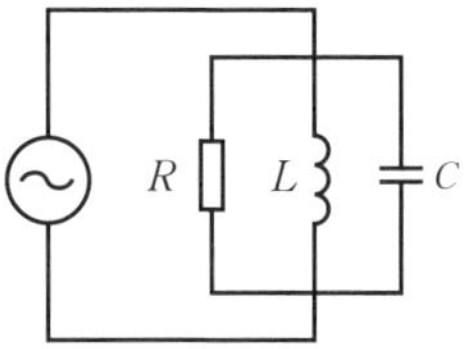

図1・42　並列回路

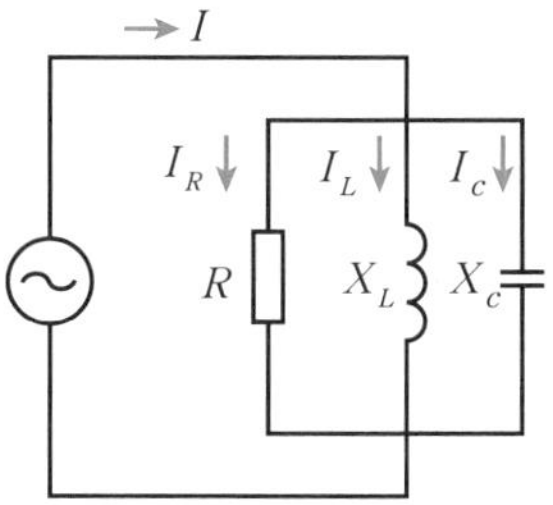

図1・43　分流

(4) 位相

位相とは,交流波のある任意の点に対する相対的位置をいう.交流回路では,抵抗だけの負荷では位相差を生じないが,コイルやコンデンサが接続されていると,**電圧と電流で波形にずれ**(位相差)が生じる.

[①コイル]

電圧Vと電流Iをそれぞれ図で表すと,電流は電圧より$\pi/2$ (90°) だけ遅れている.このとき電流の方が先に進んでいるように見えるが,$t=0$で見ると,電圧は0で電流は－(マイナス)である(遅れている).

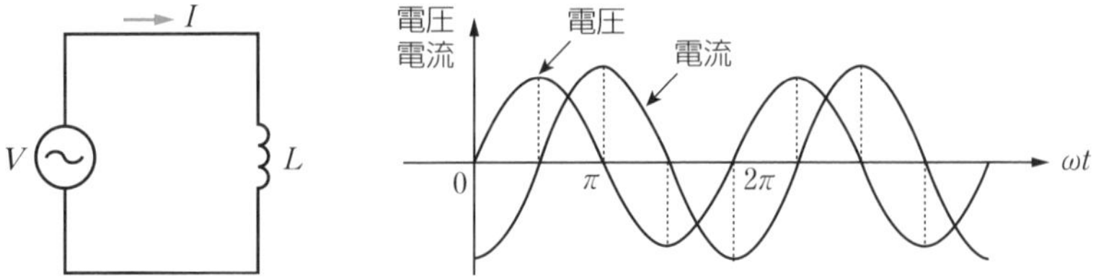

図1・44　コイルの電流と電圧

ベクトルで表記すると図のようになる.

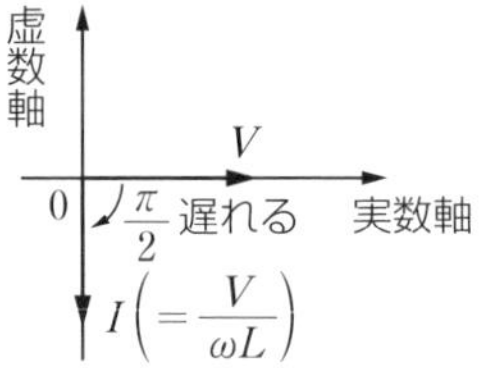

図1・45　コイルのベクトル表記

ごろあわせ

出る　の　遅れる
電流　　遅れ L

[②コンデンサ]

コンデンサに流れる電流は，電圧より **$\pi/2$ だけ進んでいる**.

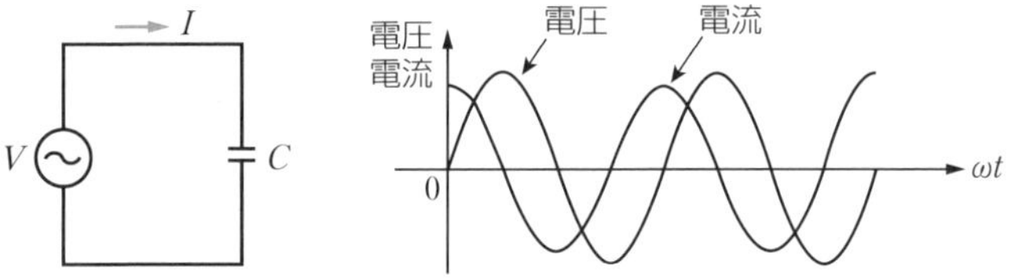

図1・46　コンデンサの電流と電圧

ベクトルで表記すると図のようになる.

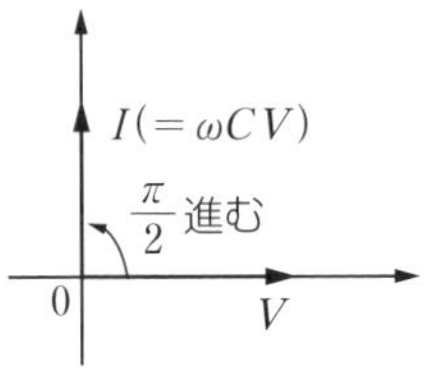

図1・47　コンデンサのベクトル表記

ごろあわせ　**鈴虫**
進む C

11 ブリッジ回路・共振回路

重要度 ★★☆

(1) ブリッジ回路

図のような電気回路を**ブリッジ回路**という．

ブリッジ回路で，**検流計Ⓖ**に電流が流れない（両端の電位差＝0）なら，向かい合ったインピーダンス（抵抗）同士を掛け算すると等しくなる．

$$Z_1 \cdot Z_3 = Z_2 \cdot Z_4$$

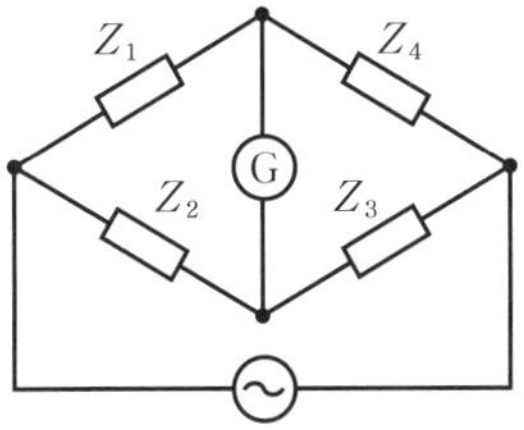

図1・48　ブリッジ回路

ごろあわせ　**ブリッジ（橋）は　対岸　に　架ける**
ブリッジ回路　斜向かいを　掛ける

(2) 共振回路

R, L, Cが直列接続されている回路がある.

この回路のインピーダンスZは,

$$Z = R + j(\omega L - 1/\omega C)$$

虚数部$\omega L - 1/\omega C = 0$のとき,「**共振**している」と表現する.

$\omega L = 1/\omega C \rightarrow \omega = 1/\sqrt{CL}$　$\omega = 2\pi f$だから,

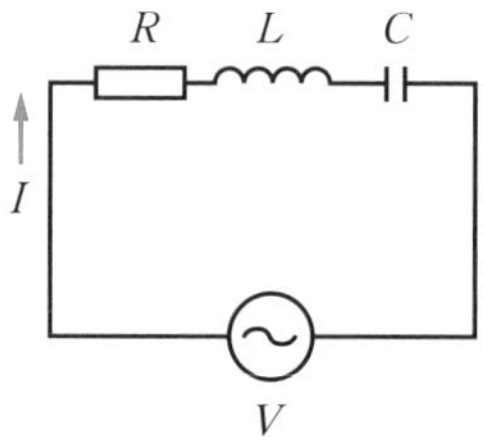

図1・49　共振回路

$$f = 1/2\pi\sqrt{CL}$$

C：静電容量〔F〕　L：インダクタンス〔H〕

この周波数を**共振周波数**〔Hz〕という.

ごろあわせ　**突っ張る クール な 人**

2π　$\sqrt{\ }$　CL　1

point

fは, 並列回路でも成り立つ.

過去問チャレンジ（章末問題）

問1　R3　➡3 コンデンサと合成容量

下図に示す回路において，$C_1=2\mu\mathrm{F}$，$C_2=4\mu\mathrm{F}$，$V=12\,\mathrm{V}$のとき，2つのコンデンサに蓄えられるエネルギーW〔J〕として，適当なものはどれか．

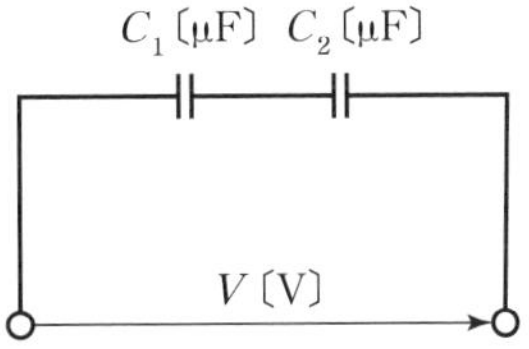

(1)　9.6×10^{-5}〔J〕
(2)　8.64×10^{-4}〔J〕
(3)　5.4×10^{7}〔J〕
(4)　1.08×10^{8}〔J〕

解説　コンデンサ2個の直列接続による合成容量$C=C_1C_2/(C_1+C_2)$…①であり，これに蓄えられる静電エネルギーW〔J〕は$W=CV^2/2$…②である．
①より$C=2\times4/(2+4)=4/3$〔μF〕$=4/3\times10^{-6}$〔F〕である．
②より$W=4/3\times10^{-6}\times12^2/2=9.6\times10^{-5}$〔J〕

解答　(1)

問2　R3　➡8 フレミングの法則

下図に示すように，真空中に$r=0.1\,\mathrm{m}$の間隔で平行に置いた無限に長い2本の直線導体に同じ向きに$I_1=I_2=2\,\mathrm{A}$の電流が流れているとき，導体1mあたりに働く力F〔N/m〕として，適当なものはどれか．

ただし，真空中の透磁率$\mu_0=4\pi\times10^{-7}$〔H/m〕とする．

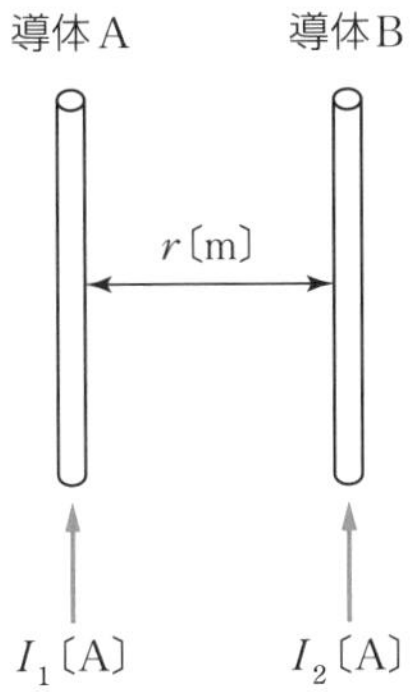

(1)　4×10^{-6}〔N/m〕
(2)　8×10^{-6}〔N/m〕
(3)　16×10^{-6}〔N/m〕
(4)　25×10^{-6}〔N/m〕

解説　導体1mあたりに働く力$F=\mu_0 I_1\ I_2\ /2\pi r=4\pi\times10^{-7}\times2\times2/2\pi\times0.1$
$=8\times10^{-6}$〔N/m〕

解答　(2)

問3　R1　➡9 電磁誘導と磁気回路

下図に示す平均磁路長$l=50$ cm，断面積$S=10\,\mathrm{cm}^2$，比透磁率$\mu=500$の環状鉄心に巻数$N_1=500$，$N_2=200$のコイルがあるとき，両コイルの相互インダクタンスM〔mH〕の値として，適当なものはどれか．

ただし，真空の透磁率$\mu_0=1.2\times10^{-6}$〔H/m〕とし，磁束の漏れはないものとする．

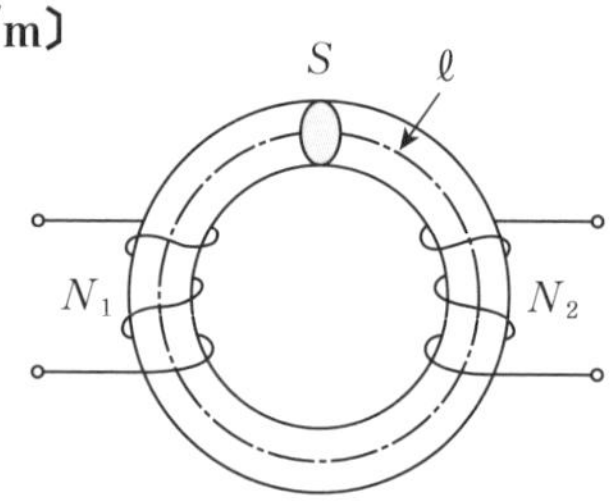

(1)　3.0×10^{-3}〔mH〕
(2)　2.4×10^{-1}〔mH〕
(3)　1.2×10^{2}〔mH〕
(4)　1.2×10^{4}〔mH〕

解説　$M=\dfrac{\mu SN_1N_2}{l}=500\times1.2\times10^{-6}\times10\times10^{-4}\times500\times200/0.5$
$=0.12\,\mathrm{H}=1.2\times10^{2}$〔mH〕

解答　(3)

問4　R4　➡10 単相交流回路

下図に示すRLC並列回路において，交流電源電圧$E=160$ V，抵抗$R=20\,\Omega$，誘導性リアクタンス$X_L=40\,\Omega$，容量性リアクタンス$X_C=16\,\Omega$のとき，回路に流れる電流I〔A〕の値として，適当なものはどれか．

(1)　10.0〔A〕
(2)　14.0〔A〕
(3)　16.1〔A〕
(4)　22.0〔A〕

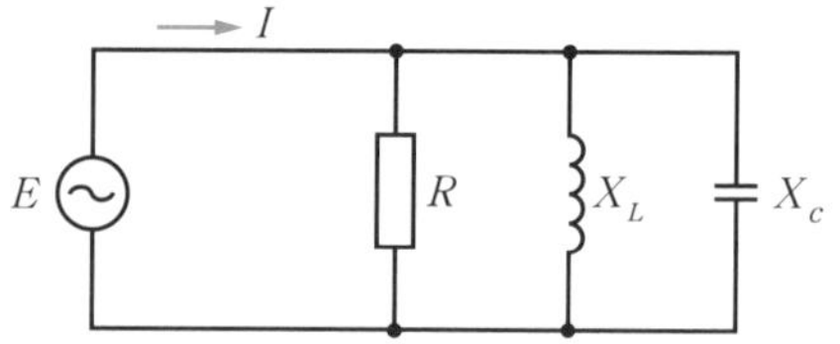

解説　各部を流れる電流を図のようにすると，

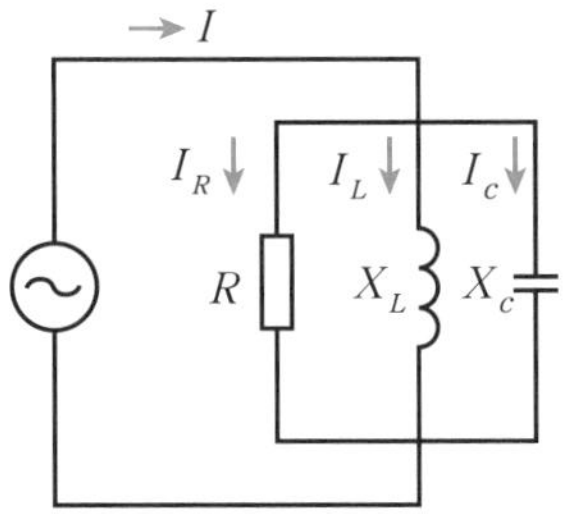

$I_R = 160/20 = 8\,\text{A}$，$I_L = 160/40 = 4\,\text{A}$，$I_C = 160/16 = 10\,\text{A}$

$I = \sqrt{I_R^2 + (I_L - I_C)^2} = \sqrt{8^2 + (4-10)^2} = 10\,\text{A}$

解答　(1)

問5　**R 1**　➡11 ブリッジ回路・共振回路

下図に示すRLC直列共振回路において，共振時におけるコイルLにかかる電圧$\dot{V}_L$〔V〕の値として，適当なものはどれか．

ただし，抵抗$R = 4\,\Omega$，インダクタンス$L = 120\,\text{mH}$，コンデンサ$C = 0.75\,\mu\text{F}$とする．また，放電や短絡等は発生しないものとする．

(1)　32 V
(2)　160 V
(3)　400 V
(4)　1,000 V

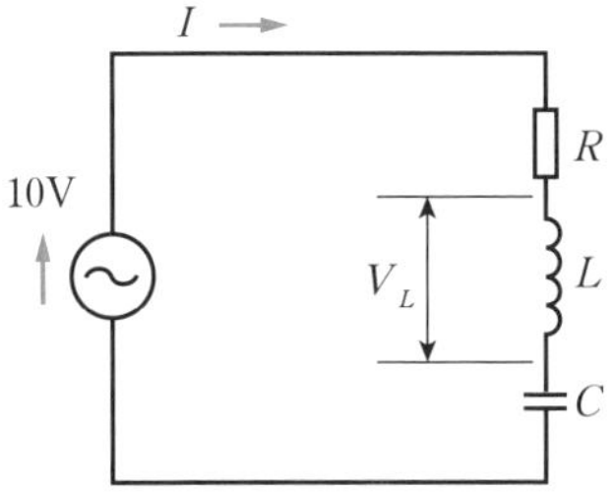

解説　$\omega L - 1/\omega C = 0$　より，$\omega = 1/\sqrt{CL} = 1/\sqrt{0.75\times10^{-6}\times0.12} = 10^4/3$

共振回路のインピーダンス$Z = R = 4\,\Omega$なので，回路を流れる電流$I = V/Z = 2.5\,\text{A}$

よって，$V_L = \omega L I = 10^4/3 \times 0.12 \times 2.5 = 1000\,\text{V}$

解答　(4)

第2章 通信工学

1 電気通信

重要度 ★★★

(1) 電気通信とは

通信は英語で言うと**コミュニケーション**と訳される．情報のやり取りをし，共通認識をする手段である．

［①用語］

- 電気通信

有線，無線その他の**電磁的方式**により，符号，音響又は影像を送り，伝え，又は受けることをいう．

- 電気通信設備

電気通信を行うための機械，器具，線路その他の電気的設備をいう．

- 電気通信設備工事

電気通信線路設備工事，電気通信機械設置工事，放送機械設置工事，空中線設備工事，データ通信設備工事，情報制御設備工事，TV電波障害防除設備工事をいう．

［②電気通信設備のモデル図］

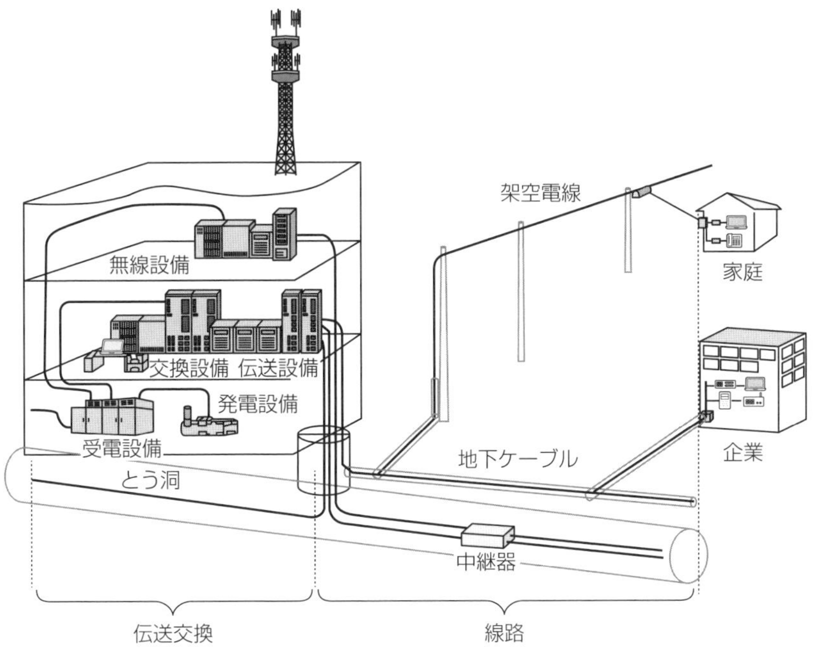

（国土交通省資料を参考に作成）

図2・1　電気通信設備の例

(2) 電気通信設備の分類

電気通信設備を大別すると，以下のとおりである．

［①端末設備］

伝えたい信号を電気信号に変換して，伝送路に載せるまでの設備（**送信機**）と，元の信号に復元する設備（**受信機**）をいう．

［②伝送設備］

端末設備間において，電気信号を伝送する設備．**電線路**，中継器等から構成される．

［③交換設備］

多対多の電気通信において，発信者の要求に従って伝送路間の接続を自動的に切り替え，目的の**回線につなぐ設備**をいう．

(3) 通信方式の概要

[①情報の種類による分類]

- **音声通信**

電話による通信をいう．**音声周波数**で，人が聞き取れる周波数は，一般に20～20,000 Hz（20 kHz）であり，話が明瞭に聞こえる周波数は300～4,000 Hz程度である．

- **データ通信**

文字や画像等のデータを，通信回線を介してコンピュータ間でやりとりする．インターネット等による通信をいう．

[②伝送信号による分類]

- **アナログ通信**
- **デジタル通信**

デジタル通信は，情報を「0」と「1」の組合せで符号化して送るため，通信途中でノイズが生じても「0」と「1」の識別可能な範囲内であれば，データを復元することができる．

[③伝送方法による分類]

ケーブルを伝送路として通信する**有線通信**と，ケーブルを伝送路として使用せず，電波を送受信する**無線通信**がある．

また，通信の向きが常に一方向の**単方向モード**と，**双方向通信**が可能な次のものがある．

表2・1　伝送モードとその特徴

伝送モード		特徴
直列伝送（シリアル伝送） 1本の伝送路	**半二重伝送**	送信と受信を，時間を分けて伝送する．
並列伝送（パラレル伝送） 複数の伝送路	**全二重伝送**	送信用と受信用に伝送路を分け，同時送受信できる．

(4) 漏話

[①漏話とは]

漏話《ろうわ》はクロストークとも呼ばれ，アナログ電話で他の通話内容が漏れ聞こえることから名付けられた．一種の混線である．高速デジタル信号では，他の信号配線へ影響を及ぼすことや影響を受けることを意味する．信号**送信部の近傍《きんぼう》**で生じる**近端《きんたん》漏話**NEXT（Near End Crosstalk）と**受信部の近傍**で生じる**遠端《えんたん》漏話**FEXT（Far End Crosstalk）等がある（XはCrossを表現）．

ごろあわせ

送 金 受 けるの 遠 慮する
送信部　近端　受信部　遠端

［②対策］

漏話は回線と回線の間に発生する**静電結合と電磁結合が原因**であるため，銅線による伝送回線では，シールドされた**ツイスト線**，**同軸ケーブル**を用いる．

光ケーブルでは，ファイバの形式によっては漏話が起きる可能性もあるが，基本的には相互干渉は生じない．

（5）伝送線路

伝送線路には，次のような**線路定数**が分布している．

①**インダクタンス：*L***（電流によって生じる磁界が発生源）
②**静電容量：*C***（電位差によって生じる電界が発生源）
③**抵抗：*R***（伝線路の導体抵抗による）
④**コンダクタンス：*G***（電線路間の漏れ電流による）

等価回路で表すと，図2・2のようになる．

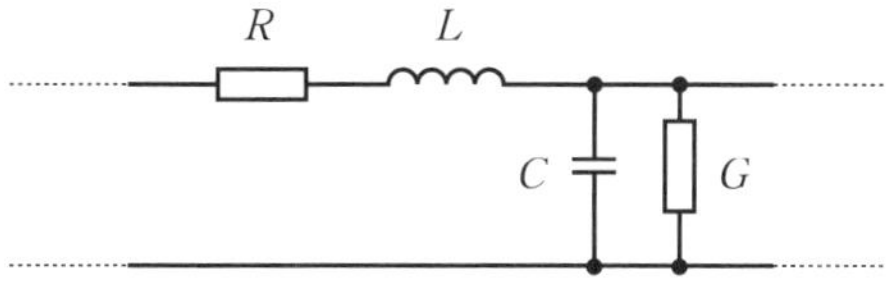

図2・2　線路定数の分布

この伝送線路の**特性インピーダンス**：Z_oは

$Z_o=\dfrac{V}{I}=\sqrt{\dfrac{R+j\omega L}{G+j\omega C}}$ で表され，RとGが無視できれば，

$Z_0=\sqrt{\frac{L}{C}}$ となる．

特性インピーダンスが異なる2本の通信ケーブルを接続したとき，その接続点で送信側に入力信号の一部が戻る現象を**反射**という．進行波と反射波が干渉し合い**定在《ていざい》波**を生じる．

伝送線路に発生する定在波の電圧の最大値を，伝送線路に発生する定在波の電圧の最小値で割った値を**電圧定在波比**という．伝送線路に，伝送線路の特性インピーダンスと同じ値の負荷を接続した場合の電圧定在波比は1で，負荷側を短絡あるいは開放した場合の電圧定在波比は∞となる．

point

反射が起こるため，特性インピーダンスの異なる同軸ケーブルは接続しない．

(6) 同期方式

電気通信における**同期**とは，送信側と受信側との間で通信を行う際，情報の区切りを合わせることをいう．同期方式には，次のものがある．

[①調歩同期方式]

シリアル通信における同期方式の一種．一文字分の文字情報を送るときに，**データの先頭に送信開始の情報**（スタートビット），データ末尾にデータ送信終了の信号（ストップビット）を付け加えて送受信を行う方式をいう．

[②フレーム同期方式]

フレーム（送信するデータの一団）**の先頭**に同期通信を開始することを表す信号を付記して，データをやりとりする方式をいう．

[③キャラクタ同期（SYN）方式]

同期用の制御文字を使い，**キャラクタ（メッセージ）単位で同期**をとる方式をいう．

[④連続同期方式]

最初に**同期信号を2個以上送り**，そのあとに，連続してキャラクタを伝送する方式をいう．

(7) アナログ信号のデジタル化

アナログ信号のデジタル化，つまり，**AD変換**は次の手順で行う．

［①標本化（サンプリング）］

アナログ信号の大きさを，**サンプリング周波数に従い一定間隔ごとに測定**する．図2・3の，3.4 3.8 2.7 3.0 1.2 3.6 4.8がそれにあたる．

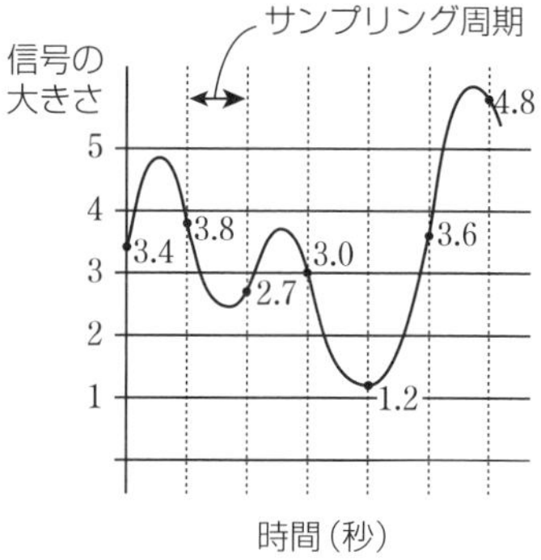

図2・3　サンプリング

［②量子化］

標本化した数値に近い**整数値**にする．

→3 4 3 3 1 4 5

［③符号化］

量子化した整数値を**2進数（0, 1）で表わし**，対応するパルス列に変換する．

→011　100　011　011　001　100　101

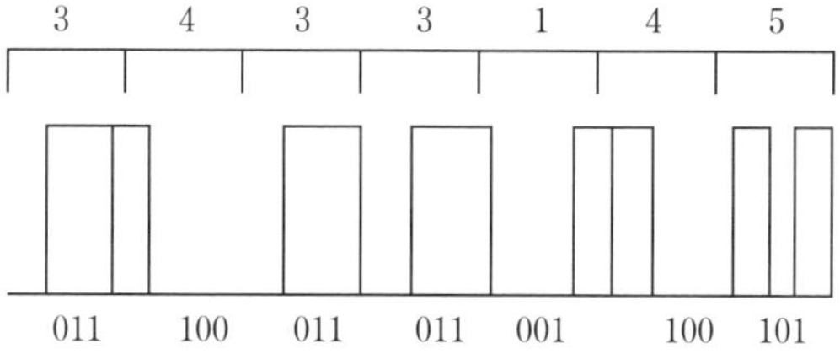

図2・4　符号化

［④復号化］

受信したパルス列を**元の信号に戻す**．

ごろあわせ　**兵《ひょう》糧《りょう》不服**

標本化→量子化→符号化→復号化の順

アナログ信号をデジタル信号に変換するとき，右図のように忠実に再現することは困難で，元のアナログ信号（黒線）とデジタル信号（赤線）にずれが生じる．これが**量子化雑音**である．

アナログ信号3.4を，量子化すると3であり，0.4の量子化雑音が生じている．

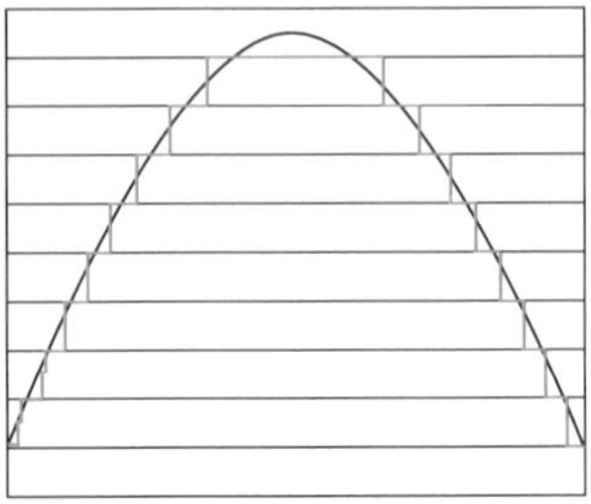

図2・5　量子化雑音

(8) デジタル伝送の特徴

情報が電圧の有無や高低等の2値（0, 1）として伝送される方式である．

①コンピュータとの**親和性が良い**．（コンピュータは0, 1の2進数を扱う）

②アナログ伝送に比べ**雑音に強い**．

③**多種類の情報**をまとめて伝送できる．

④信号レベルが**しきい値（閾値）**より低下すると品質が急激に悪くなる．

しいき値とは，「高電位」と「低電位」を区別する境となる電位で，たとえば，図2・6のようにAでの受信信号はしきい値を下回っているので0と見なされ，Bでは超えているので1と判断される．

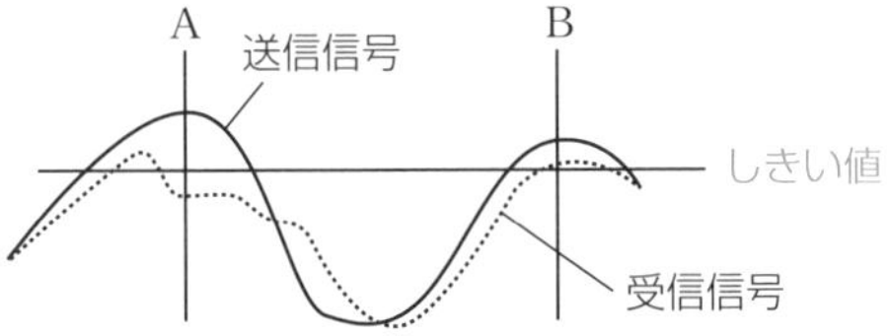

図2・6　信号レベルとしきい値

[①ナイキスト・シャノンの標本化定理]

1928年にナイキスト，1949年にシャノンが示した定理である．

元のアナログ信号をどのような周波数（周期）でサンプリングすれば，忠実に復元できるかを示す．この定理によれば，元の信号の**最高周波数の2倍の周波数でサンプリング**を行えばよいとされる．

たとえば，CDのサンプリング周波数は44.1kHz，量子化16ビットで記録している．つまり，毎秒44,100回の信号を測定し，その強度を（$2^{16}=65,536$）

段階の値で表す.

(9) 通信の現状

ICT (Information and Communication Technology：情報通信技術) は，急速な進歩を遂げ続け，今や，**AI** (Artificial Intelligence)，いわゆる人工知能が登場したり，**IoT** (Internet of Things) で，あらゆるものがインターネットにつながる時代になりつつある.

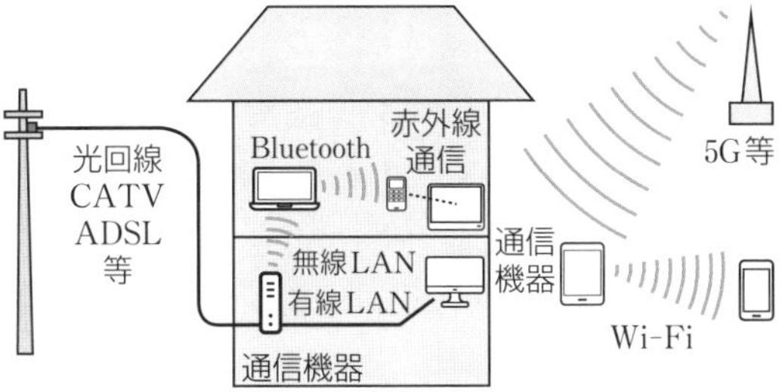

図2・7　通信モデル

[①赤外線通信]

赤外線を使った通信のことをいう．**1m程度以内の通信**で，途中に障害物があると通信できない．テレビのリモコンは赤外線通信である.

[②Bluetooth《ブルートゥース》]

スウェーデンのエリクソン社が開発し，IEEE802.15.1として2.4GHz帯の電波を使って無線通信を行う規格として標準化した．クラスにより通信距離等は異なるが，**一般的なクラス2**では，**通信距離10m程度**が可能である.

表2・2　クラスの特徴

クラス	最大出力の上限	最大通信距離
1	100mW	100m
2	2.5mW	10m
3	1mW	1m

PCで**インターネット接続**する場合は，Bluetoothでなく，**Wi-Fi** (Wireless Fidelity：IEEE802.11シリーズに準拠した無線LANのブランド名) の方が通

信速度は速く距離が長い．

【③IEEE（アイ・トリプル・イー）】

Institute of Electrical and Electronics Engineersで，**米国電気電子学会**のことをいう．

【④5G】

スマートフォン（スマホ）は，携帯電話とパソコンの機能を併せ持つ機器で，2007年に発売されて以来急速に普及し，いまやインターネットに最も接続されている．

スマホやタブレットPC等の**移動通信規格**である，「3G」，「4G」，「5G」の「G」は「Generation（世代）」の意味．

3G → LTE※ → 4G → 5G と進化し，通信速度が高速，安定化する．5Gは，第5世代携帯電話システムで，高速，多数接続を実現している．

※LTE：Long Term Evolution．長期的進化の意味で，4Gに含めることもある．LTEについては，変調方式**64QAM**が使用されており，5Gは**256QAM**，さらにそれ以上が検討されている．4Gの通信速度は，最大1Gbpsで，5Gではさらに高速化する．なお，5Gの周波数帯は3.7GHz，4.5GHz，28GHzが割り当てられている．

【⑤LPWA（Low Power Wide Area）】

文字通り，**低消費電力**，**長距離**（数km～数十km程度）での利用が可能な無線通信技術のことをいう．通信速度は低い．

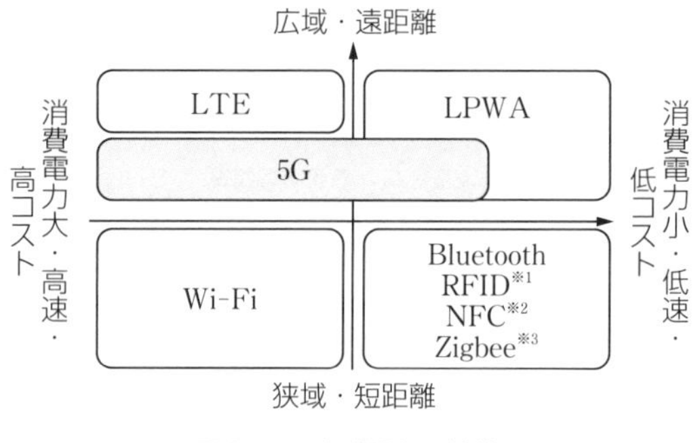

図2・8　無線通信の特徴

※1RFID：Radio Frequency Identification

※2 NFC：Near Field Communication
※3 Zigbee《ジグビー》：ICタグにより物品を識別管理する無線通信等に利用されている．

［⑥IoT］

IoT（Internet of Things）は，**様々な物《もの》に通信機能を持たせ**，インターネット経由で通信することをいう．従来，インターネットはコンピュータ同士を接続するものであったが，本来は通信機能を持たない「物」に通信機能を与えることで，遠方からその状態確認や指令を出すことが可能となる．たとえば，家の窓から，「半分空いている」という情報や，エアコンがONである等の情報が，家主が家から離れた場所にいても知ることができる．他にも，自動車からの位置情報をもとに，道路渋滞状況を配信するシステムや，毎月の積算電力量計の指示値を電力会社に送信するシステム等があり，これがIoTである．IoT機器は膨大な数となり，様々な場所に分散して配置される．低コスト，低消費電力のICチップの製造，ソフトウェアの開発，**LPWA**（Low Power Wide Area）技術が不可欠となっている．

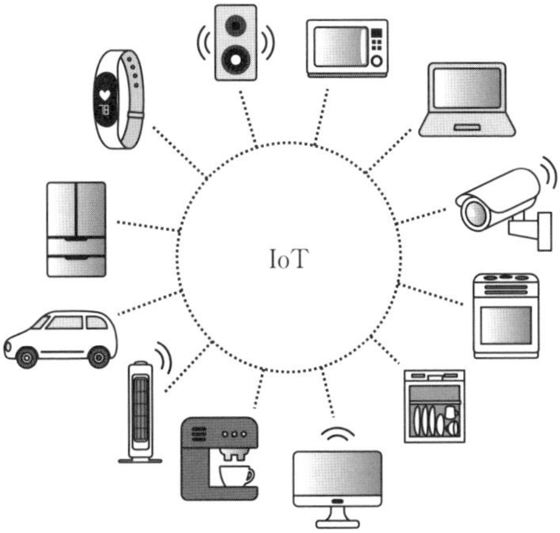

図2・9　IoT

2　変調

重要度★★★

(1) 変調方式

変調とは，**搬送波**（キャリア）に伝えたい情報を乗せることをいう．

一般に，電波で変えることができるのは「**振幅**」，「**周波数**」，「**位相**」の3つである．

変調方式は次に分類される．

［①アナログ変調］

アナログ変調は，音声信号からなる信号により，搬送波の振幅を変化させることで伝送する方式である．**AMラジオ放送**に用いられている．周波数を変化させることで伝送するのが**FMラジオ放送**である．

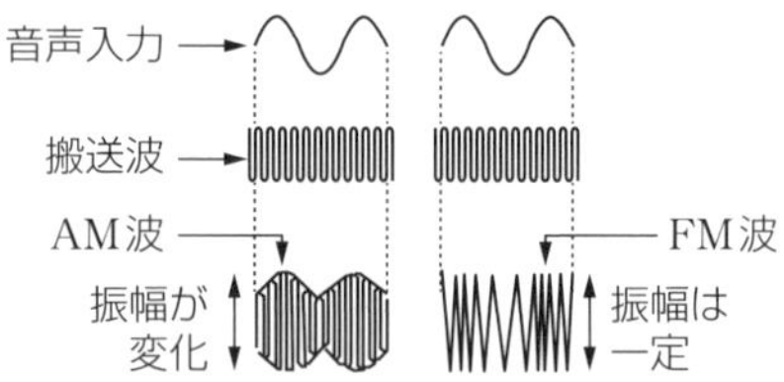

図2・10　アナログ変調

［②デジタル変調］

デジタル変調方式は，方式「0」と「1」の**デジタル信号**を変調して信号を伝送する方式である．

［③パルス変調］

パルス変調は，信号でパルスの幅を変えたPWM，位相を変えたPPM，振幅を変えたPAMや音楽CDで使用されるPCMがある．

表2・3　変調の各方式

信　号	変えるもの	
アナログ	振幅	振幅変調（AM：Amplitude Modulation）
	周波数	周波数変調（FM：Frequency Modulation）
	位相	位相変調（PM：Phase Modulation）
デジタル	振幅	振幅偏移変調（ASK：Amplitude Shift Keying）
	周波数	周波数偏移変調（FSK：Frequency Shift Keying）
	位相	位相偏移変調（PSK：Phase Shift Keying）
	振幅・位相	直交振幅変調（QAM：Quadrature Amplitude Modulation） 直角位相振幅変調ともいう
	周波数・振幅	直交周波数分割多重 （OFDM：Orthogonal Frequency Division Multiplexing）

※keying ≒ modulationで，いずれも「変調」と訳される．

(2) 振幅偏移変調 (ASK)

「0」のときは振幅なし,「1」のときは振幅のあることを表す.

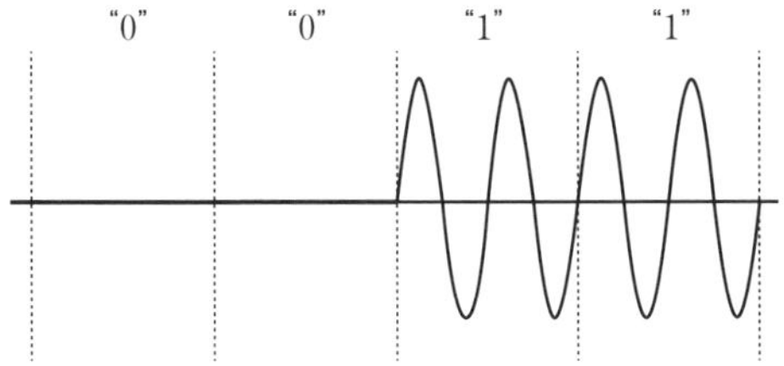

図2・11　振幅偏移変調

(3) 周波数偏移変調 (FSK)

「0」と「1」で周波数が異なる.

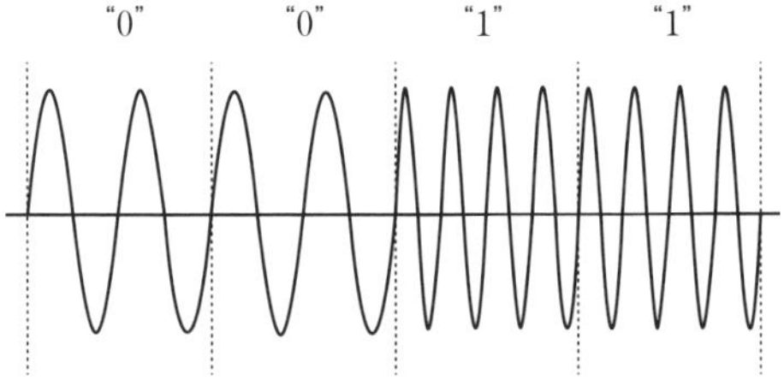

図2・12　周波数偏移変調

(4) 位相偏移変調 (PSK)

「0」と「1」で位相が180°異なる.

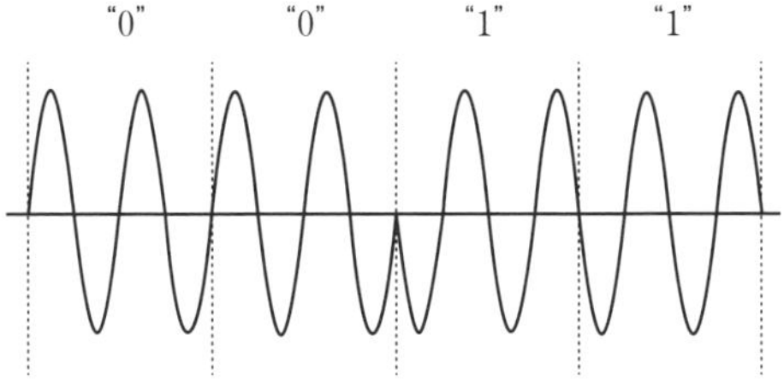

図2・13　位相偏移変調

QPSK（Quarter Phase Shift Keying）は，位相変調角が 90 度単位なので，伝送波形は4つの位相になる．

「00」「01」「10」「11」という4つの状態に対応するので，1波形あたり **2 bit** のデータが送れる．

（5）QAM

振幅と位相の両方を変える．図は**16QAM**で，**4 bit**（24 = 16通り）伝送できる．

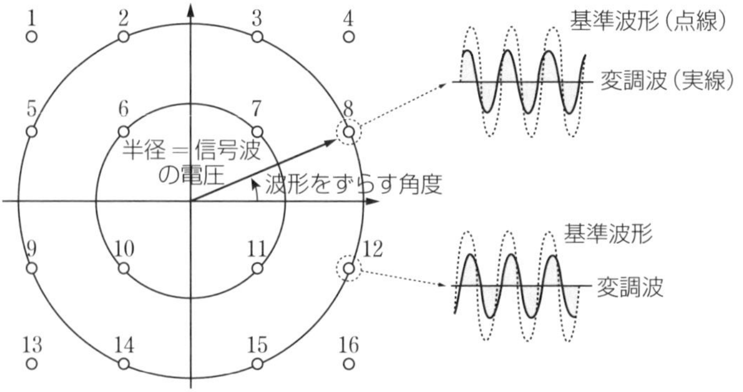

図2・14　16QAM

16 QAMは，受信信号レベルが安定していたら16 PSKに比べ**BER※特性が良好**となる．

さらに，**64QAM**があり，同じ周波数帯域幅でも16QAMの4倍の情報が送れる．しかし，細かく分割されている分，ノイズ等に弱い．

搬送波信号を**ダイアグラム**で表わして比較すると，次のようになる．

※BER：Bit Error Ratio

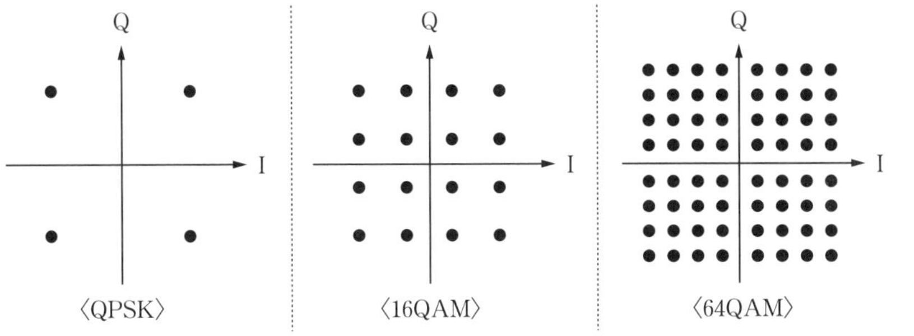

● は信号を表す.

図2・15 情報量の比較

> point
> 信号点の間隔は，QPSKを1とすると，16QAMは1/3，64QAMは1/7となる.

3 多重化

重要度★★★

(1) 多重化技術

多重化とは，一つの伝送路を用いて多数の利用者からの信号を束ねて送信することをいい，**多重分離**とは，多重化された信号を分離することをいう.

1本のケーブルに複数の信号をそのまま重ねて送ると区別できなくなる. そこで，信号を区別する仕組みを作れば，1本のケーブルに複数の回線を乗せることができる.

通信事業者の回線網では，末端に小容量のアクセス回線が多数配線されており，その多数の接続を大容量の回線に束ねる際，多重化技術が利用されている.

多重化には**周波数分割多重**，**時分割多重**，**符号分割多重**，**空間分割多重**等がある.

(2) 周波数分割多重（FDM：Frequency Division Multiplexing）

周波数帯の異なる複数の信号を合成して送受信する方式で，各端末からの複数の信号を**分割された周波数に割り当て**，1つの伝送路を利用する方式をいう.

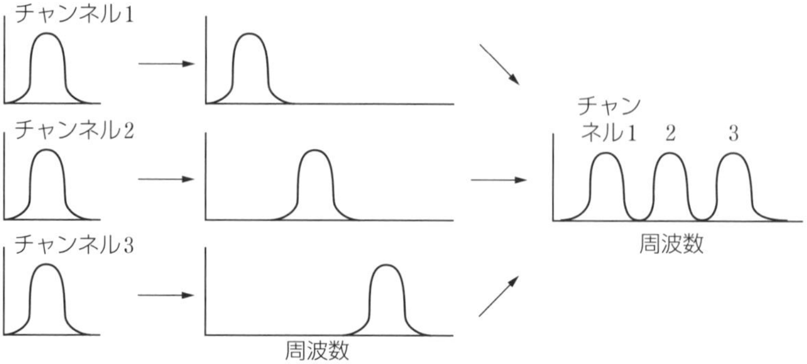

図2・16　各チャンネルの伝送

主に**アナログ信号の伝送**に使われ，たとえばテレビは，放送番組の周波数を変えて送っているので，**同じアンテナ**で受けた電波から見たい番組を選べる．多重化した後の信号の周波数帯域は広くなる．図2・17は，1本のケーブルに3種類の周波数の信号を流すイメージ図である．

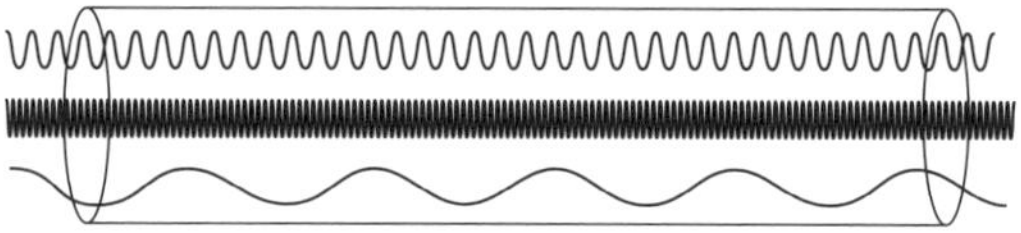

図2・17　伝送イメージ

【例】テレビ放送（VHF，UHF）の1チャンネルの帯域は6 MHzで，3チャンネルを周波数分割多重化すると，3チャンネル ×6 MHz＝18 MHzの帯域が必要である．実際に，第1チャンネルから第3チャンネルは，90～108 MHzの周波数である．

(3) 時分割多重（TDM：Time Division Multiplexing）

多数の**異なるデジタル信号**を時間的に細かく分割，配列して，1つの伝送路で伝送する方式である．

複数チャンネルのデジタル信号や符号化された音声信号を，複数ビットずつ時間を区切って（ずらして）配置し，順番に並べる．複数の情報を，時間のズレ（並び順）で区別する．

時間間隔を短くすれば，人には**連続した信号として認識**される．

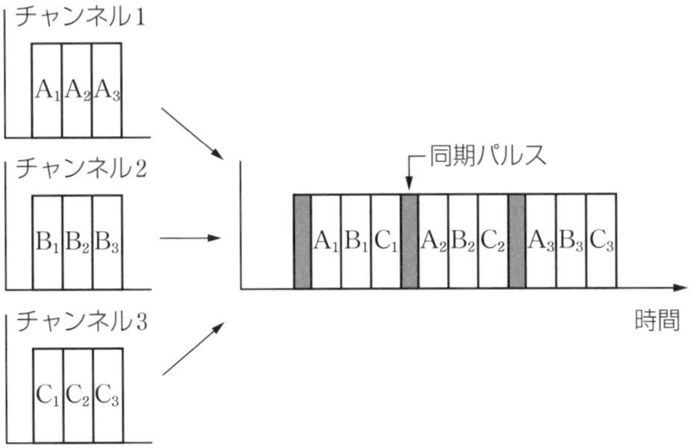

図2・18　時分割多重

【例】3種類（チャンネル）の信号を8bitずつ配置すると，チャンネル1の信号の後にチャンネル2の信号，その後にチャンネル3の信号がそれぞれ8bitで順に送られる．8bitのパルス列をフレームと呼び，繰り返しの周期を示すためにフレームの最初にはフレーム**同期パルス**を挿入する．多重化後のパルス幅は多重化前のパルス幅に比べて，送信したチャンネル数の逆数倍になる（パルス幅は圧縮される）．

また，伝送速度は1秒間に伝送するビット数が増え，送信したチャンネル数倍になる．

(4) 符号分割多重 (CDM：Code Division Multiplexing)

回線ごとに異なる符号をつけて他の信号と区別できるようにしておき，受信側では希望回線の信号を取り出す方式である．

送信時にデータごとに違う符号（コード）を混ぜ，それぞれの受信先で対応した**コードの付いたデータだけを取り出す**．

身近な例をあげると，ベルトコンベアでいろいろな荷物を同時に運ぶとき，行先別に色の異なるステッカーを貼ったり，名前を書いたりして受領者に正しく届けるシステムのようなものである．

なお，その符号に対応していないデータは雑音のままなので，対応しないデータを受信することはできない．つまり暗号化を兼ねられる．

> point
> CDMは複数のデータを混ぜた状態で送信する．

(5) 空間分割多重（SDM：Space Division Multiplexing）

ケーブルの1条当たりの**収容回線数を大きくする**方式で，ケーブルの心線数を増やし，各導線に異なる信号を流す．物理的に信号が流れる場所（空間）が異なるので空間分割という．

(6) 波長分割多重（WDM：Wavelength Division Multiplexing）

周波数分割多重（FDM）から派生した光信号技術である．複数の異なる光波長を利用し，波長間の干渉がないようにして，1心の光ファイバに**複数の波長の光を伝送**するものである．WDMには，光信号を比較的広めの波長間隔に配置する**CWDM**（Coarse-WDM）と光信号を高密度に配置する**DWDM**（Dense-WDM）がある．DWDMは，CWDMに比べて，多くの光信号を多重化することができる．

【例】送信側の各LD（半導体レーザ）を変調して信号光をつくり，合波器《ごうはき》で1本の光ファイバに入れ伝送する．

受信側の分波器《ぶんぱき》で各波長の光に分け，PD（光検出器）で信号を受信する．

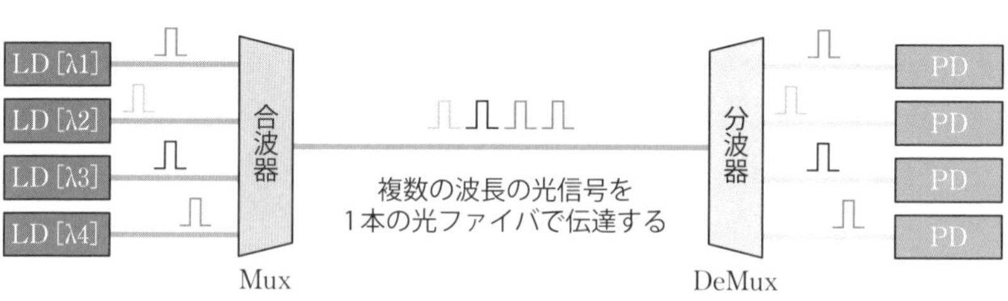

図2・19　波長分割多重

1心の光ファイバに複数の波長の光を入れ，一つの光（合波）にして送り，その光を分離（分波）して取り出す．合波・分波をする光合分波回路として，ファイバグレーティング（回折格子）がある．これは光の**回折現象**を利用して特定の波長を得るための装置である．コア部に屈折率が周期的に変化（グレーティング周期という）する細工を施し，グレーティング周期の反射条件を満たす波長の光だけを反射させる．

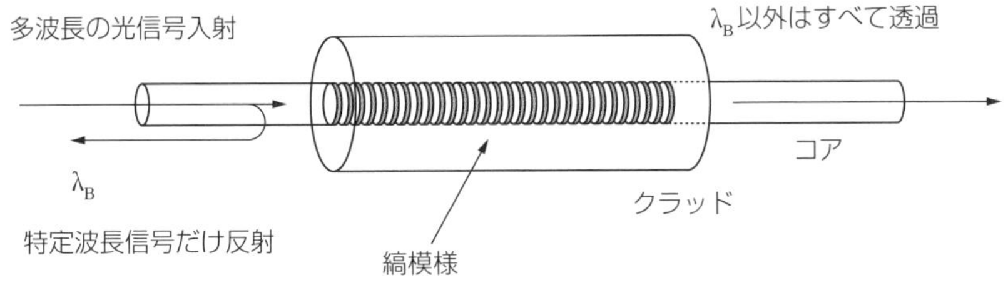

図2・20　回折格子

反射波長$\lambda_r = 2nT$で表せる．

n：コアの屈折率　T：グレーティング周期（縞模様間）

4　有線通信　重要度★★★

(1) 有線LANの構成機器

LANはLocal Area Networkのことで，建物内や敷地内で利用するデータ通信網をいう．

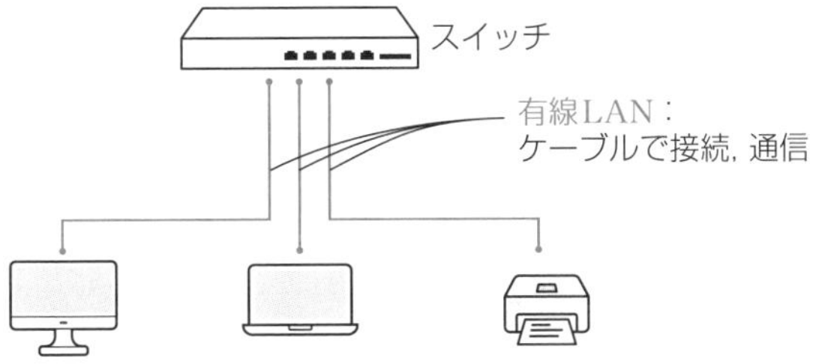

図2・21　有線LAN

有線通信は，送信端と受信端をケーブルで接続し，電気信号や光信号を伝送して行う通信である．

電気信号の伝送には銅線ケーブル（メタルケーブル）が使用され，光信号の伝送には光ファイバケーブルが使用される．

最も普及している有線LANの規格であるイーサネットは，次の部品で構成されている．

［①LANケーブル］

LAN配線で使用するケーブルで，UTPケーブル，STPケーブル，光ファイバケーブルがある．L1（レイヤー1：物理層）に該当する．レイヤーとは階層のことで，ISO（国際標準化機構）では7階層に分類している．

［②スイッチングハブ（switching hub）］

ハブの本来の意味は，車輪の中心部品のことで，転じて複数のケーブルを接続して相互通信するための集線装置や中継装置のことをいう．スイッチングハブは，L2（レイヤー2：データリンク層）スイッチで，受信データを宛先の端末のみに中継送信する機能をもつ．なお，受信した信号をすべての機器に送信するのはリピータハブ（repeater hub）である．

［③ルータ（router）］

パソコンやスマートフォン等複数の機器を，同時にインターネットに接続できるようにする．異なるネットワークへの接続が可能である．L3（レイヤー3：ネットワーク層）スイッチである．

（2）銅線ケーブル

［①ツイストペアケーブル］

被覆銅線2本1組で撚り合わせた構造．高周波信号の長距離伝送には不向きで，LAN等に使用される．次の2種がある．

表2・4　ツイストペアケーブルの種類

種類	シールド	特徴
UTP（アンシールデッドツイストペア）	無し	曲げに強く集線接続が容易
STP（シールデッドツイストペア）	有り	電磁波やノイズに強い

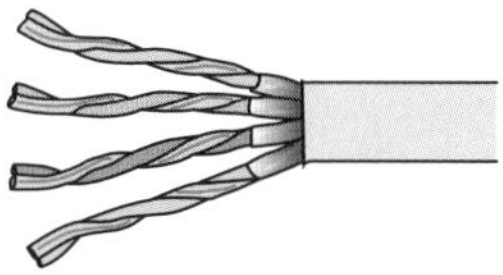

図2・22　UTP

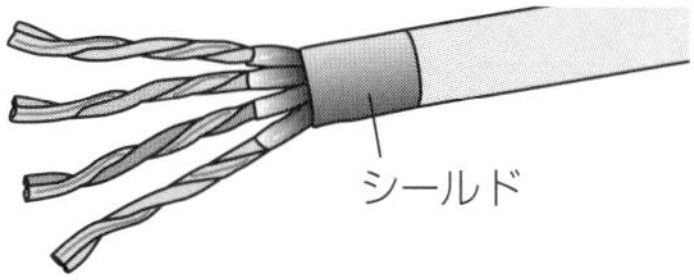

図2・23　STP

point

STPケーブルは，芯線をアルミでカバー（シールド）をしてある．

［②同軸ケーブル］

中心部の銅線周りをポリエチレン等の絶縁体で，その絶縁体を網目状の外部導体で覆い，さらにポリエチレン等で保護した構造である．

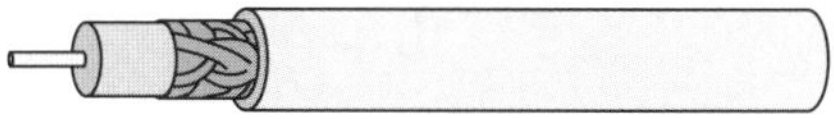

図2・24　同軸ケーブル

電気信号の漏洩やノイズの侵入が少ない．高周波の電気信号の長距離伝送が可能である．LAN，**テレビケーブル**等に使用されている．

(3) 光ファイバケーブル

図2・25のような構造である．**光信号をコアにだけ伝搬**させる．コアとクラッドは石英ガラスかプラスチックでできており，石英ガラスの方が伝送損失は少ない．**電磁誘導の影響も受けない**．

光ファイバケーブルには，**シングルモードファイバ**（SMF）と**マルチモードファイバ**（MMF）の2種類がある．また高周波信号の長距離伝送が可能である．光ファイバケーブルは，LANはもとより，ネットワーク用の海底ケーブル等に使用されている．

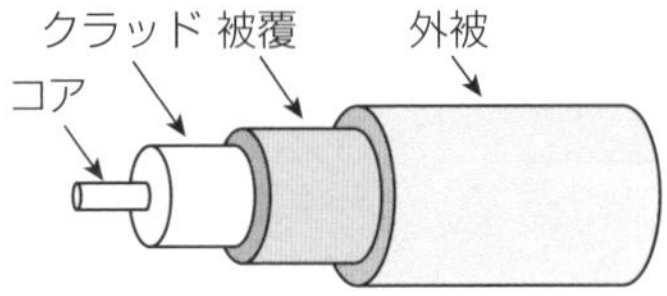

図2・25　光ファイバケーブル

(4) イーサネット (Ethernet) 規格

イーサネットは，パソコン等の機器を**有線接続**する際の通信規格の一つである．**有線LAN**の規格といってもよい．IEEE802.3で，表の通り規格している．

表2・5　イーサネット規格

規格	伝送速度	使用ケーブル	最大伝送距離
10 BASE 2	10 Mbps	同軸ケーブル	200 m
10 BASE 5	10 Mbps	同軸ケーブル	500 m
10 BASE－T	10 Mbps	ツイストペアケーブル	100 m
1000 BASE－T	1000 Mbps	ツイストペアケーブル	100 m
100 BASE－TX	100 Mbps	ツイストペアケーブル	100 m
1000BASE－SX	1000 Mbps	光ファイバケーブル	550 m
100 BASE－FX	100 Mbps	光ファイバケーブル	2,000 m
1000BASE－LX	1000 Mbps	光ファイバケーブル	5,000 m

(表の見方)
- 最初の数字は伝送速度
- BASEは，**ベースバンド伝送**(信号を変調せずに送出する方式で，**ブロードバンド伝送**の対語)
- 末尾の2，5は同軸ケーブルの伝送距離 (200 m，500 m)
- 末尾のTはツイストペアケーブルで，伝送距離はいずれも100 m
- S，F，Lは光ファイバケーブル　Xは符号化の方式

point

最後に数字があれば同軸ケーブル，Tが付いていたらツイストペアケーブル，それ以外は光ファイバケーブルである．

5　無線通信

重要度★★★

無線通信は，情報を電波により送受信する通信をいう．

(1) 無線通信の種類

無線通信の主なものは次のとおりである．

［①無線LAN］

無線LANは，有線でなく**電波を使って**ネットワーク接続する．パソコンやタブレット，スマートフォン等の機器を**アクセスポイント**に接続し，アクセスポイントを経由して**サーバと通信**する．図2・26と27はインターネット接続の概要図である．また，**ONU**（Optical Network Unit）は，光信号と電気信号を相互に変換する装置である．

図2・26　アクセスポイント

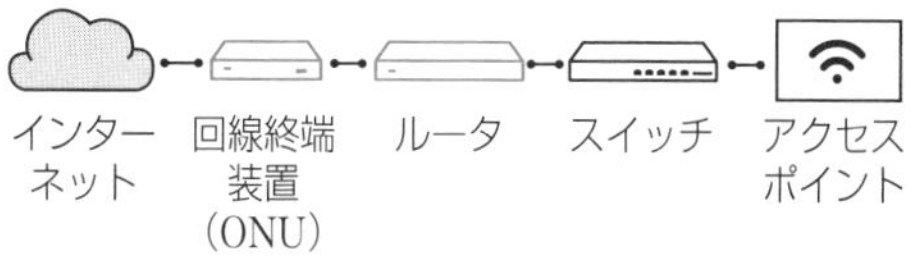

図2・27　インターネット接続

［②衛星通信］

地球上の通信衛星を利用した広範囲にわたる無線通信である．通信用，放送用の静止通信衛星の**高度は約36,000 km**で，衛星放送（BS放送，CS放送）などがある．

［③移動体通信］

携帯電話，スマートフォン等の**移動端末**で行う無線通信をいう．送信側と受信側の両方が固定された通信（固定通信）以外の方式で，いずれか一方または両方が移動しながら行う無線通信である．

(2) 無線通信のプロセス

［①送信機］

音声・データ情報　→　**符号化**　→　**変調**　➡　電波

［②受信機］

電波 ➡ **復調** → **復号化** → 音声・データ情報

- 発振器は，搬送波を作る．
- 変復調回路の変調は，搬送波の振幅，周波数，位相等を変化させて信号源の情報を乗せる．復調は，変調された信号から元の情報を取り出す．
- LNA（低雑音増幅器：Low Noise Amp）は，信号を増幅する．
- フィルタは，特定の周波数帯信号のみを通過させる．
- 送受信アンテナは，信号の送信，受信をする．

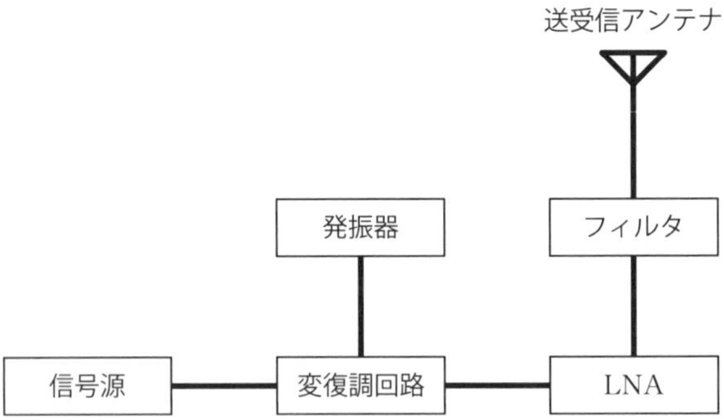

図2・28　送信モデル

(3) アンテナの原理と基本構造

［①アンテナとは］

アンテナは，**電気信号を空間へ放射**し，また，空間を流れる電流（空間電流）を**導線へ誘導**することができる機器である．送信も受信も行う．

アンテナに電圧を加えて電流を流すと，周囲に電界や磁界が生じる．この**電界と磁界により，電波が生まれる**．

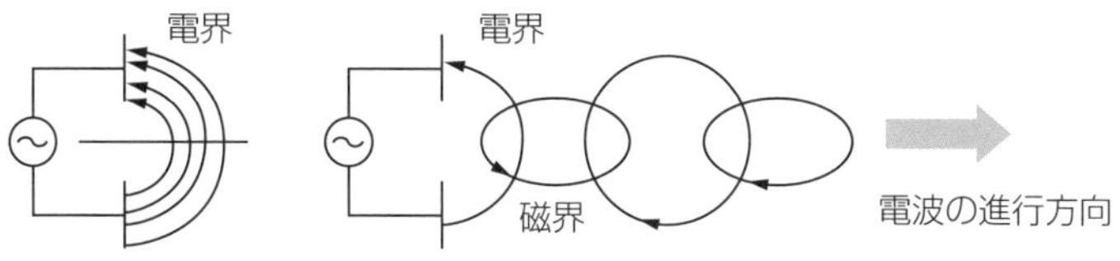

図2・29　電波の放射

[②アンテナの基本構造]

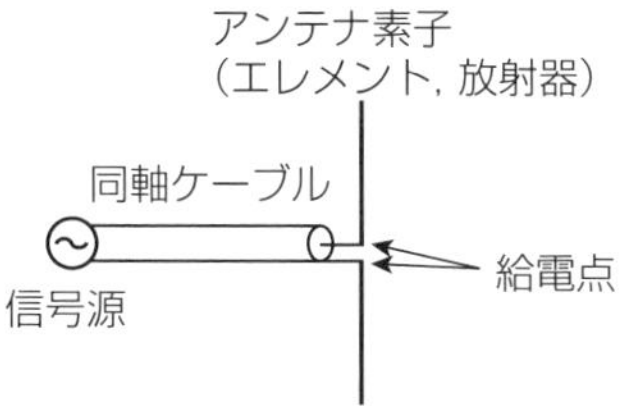

図2・30　ダイポールアンテナの例

2本の開いた銅線の間に電圧をかけて電波を放射させるアンテナを**ダイポールアンテナ**という.

全体の長さが約**1/2波長**(片側で1/4波長)付近まで長くなると, 電流が流れやすく(**共振**), 強い電波が飛ぶ. アンテナから電波を飛びやすくするには, アンテナに加わる電圧や電流を大きくする, 形状を大きくする, アンテナと信号源の**インピーダンス整合をとる**等が必要である.

(4) アンテナの種類

[①ホイップアンテナ]

1/4波長の長さで垂直に設置した時に**水平全方向**に電波の送受信ができる. 携帯電話や小型ラジオ, 無線ユニットの汎用アンテナとして幅広く使われている.

[②スリーブアンテナ]

同軸ケーブルの内部導体を**1/4波長**延ばして放射素子とし, さらに同軸ケーブルの外部導体に長さが**1/4波長**の円筒導体を設けたものという.

[③ブラウンアンテナ]

1本の垂直エレメントと, 放射状に広がる数本の**1/4波長**の水平のエレメントからなる．グランドプレーンアンテナともいう．無線機用のアンテナで，水平面内の指向性が無指向性である．

[④コーナレフレクタアンテナ]

反射板を用いたビーム・アンテナ である．

[⑤八木アンテナ]

導波器，放射器，反射器からなり，**放射器に給電**する．テレビ用受信アンテナとして使用されている．

図2・31　ホイップアンテナ

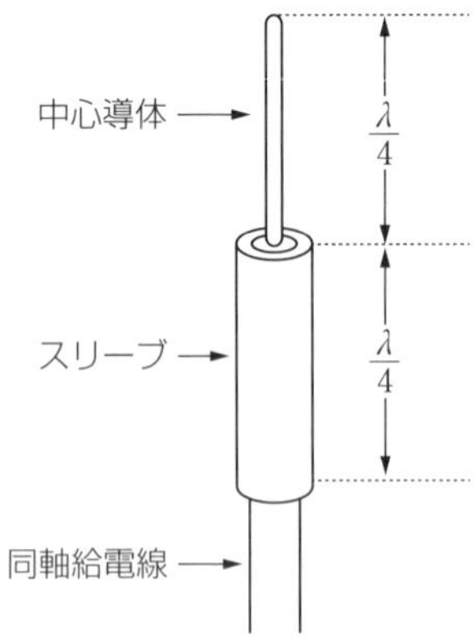

図2・32　スリーブアンテナ

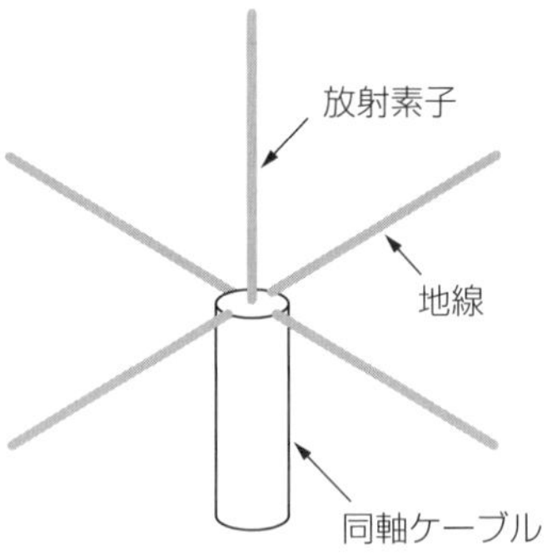

図2・33　ブラウンアンテナ

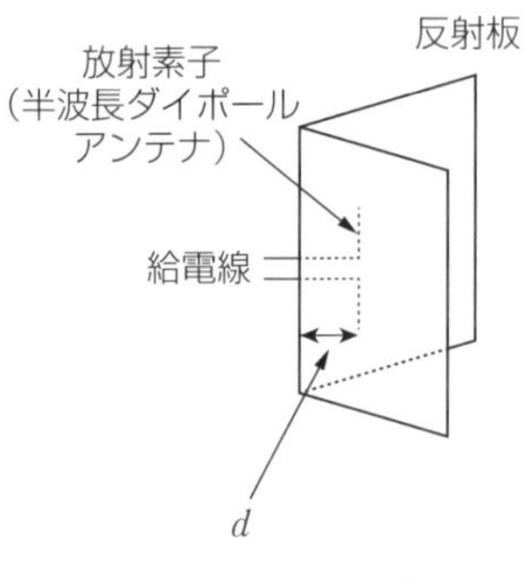

図2・34　コーナレフレクタアンテナ

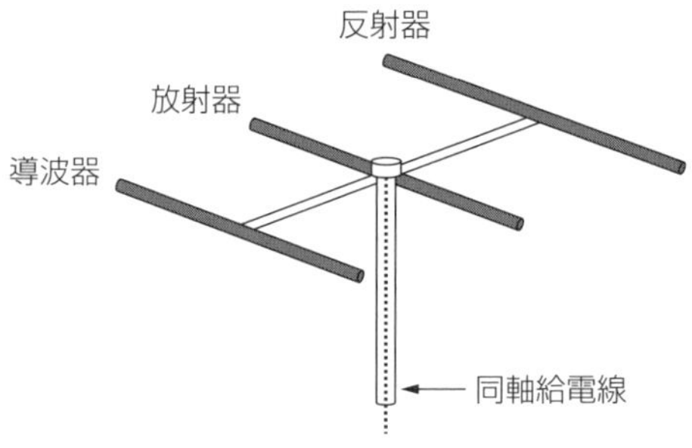

図2・35　八木アンテナ

(5) インピーダンス整合（マッチング）

伝送線路や空中線は，インピーダンスがあり，インピーダンスの異なる媒体の**接合点では反射が起こる**．マッチングが取れていると，アンテナに給電される電力は最大となり，効率よく放射する．

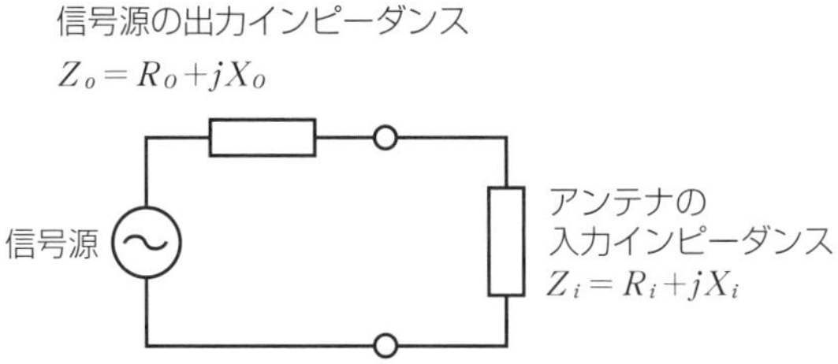

図2・36 インピーダンス整合

マッチングが取れないと，送信機の電力増幅回路の動作が不安定になり，効率の良い送受信ができない．また，電波障害の発生原因となる．

point

無線通信による電波は，空間を電界と磁界が直交した状態で振動して伝わる．これを電波伝《でん》播《ぱ》という．

(6) 自由空間損失

送信アンテナから放射された電波が受信アンテナに到達するまでの損失を**自由空間損失**（自由空間基本伝搬損失）といい，次の式で計算できる．

$L=(4\pi d/\lambda)^2$

L：自由空間損失　d：距離〔m〕　λ：波長〔m〕

一般に，自由空間損失は対数を用いて次のように〔dB〕で表わす．

$10\log L=10\log(4\pi d/\lambda)^2=20\log(4\pi d/\lambda)$〔dB〕

〔dBm〕は〔dBmW〕のことで，電力を1mWを基準値とする〔dB〕で表した単位をいう．〔dB〕と〔dBm〕は同じ単位として計算できる．

(7) 受信機入力電力

受信機に入力する電力P_r〔dBm〕は，次の式で計算できる．

P_r＝送信機出力－送信側給電線損失＋送信空中線の絶対利得
－自由空間損失＋受信空中線の絶対利得－受信側給電線の損失

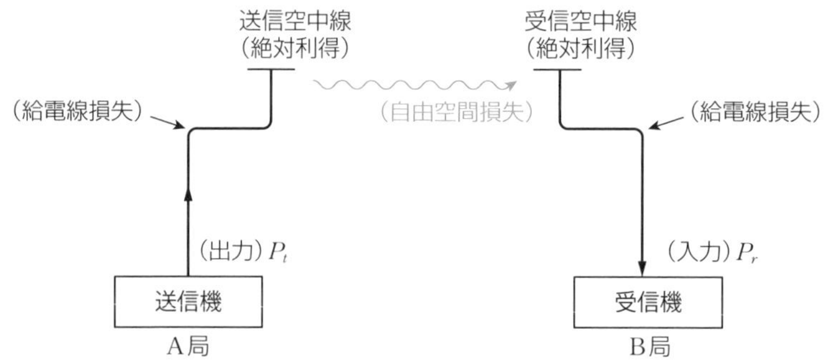

図2・37　自由空間損失

【例題】 無線局A局とB局の間において，A局から送信機出力1Wで送信したときのB局の受信機入力電力〔dBm〕の値を求めよ．

ただし，A局，B局とも空中線の絶対利得は35dBi，給電線の損失は無いものとし，自由空間損失は120dBとする．

（答）送信機出力$P_t = 10\log 1000 = 30$dBm
受信機入力$P_r = 30 - 0 + 35 - 120 + 35 - 0 = -20$dBm

(8) LTE

LTEは次の方式を採用している．

［①変調方式：64QAM］

64QAM（Quadrature Amplitude Modulation）は，位相と振幅を細かく変えることで64（**6ビットの情報**）を表現できる．

［②アクセス方式：OFDMA（直交周波数分割多元接続）］

上りリンクの無線アクセス方式にはSC-FDMA（シングルキャリアFDMA）を採用し，下りリンクの無線アクセス方式にはOFDMAを採用している．

［③アンテナ方式：MIMO］

複数の送受信アンテナにより異なる信号のセットを同一時間に同一周波数帯を用いて送受信することで伝送容量の増大や伝送品質の向上を図るMIMOが採用されている．

また，次のような特徴がある．

- フェージング等の無線環境に合わせて，データの変調方式を柔軟に切り替える適応変調を採用している．
- 音声サービスを実現するため，IPパケットにより音声データをリアルタイムに伝送するVoice over LTEを採用している．
- 異なる周波数の帯域を複数同時に利用することで帯域幅を拡張し，通信速度の向上を図る技術である，キャリアアグリゲーションが用いられる．

point

上りと下りでアクセス方式が異なる．

6　無線通信の周波数　重要度★★★

(1) 電磁波の分類

電磁波は，波長の長い方から，次のように分類される．

①電波

②光（赤外線・可視光線・紫外線）

③放射線（X線・γ《ガンマ》線）

電磁波								
電波				光			放射線	
VLF LF HF	HF VHF	UHF マイクロ波	ミリ波 サブミリ波	赤外線	可視光	紫外線	エックス線	ガンマ線

波長	100m	1m	1cm	0.1mm	1000nm	10nm	0.1nm
周波数	3MHz	300MHz	30GHz	3THz	300THz	30PHz	3EHz

図2・38　電磁波の分類

波長（λ《ラムダ》）と周波数（f：frequency）の関係は，

$f\lambda = c$　（c：光速で30万km/s = 3×10^8m/s）

ごろあわせ　**高周波**

光速 = 周波数 × 波長

電波は，周波数が**3 THz《テラヘルツ》以下等**（**300万MHz以下**）のことで，この周波数帯は無線通信や高周波利用設備などに利用されている．

※1 THz = 1,000 GHz

電波のうち，1～10 GHzまでの周波数帯は，比較的電波の減衰が少なく，また雑音が低いので，宇宙通信に適している．この周波数帯は「**電波の窓**」と呼ばれている．通信分野では，マイクロ波は周波数3～30 GHz（波長1～10㎝）のことをいう．

（2）無線通信の周波数と特徴

無線通信に使用される周波数とその特徴は，図2・39のとおりである．

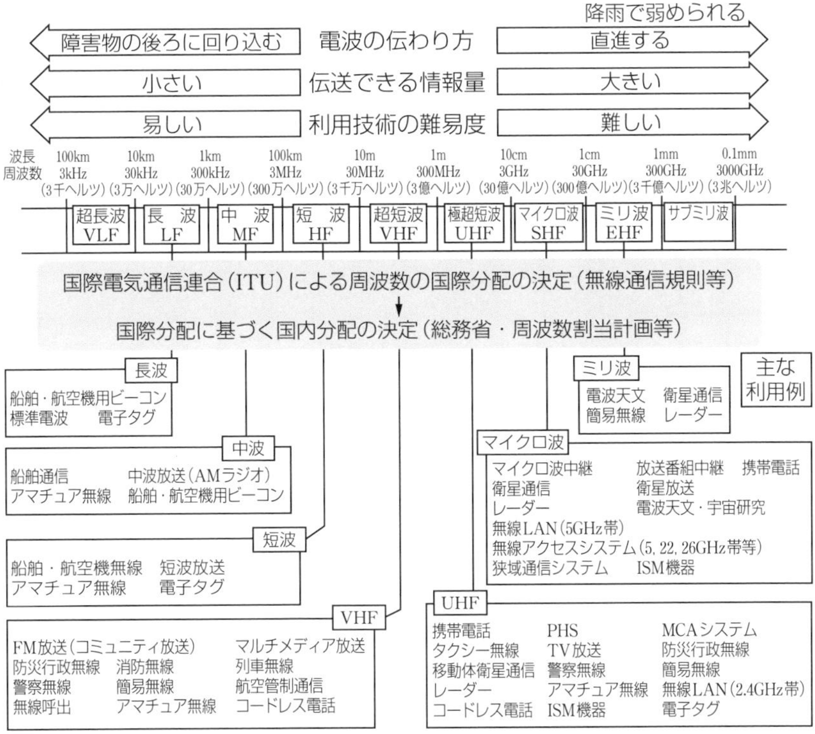

(総務省情報通信白書による)

図2・39 周波数と特徴

(3) 電波の伝わり方

[①中波(MF)]

昼間は主に地表波により伝搬し，夜間は**電離層のE層**で反射して遠くまで伝搬する．

[②短波(HF)帯]

- フェージングが発生しやすい．**フェージング**とは，経路差(時間差)により，電波の波長が干渉し合う電波障害である．
- デリンジャ現象が発生することがある．**デリンジャ現象**とは，太陽から放出される紫外線が増大し，**電離層**の電子密度が高まり，地表波の伝搬が途絶える現象をいう．電離層は地上約80km～300kmの上空にあり，電子密度が大きく，電波を反射する層をいう．

- 電離層（F層）と地表との間で反射をくり返して**遠くまで伝搬**する．最下層からD層，E層，F層があり，A層〜C層はない．

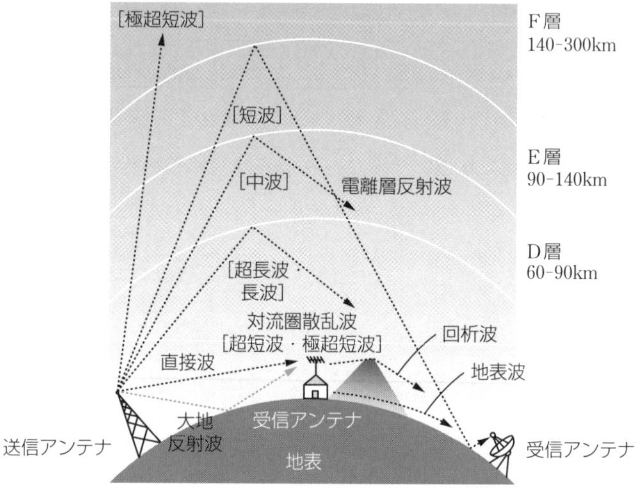

図2・40　電波の伝わり方

［③超短波（VHF）帯］

- 見通し距離での直接波による伝搬が主であるが，山岳回折により山の裏側に伝わることがある．
- **スポラディックE層（E_S）**の発生により，非常に遠くまで伝搬することがある．ESは，突発的に出現するプラズマ密度の高い層をいう．
- 降雨による減衰は小さい．

7　マイクロ波通信　重要度★★★

（1）マイクロ波

マイクロ波とは，通信分野では**3 GHz〜30 GHz**の周波数帯（波長1〜10 cm）をいい，マイクロ波通信とはその周波数帯を使用して行う無線通信をいう．市町村の**防災無線**等に用いられている．

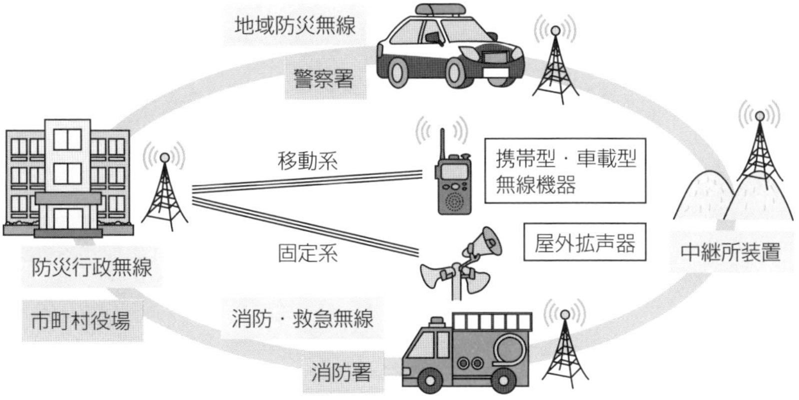

図2・41　マイクロ波通信のモデル

ごろあわせ　**マイク　詐欺が 去れ**
マイクロ波　3GHz　30GHz

マイクロ波通信の特徴は次のとおりである.

①使用できる周波数帯が広いため**多重通信**（時分割多重方式，周波数分割多重方式）に適している.

②短波通信に比べ，送信**出力が小さく**，伝送容量が大きい.

③短波や中波に比べて**フェージングの影響が少ない**.

④自然雑音及び人工雑音のいずれも極めて少ないため，**S/N**（信号対雑音比）の良い通信が可能である.

⑤**直進性**が強い（指向性鋭い）ため，原則的には見通し距離内の通信に制限されるが，中継局を設けると**遠距離通信**が可能である.

⑥**気象の影響**を受け，減衰する.

- 降雨，降雪，大気（水蒸気，酸素分子），霧等による減衰を受ける.
- 降雨による減衰は，水蒸気による減衰より大きい.
- 降雨域では，雨滴《うてき》による散乱損失や雨滴の中での熱損失により減衰する.
- 降雨による減衰は，周波数が高いほど大きい.

(2) マイクロ波の設備

①指向性が鋭く，**利得の高いアンテナ**を使うことができる．

②無線機とアンテナとの間の**給電線路**として，**同軸ケーブル**や**導波管**が用いられる．給電線路とは，送信機からアンテナに**高周波電力**を伝送するための線路で，導波管とは，電磁波を送るための中空導体をいう．

図2・42　導波管の例

point

給電線に平行2線式給電線は用いない．

(3) マイクロ波の中継方式

マイクロ波は**減衰**《げんすい》**しやすい**ので，適当な距離ごとに**中継が必要**となる．

[①直接中継方式]

受信したマイクロ波を**直接増幅**して送信する方式．送信電波と受信電波が干渉しないように，少しだけ**送信周波数を偏移**（変化）させる．

[②ヘテロダイン中継方式（非再生中継）]

受信電波を**中間周波数**に変換した後に増幅する．中間周波数とは，低周波（音声信号等）と高周波（送信電波）の中間の周波数をいう．

[③再生中継方式]

受信したマイクロ波を復調し，再度**別の周波数で変調**して送信する．

[④無給電中継方式]

金属の**反射板**によって，電波を別のアンテナへ向けて反射させる方式．反射板を2枚用いて中継することもでき，電波の方向を変えるだけで中継用の電力を必要としない．反射板の面積を大きくとり，反射板に対する伝搬の入射角を小さくすると**反射損失**は少なくなる．

8 ネットワーク

重要度 ★★★

(1) ネットワークトポロジー

ネットワークトポロジーとは，コンピュータにおけるネットワーク配線で，端末や各種機器が接続されている形状を表す用語である．

形状には，**リング型**，**メッシュ型**，**スター型**，**ツリー型**，**バス型**等あるが，大規模なネットワークでは，これらを複数組み合わせることが多い．

例えば，バス型は**基幹となるケーブルを1本敷設**し，そこから複数の支線が延びるようにネットワークを構築する方式である．

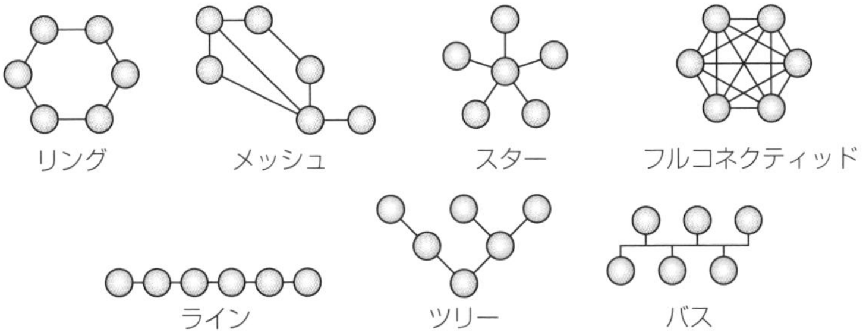

図2・43　ネットワークの形状

図中の交点（◯の部分）を**ノード**といい，通信ネットワークではコンピュータや通信機器等，通信の主体となる個々の機器をいう．

(2) プロトコル

プロトコルとは，通信を行う者同士が，**通信の手順やルール**を定めた**通信規約**のことである．

プロトコルには，IP，TCP，UDP，HTTP，SMTP，POP，DHCP，ARP等があり，その総称が**TCP/IP**（Transmission Control Protocol/Internet Protocol）と呼ばれるプロトコルである．

［①IP］

複数のネットワークを繋ぎ，相互に通信することができる経路制御を行うプロトコルをいう．インターネットは世界中に張り巡らしたネットワークである．

［②TCP］

IPを基盤にその上層で利用されるプロトコルで，トランスポート層に属する．通信相手の状況を確認して接続し，データ伝送が終わると切断するという手順で，相手が確実にデータを受け取ったかの確認や，データの欠落や破損を検知して再送する，届いたデータを送信順に並べ直すといった制御を行うプロトコルである．信頼性は高いが転送速度は低い．

［③UDP（User Datagram Protocol）］

送ったデータが相手に届いたか確認しないで通信するやり方であり，再送制御等を行わず送りっぱなしにする仕組みのため，確実性より転送効率や即時性を重視する場合のプロトコルである．転送速度は高いが信頼性が低い．

point

TCPは安全性重視，UDPはスピード重視．

（3）OSI参照モデル

通信プロトコルを標準化することにより，異機種間のデータ通信を実現することができる．

国際標準化機構ISO（International Organization for Standardization）は，OSI（Open Systems Interconnection）を策定し，OSI参照モデルとした．これは，コンピュータ等の通信機器の持つべき機能を7つの階層に分割したものである．階層は次の区分となる．

［①第1層（物理層）］

データを通信回線に送出するための電気的な変換や機械的な作業を行う．

［②第2層（データリンク層）］

通信相手との物理的な通信路を確保し，通信路を流れるデータのエラー検出等を行う．

［③第3層（ネットワーク層）］

相手までデータを届けるための通信経路の選択や，通信経路内のアドレスの管理を行う．

［④第4層（トランスポート層）］

相手まで確実に効率よくデータを届けるためのデータ圧縮や誤り訂正，再送制御等を行う．

［⑤第5層（セッション層）］

通信プログラム同士がデータの送受信を行うための仮想的な経路の確立や解放を行う．

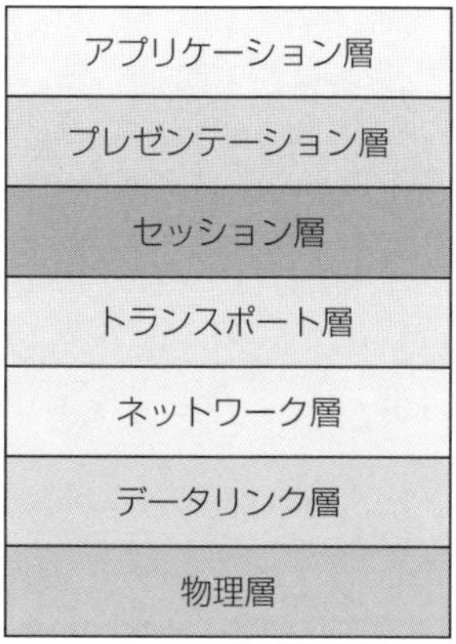

図2・44　OSI参照モデル

［⑥第6層（プレゼンテーション層）］

第5層から受け取ったデータをユーザが分かりやすい形式に変換したり，第7層から送られてくるデータを通信に適した形式に変換する．

［⑦第7層（アプリケーション層）］

データ通信を利用した様々なサービスを人間や他のプログラムに提供する．

例えば，第1層をレイヤー1と表現する場合もある．

ごろあわせ

物でねえと拙者プア（安い物でねえと…拙者はプア（貧乏）だ）

物理層　データリンク層　ネットワーク層　トランスポート層
セッション層　プレゼンテーション層　アプリケーション層

(4) アドレス・ポート

［①アドレス］

「住所」という意味で，機器，データ等の所在を表す文字列や番号，ビット列等をいう．

- IPアドレス：インターネットをするときに**コンピュータ**に割り当てられる住所
- MACアドレス（MAC：Media Access Control）：**ネットワーク機器**に割り

当てられた住所

［②ポート］

「港」という意味で，機器やソフトウェアが外部の機器と接続・通信するための末端部分のことをいう．

具体的には，機器の側面等に設けられた，ケーブルやコネクタの差込口のことをいう．1つのコンピュータ内の，どのソフトウェアが通信するかを指定するために**ポート番号**（port number）が用いられる．

point

データはMACアドレスを経由してIPアドレスに到着する．

過去問チャレンジ（章末問題）

問1　R1　➡5 無線通信

自由空間上の距離$d = 25$ km離れた無線局A，Bにおいて，A局から使用周波数$f = 10$ GHz，送信機出力1 Wを送信したときのB局の受信機入力〔dBm〕の値として，適当なものはどれか．

ただし，送信及び受信空中線の絶対利得は，それぞれ40 dB，給電線及び送受信機での損失はないものとする．なお，自由空間基本伝搬損失L_0は，次式で与えられるものとし，dはA局とB局の間における送受信空中線間の距離，λは使用周波数の波長であり，ここでは$\pi = 3$として計算するものとする．

$$L_0 = (4\pi d/\lambda)^2$$

(1)　−70 dBm

(2)　−60 dBm

(3)　−30 dBm

(4)　40 dBm

解説　$\lambda = c/f = 3 \times 10^8 / 10 \times 10^9 = 3 \times 10^{-2}$ m

$L_0 = \{(4 \times 3 \times 25 \times 10^3) / 3 \times 10^{-2}\}^2 = 10^{14}$

$10 \log L = 10 \log (4\pi d/\lambda)^2 = 10 \log 10^{14} = 140$ dB

送信と空中線の絶対利得はそれぞれ40 dBなので，計80 dBであり，自由空間損失が140 dBなので，B局の受信機利得は$80 - 140 = -60$ dBとなる．

送信機出力1 W $= 10^3$ mWより，$10 \log 10^3 = 30$ dB　$-60 + 30 = -30$ dBm

解答　(3)

問2　R4　➡5 無線通信

第4世代（4G）携帯電話システムであるLTEに関する記述として，適当でないものはどれか．

(1)　上りリンクの無線アクセス方式にはSC-FDMAを採用し，下りリンクの無線アクセス方式にはOFDMAを採用している.

(2) 音声サービスを実現するため，IPパケットにより音声データをリアルタイムに伝送するVoice over LTE を採用している.

(3) 複数の送受信アンテナにより異なる信号のセットを同一時間に同一周波数帯を用いて送受信することで，伝送容量の増大や伝送品質の向上を図るMIMOを採用している.

(4) 異なる周波数の帯域を複数同時に利用することで帯域幅を拡張し，通信速度の向上を図るハンドオーバを採用している.

解説 異なる周波数の帯域を複数同時に利用することで帯域幅を拡張し，通信速度の向上を図るのは，キャリアアグリゲーションである．ハンドオーバは，通話中に隣のセルに移動する際，通話が継続する技術である.

解答 (4)

問3 R4

⇒6 無線通信の周波数

中波帯の電波の伝わり方に関する記述として，適当なものはどれか.

(1) 直接波による伝搬が主体であるが，電波の伝搬路中に降雨域があると降水粒子による散乱やエネルギーの吸収による電波の減衰が発生し，周波数が高くなるほどその減衰が大きくなる.

(2) 昼間は主に地表波により伝搬し，夜間は電離層のE層で反射して遠くまで伝搬する.

(3) 大地と電離層のD層の間を反射しながら伝搬するので，導波管の中を伝わる電波と同じような電磁界の模様が生じ，減衰が少なく非常に遠くまで伝搬する.

(4) スポラディックE層の発生により，電波が反射され，見通し距離を超えて非常に遠くまで伝搬することがある.

解説 (1) マイクロ波 (SHF) の説明である.

(3) 超長波 (VLF) と長波 (LF) の説明である.

(4) 超短波 (VHF) の説明である.

解答 (2)

問4　R4　➡7 マイクロ波通信

マイクロ波通信の再生中継方式に関する記述として，適当なものはどれか．

(1)　受信したマイクロ波を中間周波数に変換して増幅した後，再びマイクロ波に変換して送信する方式である．

(2)　電波を反射板などで反射させて電波の伝搬方向を変えて中継する方式である．

(3)　受信したマイクロ波からベースバンド信号を復調し，波形整形や同期調整を行った後，再び変調して送信する方式である．

(4)　受信したマイクロ波をそのまま増幅して送信するか，又は受信したマイクロ波を目的の周波数に変換した後に増幅して送信する方式である．

解説　(1)　受信したマイクロ波を中間周波数に変換して増幅した後，再びマイクロ波に変換して送信する方式は，ヘテロダイン中継方式である．

(2)　電波を反射板等で反射させて電波の伝搬方向を変えて中継する方式は，無給電中継方式である．

(4)　受信したマイクロ波をそのまま増幅して送信するか，又は受信したマイクロ波を目的の周波数に変換した後に増幅して送信するのは，直接中継方式である．

解答　(3)

第3章 情報工学

1 情報理論

重要度★★★

(1) 情報理論とは

情報理論とは，情報を定量的，数学的に扱う理論である．たとえば，効率の良い符号化，雑音の少ない伝送路の情報圧縮方法，部外者に秘密の漏えいを防止する暗号理論等である．

(2) ビットとバイト

[①1ビット（bit）]

1ビット※は0か1かの2つの情報を表す最小単位をいう．

[②1バイト（Byte）]

1バイト※は2^8（＝256）ビットのことをいう．

※ビットは小文字の「b」，バイトは大文字の「B」で表記することもある．

(3) 2進数・10進数・16進数

一般に数字表現は，0～9までの10種類の数字を使った**10進法**であるが，情報処理の分野では，**2進数**や**16進数**が扱われる．

2進数は0と1の2つの数字のみを使う．16進数は0～9の**10の数字**と，アルファベットの**A～Fまでの6つの文字**を使って表す．

[①10進数を2進数で表す]

【例題】10進数の14を，2進数で表しなさい．

【解説】（手順） ①14を2で割っていく．

②その余りを脇に書く．

③下から読む．

2) 14
2) 7 ⋯ 0
2) 3 ⋯ 1
1 ⋯ 1
1110

したがって $(14)_{10} = (1110)_2$

（左辺は，10進数の14であり，右辺は2進数の1110であることを意味する）

［②2進数を10進数で表す］

10進数の構成は次のようになっている．

たとえば，326という数は，百の位が3，十の位が2，一の位が6である，

$326 = 3 \times 100 + 2 \times 10 + 6 = 3 \times 10^2 + 2 \times 10^1 + 6 \times 10^0$

10進数なので，10の累乗となっている．2進数なら，2の累乗にする．

【例題】$(1110)_2$を10進数にしなさい．

【解説】$(1110)_2 = 1 \times 2^3 + 1 \times 2^2 + 1 \times 2^1 + 0 \times 2^0 = 8 + 4 + 2 + 0 = 14$

（答）$(1110)_2 = (14)_{10}$

［③2進数を16進数で表す］

2進数を**10進数に変換してから**16進数に変換する．16進数では，10進数の10＝A，11＝B，12＝C, 13＝D，14＝E, 15＝Fである．

【例題】$(1101100101101010)_2$を16進数にしなさい．

【解説】4桁ずつに区切り，10進数に変換する．1101＝13 → D，1001＝9，0110＝6，1010＝10 → A

（答）$(1101100101101010)_2 = (\mathrm{D96A})_{16}$

なお，16進数を2進数に変換する場合は，この逆を行う．

［④16進数を10進数で表す］

【例題】$(\mathrm{CFA})_{16}$を10進数にしなさい．

【解説】C＝12，F＝15，A＝10　　$12 \times 16^2 + 15 \times 16 + 10 = 3322$

（答）$(\mathrm{CFA})_{16} = (3322)_{10}$

（4）補数

2進数における補数は，次のように定義されている．

［①基数の補数（2の補数という）］

桁上がりする数のうち一番小さい数のことをいう．

【例】1011の補数は101である．1011 + 101 = 10000

［②減基数の補数（1の補数という）］

桁上がりしない数のうち一番大きい数のことをいう．

【例】1011の補数は100である．1011 + 100 = 1111

（5）シフト演算

2進数では，「左に1つビットをずらせば2倍」，「右に1つビットをずらせば2で割る」ことになる．

シフト演算には，符号を考慮しない**論理シフト**と，符号を考慮する**算術シフト**があり，それぞれ，左シフトと右シフトがある．

［①論理シフト］

論理シフトは，符号を考慮しないシフト演算である．

・左にnビットずらす　→　**2^n倍**になる．

・右にnビットずらす　→　**$1/2^n$倍**になる．

ビットの列からあふれ出た分のビットは捨て，**空いた部分に「0」**を入れることで求める．

【例1】1000を2ビット左にシフトする

8ビットで2進数を表すデータをシフトする．

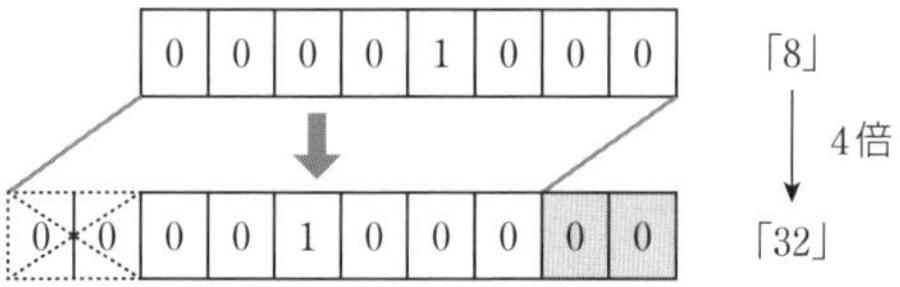

【例2】1000を2ビット右にシフトする

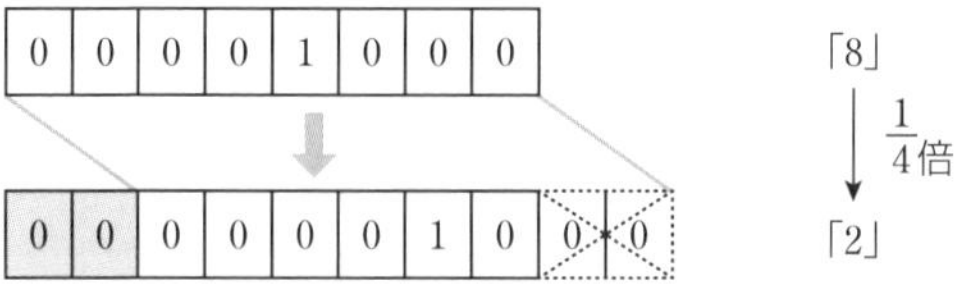

［②算術シフト］

一番左にあるビットに符号（＋，－）を割り当てる．0のときは正の数で，**1のときは，負の数**である．

シフトする場合，符号を表している**最初のビットは動かさず**，他のビット列の範囲を左か右にずらす．

【例1】1111000を2ビット左にシフトする

符号ビットは固定したまま動かさず，他のビットを左にずらす．左のあふれたビットは捨て，空いた部分に「0」を入れる．

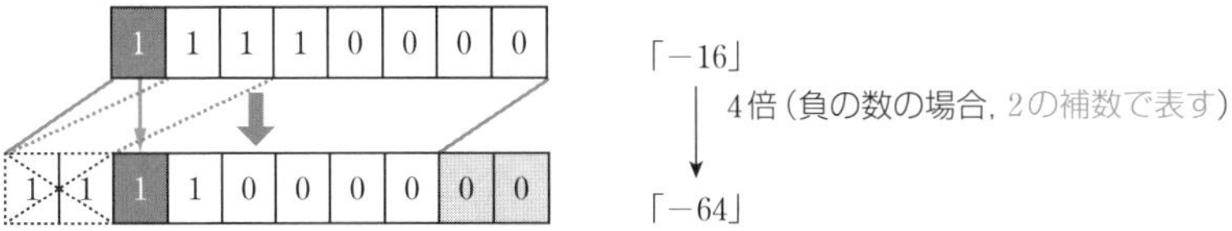

【例2】11110000を2ビット右にシフトする

符号ビットは固定したまま動かさず，それ以降のビットをずらす．あふれたビットは捨て，空いた部分に符号ビットと同じ値を入れる．

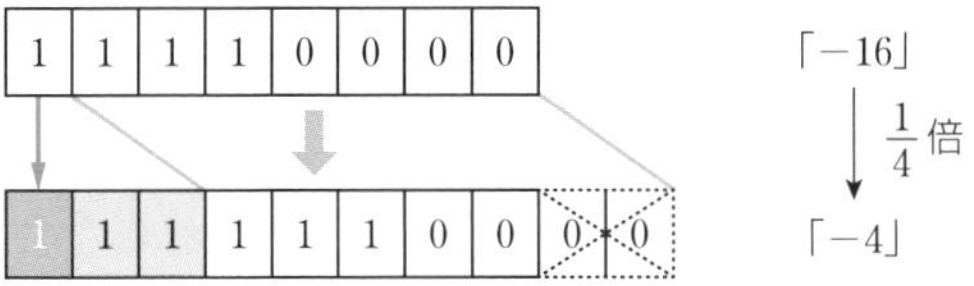

point

算術シフトの空きは，左シフトは0，右シフトは符号ビットと同じ値．

(6) データ圧縮

情報を記録する**ファイルの容量を小さく**して保存したり，**通信量を少なく**して伝送したりするために，データの圧縮を行う．圧縮には次の方式がある．

［①可逆圧縮］

データが完全に元の状態に**復元できる方式**をいう．プログラムやデータは可逆《かぎゃく》圧縮であることが求められる．複数のファイルを1つにまとめられ，容量を小さくできるファイルとしてzip等がある．

主な可逆圧縮方法は表のとおりである．

表3・1　圧縮方法と特徴

圧縮の方法	特　徴
ランレングス圧縮	繰り返しのある信号で，データごとにその数を記録する．
LZ圧縮（ランペル・ジブ圧縮）	既出データと同じ個所がある場合，どこから，どの長さだけ一致しているかを他のデータに置き換える．
ハフマン圧縮	出現回数の多いデータを，短い記号に置き換える．

［②ランレングス圧縮］

データを圧縮することは**符号化**することであり，ランレングス圧縮をランレングス符号化と呼ぶこともある．連続する同一の値の列を，その連なり（run）の長さ（length）を示す数字に置き換える．ランレングス符号化が特に威力を発揮するのが，画像ファイルの圧縮である．例えば，ファクシミリの送受信データは，黒と白のデータで，余白が多いので圧縮率は非常に高くなる．

【例】①「AAAAABBBCDDDD」というデータは，Aが5個，Bが3個，Cが1個，Dが4個並んでいる．これは，「A5B3C1D4」または，「5A3B1C4D」というデータ列に圧縮できる．

②「AAAAABBBAABBBBBB」というデータは，①の表記にならえば，「A5B3A2B6」のように圧縮できる．しかし，データはAとBの2種類しかなく「5326」と圧縮することもできる．「BBBAAAA」のように最初のデータがBのときは「034」のようにする．

［③LZ圧縮］

Abraham Lempel と Jacob Zivが開発し，頭文字をとっている．

【例】

「AAABBBBBCCAAABBBDDD」というデータは，「AAABBB」が繰り返す．これを，

「AAABBBBBCC＊16DDD」のように表記する．1は1文字目，6は6文字分という意味である．

[④ハフマン圧縮]

【例】「ABBDDBBEACBD」の12文字のデータは，A～Eの5種類の文字が使用されている．固定長のビット列であらわすと，A：000　B：001　C：010　D：011　E：100　となり，1文字につき，3ビット必要である．

最初のデータは，「000 001 001 011 011 001 001 100 000 010 001 011」となり，36ビットを要する．

表3・2　データの出現頻度と割当てビット

文字	データの出現頻度	割当てるビット列
A	2回	110
B	5回	0
C	1回	1110
D	3回	10
E	1回	1111

出現頻度の高い文字は，短いビット列を割り当てる．出現頻度の高いものから順に，0　10　110　1110　1111　とする．

「110 0 0 10 10 0 0 1111 110 1110 0 10」25ビットに圧縮可能．

point
データの出現頻度を考慮し，頻繁に現れるデータには短い符号を割り当てる．

[⑤非可逆圧縮]

データを完全に元の状態には**復元できない**．一度画像を圧縮すると完全には画質を元に戻せない**jpg**等がある．

(7) 誤り検出・訂正

データ伝送中にエラーを生じていないか確認するため，データに誤り検出・誤り訂正の**ビットを付加**する．方式には次のものがある．

[①パリティチェック]

ビット列に含まれる1の合計が**偶数か奇数かをチェック**する．

- **水平パリティチェック**…複数行からなるデータの各行でパリティチェックを行う．

• **垂直パリティチェック**…各列でパリティチェックを行う．

いずれにしても，1ビットの誤りがあることは検出できるが，誤りビットの訂正はできない．2ビット以上のエラーが発生し，1が偶数個になった場合はエラーを検出できない．

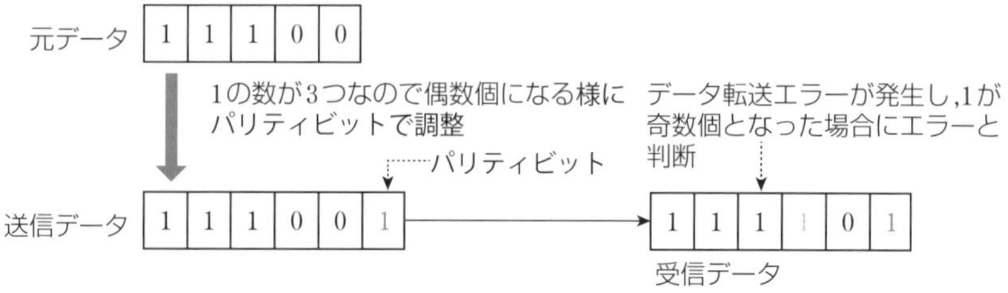

図3・1　パリティビットの付加

［②CRC］

CRC（Cyclic Redundancy Check）は，データを値とみなして，ある定数で割った余り（余剰）を用いて誤りの検知を行う．**バースト誤り**（複数の誤り）を検出できるが，訂正することはできない．

［③ハミング符号方式］

データに複数のチェックコード（パリティビット）を付加し，2ビット以上の誤り検知を行う．誤りの検知だけではなく訂正もできる．たとえば，4ビットのデータに対し，3ビットを付加して2ビットの誤り検出と1ビットの誤り訂正を行う．付加する量が大きいので**伝送効率はよくない**．

2　コンピュータ　重要度★★★

(1) コンピュータの機能

コンピュータは，次の5つの機能がある．

①入力　②出力　③記憶　④演算　⑤制御

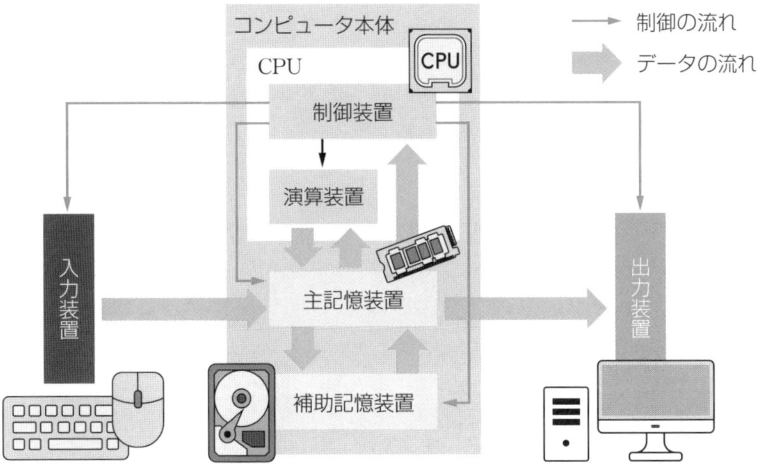

図3・2　コンピュータの機能

(2) 入力・出力装置

［①入力装置］

コンピュータに命令やデータを入力する装置で，キーボード，マウス，スキャナ，ジョイスティック，バーコードリーダ，OCR（Optical Character Reader）等がある．OCRは，手書き文字等を画像データとして光学的に読み取り，解析して文字データに変換する装置である．

［②出力装置］

コンピュータによって処理されたデジタル信号を人間にわかる文字や図形に変換する装置で，ディスプレイ，プリンタ，プロジェクタ等がある．

(3) 演算・制御装置

［①演算装置］

制御装置からの制御信号により算術演算や論理演算等の演算を行う．

［②制御装置］

主記憶装置に記憶されているプログラムの命令を取り出して解読し，制御信号を各装置に送り制御する．主に他の要素の**動作の制御**等の機能を担う．

[③中央処理装置（CPU）]

CPU（Central Processing Unit）は，**メモリに記憶されたプログラムを実行する**装置である．メモリや入力装置からデータを受け取り，演算，加工，出力する．1回の命令で同時処理できるデータ量により，8ビット，16ビット，32ビット等がある．

【例】8ビット：2^8個＝256　16ビット：2^{16}＝65,536　2^{32}＝4,294,967,296の情報量

ビット数とともに，**クロック周波数**（1秒間に実行できる命令の回数で，Hzで表す）がCPUの性能を決定する．クロック周波数（クロック数）とは，**クロック信号**（処理の同期信号）が，1秒間に何回発生するかを示す値をいう．クロック周波数の値が高いほど，多くの処理を同時にこなすことができ，処理性能が高いことを示す．

たとえば，1秒間にクロック信号が200個あればクロック周波数は200〔Hz〕と表現する．

また，CPUが1秒間に実行可能な命令数を百万単位で表したものを，**MIPS**（Million Instructions Per Second）という．

【例題】平均命令実行時間が$0.5\mu s$であるCPUのMPISを求めよ．

【解説】1秒間に$1/(0.5\times10^{-6})=2\times10^6$　の命令が実行可能である．

（答）2 MPIS

(4) 記憶装置

[①主記憶装置（メモリ）]

ソフトウェアを実行するために必要なプログラムやデータを記憶する装置で，**CPU**（中央処理装置）から直接読み書きすることができる．記憶場所にはアドレスが割り当てられ，プログラムでアドレスを指定して記憶されているデータの読み取りや書き込みができる．制御装置が主記憶装置に対して，データの読み取り・書き込み命令を出す．そこからデータ転送が終了するまでの時間を**アクセスタイム**といい，コンピュータの性能を示す指標の一つである．

また，**RAM**（Randam Access Memory），DRAM（Dynamic RAM）をメモリということもある．

ROM（Read Only Memory）は読み出し専用のメモリであり，固定的なプ

ログラムや定数等のデータの格納場所として使われる．

なお，電源を切ると記憶していた情報が消滅して，読み取ることができない記憶装置を**揮《き》発性《はつせい》記憶装置**という．

［②補助記憶装置（ストレージ）］

プログラムやデータを永続的に保管しておく外部記憶装置をいう．ハードディスク（**HDD**），ソリッドステイトドライブ（**SSD**），**CD-R**等がある．

HDDは，磁性材料を塗布した**磁気ディスク**を高速で回転させ，磁気ヘッドによってデータの読み書きを行う．1枚の磁気ディスクは，**トラック**（異なる径の帯状の円）と，更に分割した**セクタ**（512バイトまたは4kバイト）というデータの読み書きの最小単位がある．

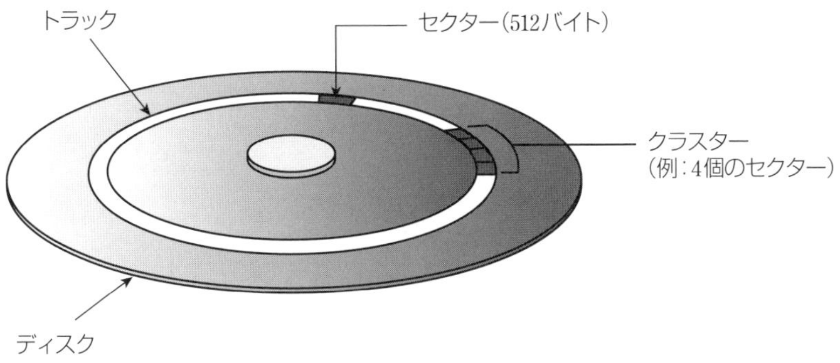

図3・3　磁気ディスク

HDD装置の用語は次のとおりである．

- **平均シーク時間**とは，磁気ヘッドが対象データのトラックに移動する平均時間をいう．
- **平均サーチ時間**とは，磁気ディスクが回転して対象データが磁気ヘッドの下に来るまでの平均時間をいう．平均サーチ時間は，磁気ディスクの1回転に要する時間の半分である．
- **平均アクセス時間**

  平均シーク時間，平均サーチ時間及びデータ転送時間を合計した時間をいう．

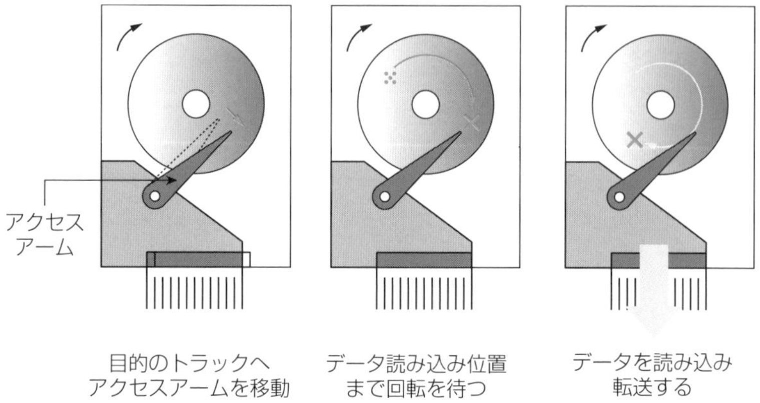

図3・4　データの読み込み

SSDは**フラッシュメモリ**（半導体素子）を用いてデータを記録する．SSDはHDDのような回転円盤（ディスク）やモーターのような機械部品がないため，消費電力が少なく，耐衝撃性に優れ，振動や駆動音もなく，小型軽量である．読み書きは高速であるが，フラッシュメモリは書き込みを行うごとに劣化し，値段も高価である．

USBは，パソコンと周辺機器をつなぐ**シリアルインタフェース**である．

point

主記憶装置は直接CPUとやり取りする．補助記憶装置は，いったん主記憶装置にデータを移してからCPUとやり取りする．

3　符号化・プログラミング　重要度★★★

(1) 符号化と文字コード

符号化とは，信号やデータを一定の規則に従ってデータ化することをいう．アナログ信号のデジタルデータ化やそれを暗号化することである．

コンピュータは，情報源の信号を0と1の数字に変換する必要があり，これが符号化である．

文字コード（キャラクターコード）とは，コンピュータ上で文字を表示するために，ひとつひとつの文字に固有に割り当てた番号のことである．ASCII（アスキー）コード，シフトJISコード，Unicode（ユニ）等がある．

［①ASCIIコード（American Standard Code for Information Interchange）］

アルファベットや数字，記号等を収録した文字コードである．米国国家規格協会（ANSI）が制定し，最も基本的な文字コードとして世界的に普及している．1バイト（8ビット）を単位としてデータを扱うと都合がよいので，**7ビットの整数（0〜127）で表現**される．

［②JISコード］

JIS（日本産業規格）によって考案されたコードで，日本語を表現する文字コードのひとつである．英数字・カタカナ・記号を8ビットもしくは7ビットのコードで表し，**漢字を16ビットのコード**で表す．

［③シフトJISコード］

多くのパソコンで標準の日本語用の文字コードとして使われている．**JISコードを改良**したもので，すべての文字を2バイト（16ビット）で表す．文字の先頭の8ビットで半角文字か全角文字か区別できる．

2バイトコードの第1バイトとASCIIコード等の1バイトコードで重なりが生じないように，JIS漢字コードの文字割り当て領域をシフトした文字コードである．

［④EUC］

EUC（Extended UNIX Code）は，UNIX上で様々な文字を扱うために策定された文字コードで，複数バイトからなる各国語の文字コードを定めている．日本語用のものは，**EUC-JP**と表記される．

［⑤Uniコード］

世界各国の文字を統一的に扱うことを目的に**国際標準化機構**（ISO）で標準化された文字コードである．

［⑥EBCDIC］

米国IBM社が策定した8ビットの文字コードである．汎用大型コンピュータでよく用いられた．

(2) プログラミング言語

プログラミング (programming) とは，プログラミング言語を用いて，人間の考えたことをコンピュータに行わせるためのプログラム (指示書) を作成することである．**プログラミング言語**は，コンピュータプログラムを記述，編集するために用いる**人工言語**である．ソフトウェアによってCPUが実行可能な言語 (機械語，マシン語) によるプログラムに変換して実行される．プログラミング言語は「人間にとっての理解のしやすさ」によって分類される．

［①低水準言語 (low-level language)］

機械寄りの言語をいう．機械語の命令コードと一対一対応の命令語を用いる言語を**アセンブリ言語** (assembly language) といい，機械語への変換ソフトをアセンブラ (assembler) という．

［②高水準言語 (high-level language)］

人間寄りの言語をいう．**コンパイラ** (compiler) は，人間に分かりやすく，コンピュータが解釈・実行できる形式に一括して変換するソフトウェアがコンパイラである．

4 コンピュータシステム

重要度★★

(1) 情報のやり取り

GUI (Graphical User Interface) は，**アイコン**をマウスで選択し視角から直感的に操作指示できる画面をいうが，コンピュータ間での情報のやり取りに使用される用語は次のとおりである．

［①サーバ］

機能や情報を**提供する側**のコンピュータ，ソフトウェアのことをいう．

［②クライアント］

機能や情報の**提供を受ける側**のコンピュータ，ソフトウェアのことをいう．

［③ユーザ］

機器やソフトウェア，サービス等を使う**人や集団**のことをいう．

(2) RASIS

RASIS（Reliability Availability Serviceability Integrity Security）とは，コンピュータシステムが備えるべき**5つの特性**の頭文字である．

［①R = Reliability（信頼性）］

障害による停止等の発生のしにくさを表す．MTBF（Mean Time Between Failures：平均故障間隔）で表す．

MTBF＝稼働時間の和÷故障回数

［②A = Availability（可用性）］

稼働率の高さをいう．

稼働率＝実際の稼働時間÷期待される稼働時間

［③S = Serviceability（保守性）］

障害発生時の復旧のしやすさを表す．MTTR（Mean Time To Repair：平均修復時間）で表す．

MTTR＝修復時間の和÷故障回数

［④I = Integrity（完全性）］

データの破壊や喪失，不整合等の起こりにくさをいう．

［⑤S = Security（機密性）］

データやプログラムの改竄や機密データの漏洩等の起こりにくさをいう．

【例】下図に示すシステムの運転時間におけるMTBFとMTTRの値はいくらか．

ただし，停止時間は，システムが故障してから修復が完了し再稼働するまでの時間とする．

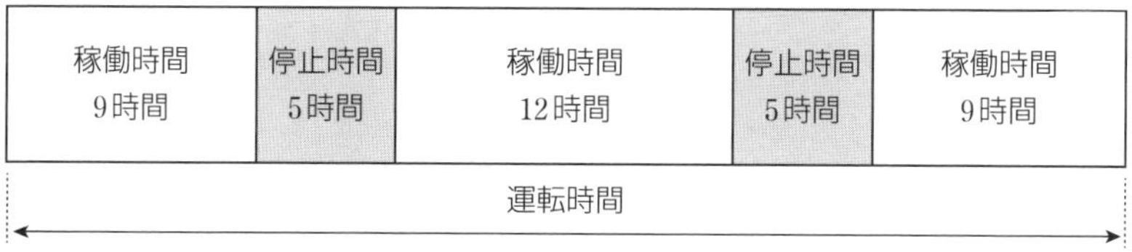

【解答】MTBF＝稼働時間の和÷故障回数＝（9＋12＋9）÷2＝15時間

MTTR＝修復時間の和÷故障回数＝（5＋5）÷2＝5時間

(3) コンピュータシステムの利用形態

[①対話型処理]

人とコンピュータが，ディスプレイ等を通じて，**やり取り**をしながら処理を進める方式をいう．

[②バッチ処理]

コンピュータに入力するデータを，一定量又は一定期間蓄えておき，それを**ひとまとめにして処理**する方式をいう．

[③リアルタイム処理]

処理要求やデータの発生に対して，**ただちに処理**を行い結果を返す方式をいう．

[④オンライントランザクション処理]

オンラインで接続された端末からの要求に基づいて，関連する**複数の処理を一つの処理単位**として即座に実行し結果を返す方式をいう．

[⑤パイプライン処理]

複数の処理ラインにおいて，**空きのあるライン**を並行して用い効率を上げる方式をいう．

[⑥タイムシェアリング処理]

コンピュータの処理時間をごく**短い時間単位に分割**し，それを各端末に順次割り当てて実行することで各端末の利用者があたかもコンピュータを独占しているかのように使える方式をいう．

(4) ソフトウェア

[①OS (Operating System)]

OSは，基本ソフトであり，機器の基本的な管理や制御のための機能や，多くのソフトウェアが共通して利用する基本的な機能等，システム全体を管理する．特徴は次のとおりである．

- 入出力装置や主記憶装置（メインメモリ），外部記憶装置（ストレージ，ディスク）の管理．
- 外部装置やネットワークとのデータ通信の制御．
- OSが同じであれば，どのアプリケーションソフト（application software）

も動作する．

- OSの提供する機能を利用することにより，ソフト開発が容易になる．

OSの種類は，PC用としてWindows (Microsoft)，Mac OSX (Apple)，企業向けにLinux，Windows Server，スマートフォンやタブレット向けにAndroid (Google)，iOS (Apple) 等がある．

［②言語プロセッサ］

コンピュータ言語で書かれたデータを読み込んで処理・解釈し，別の言語やデータ構造による表現に変換するソフトウェアの総称である．

［③データベース管理システム］

データベースの定義・操作・制御等の機能をもち，データベースを**統合的に管理**するためのソフトウェアをいう．

［④アプリケーションソフトウェア］

特定の目的や業務等で利用されるソフトウェアをいう．

［⑤ミドルウェア］

OSとアプリケーションソフトウェアの間で動作する．汎用的な機能を提供するソフトウェアの総称である．

(5) プロキシサーバ

プロキシとは，代理という意味があり，企業等の内部ネットワークとインターネットの境界にあるコンピュータで，インターネット上の接続を行うコンピュータをいう．クライアントに代わってインターネットにアクセスする機能を持つサーバを**プロキシサーバ**という．

プロキシサーバには，**フォワードプロキシサーバ**と**リバースプロキシサーバ**がある．

［①フォワードプロキシサーバ］

単にプロキシサーバということもあり，プロキシサーバという場合はこれを指す．

- 内部ネットワークのクライアントが外部ネットワークのサーバと通信する場合，クライアントの代わりにサーバとの間で通信を行い**情報を中継**する．
- 外部ネットワークのサーバにアクセスし，取得した情報を一時的に保存する**キャッシュ機能**によりアクセスの高速化を図る．

- 内部ネットワークのクライアントからのHTTPリクエストのURL情報をもとに，不適切なWebサイトへのアクセスを禁止する**URLフィルタリング**を行う．

［②リバースプロキシサーバ］

- Webサーバから出力された**データをキャッシュ**しておき，インターネットからのリクエストに対するレスポンス速度を向上させる．
- Webサーバが複数台ある場合，インターネットからのリクエストを**各Webサーバに振り分ける**ことにより，負荷を分散させる．
- Webサーバとインターネット間の**SSL/TLS※による通信**を行うことで，Webサーバの負荷を軽減する．

※SSL（Secure Sockets Layer），TLS（Transport Layer Security）は，いずれもインターネット上でデータを暗号化して送受信するプロトコルである．

5　データベース

重要度★★

(1) データベースのモデル

データベースのモデルには次のものがある．

［①リレーショナルモデル］

最も普及しているモデルである．データを**2次元の表形式で表し**，複数の表を関連付けてデータ構造を表現する．リレーショナルモデルの関連用語として，次のものがある．

- **E-R図**…エンティティ（実体）と，リレーションシップ（関係），アトリビュート（属性）によって，業務で扱うデータの関係を**図式化**したものである．
- **SQL**（Structured Query Language）…リレーショナルデータベースの**操作を行うための言語**であり，大きく分けてデータ定義言語，データ制御言語，データ操作言語で構成されている．
- **正規化**…データを使いやすいように整理，変形することをいう．データの**重複を排除**し，データベースの操作にともなう重複更新や矛盾を防ぐために行う．

［②ネットワークモデル］

データを階層型の**木構造で表現**し，データ間を網の目状につないでおり，親が複数の子を持つことができるだけでなく，**子も複数の親**を持つことができる．

［③階層モデル］

データを階層型の**木構造で表現**し，データ間は親子関係になっており，親は複数の子を持つことができるが，**子は1つの親**しか持つことができない．

［④オブジェクト指向モデル］

文字や数値等のデータだけでなく，データとデータに対する操作を含めて**オブジェクトとして扱う**データモデルである．

(2) データベース管理システム (DBMS)

機能として次のものがある．

［①データベース定義機能］

データベースの構造やデータの格納形式を内部**スキーマ**※，概念スキーマ及び外部スキーマとして定義する機能をいう．※スキーマとは構造のことをいう．

［②障害回復機能］

バックアップファイルやログファイルを事前に採取し，データベースの運用中に発生した**障害から回復**させるための機能をいう．

［③データベース操作機能］

データベースへの操作（登録，読出し，更新，削除）を**データベース言語**を用いて行う機能をいう．データベース言語とはコンピュータのプログラミング言語のことである．

［④排他制御機能］

データベースの更新中に，他から**同時にアクセスできない**ようにする．

［⑤データベースアクセス制限］

データベースの利用者ごとに**利用できるデータを制限**することにより不正なアクセスからデータを守る機能をいう．

6　セキュリティ

重要度★★☆

(1) 情報セキュリティ

ユーザ名やパスワードを盗み出し，他人になりすましてコンピュータにログインし，不正に利用することを**不正アクセス**という．データの盗難，システム改変等が行われるおそれがあるため，**セキュリティ対策**をとる必要がある．

セキュリティ対策として，次のものがある．

- 内部ネットワーク相互の通信制御
- ファイルのアクセス制御
- 侵入の早期検知
- 通信路の暗号化

(2) 暗号化

コンピュータのデータを特定の人だけが読めるようにするため，**一定の計算手順に基づき**，元の状態が推定できない形に変換することを**暗号化**という．

[①暗号]

秘密の符号（暗号キー）のことをいう．

[②復号]

暗号キーを用いて正規のデータにすることをいう．

[③攻撃]

暗号キーを用いず，データを割り出そうとすることをいう．

[④解読]

正当に正規のデータを割り出すことをいう．

(3) 認証

認証とは，コンピュータを使用する者がまちがいなく**本人であること**を確かめることで，認証方法には，次のようなものがある．

［①知識認証（パスワード認証）］

パスワードは本人認証の方法として最もよく用いられる．ただし，パスワードの管理が不適切であると，盗聴や漏洩の可能性があり，十分とはいえない．他の手段との**併用が望ましい**．

［②生体認証］

バイオメトリクス認証とも呼ばれ，本人固有の**身体的特徴**等により認証する．指紋認証，声紋認証，網膜認証や，署名するときの速度や筆圧から特徴点を抽出して認証することもできる．

［③二要素認証］

2つの認証方式を併用する，セキュリティの精度は向上する．

［④チャレンジレスポンス認証］

クライアントにおいて，利用者が入力したパスワードとサーバから送られてきた**チャレンジコード**からハッシュ値を生成し，サーバに送信する．ハッシュ値とは，元になるデータから一定の計算手順により求められた，規則性のない固定長の値をいう．

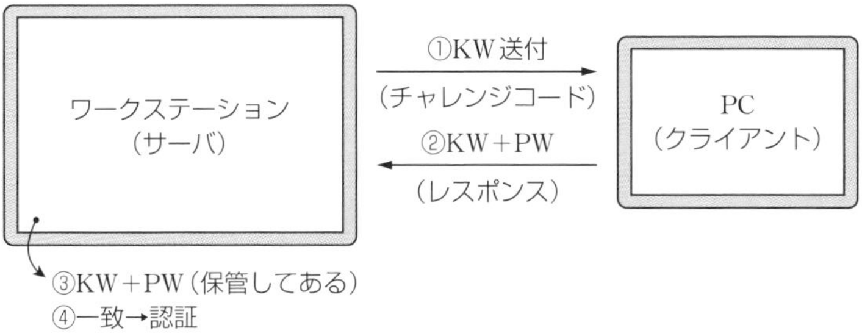

図3・5　チャレンジレスポンス認証

（手順）

- サーバからクライアントにKW（Key Word）送付．このKWをチャレンジコードという．
- クライアントはPW（Pass Word）を付加してハッシュ値を返送．これをレスポンスという．
- サーバはKWに保管してあるPWを付加してみる．
- 一致を見れば認証OK．

(4) 電子署名・デジタル署名

いずれも同じ意味に使用される場合もあるが，厳密には次のとおりである．

［①電子署名］

ファイルの正当性を証明するため，**電子的にファイルに添付**するデータ(署名)全般をいう．

［②デジタル署名］

公開鍵暗号方式により，ファイルの正当性を証明するため，ファイルに添付するデータをいう．公開鍵暗号方式とは，自分だけが持つ鍵（秘密鍵）と一般に公開する鍵（公開鍵）の2つの鍵を使う暗号化のやり方である．受信者は，デジタル署名の検証に，送信者の公開鍵を用いる．送信データの完全性と送信者の真正性を確認できる．

電子証明書は，この方式を使って安全な通信を行うために，電子認証局が発行するもので，公開鍵の情報等が盛り込まれている．

なお，**共通鍵暗号方式**は，通信の当事者間で共通の鍵を持ち，暗号化と復号に同じ鍵を使用する．代表的な共通鍵暗号方式にAES（Advanced Encryption Standard）がある．

(5) DMZ

DMZ（DeMilitarized Zone）とは非武装地帯と直訳され，外部と内部の両ネットワークの**中間に設けられた領域**のことをいう．次の特徴を持つ．

①DMZの内部側と外部側には，その境界に**ファイアウォール**等の機器が設置される．ファイアウォールはゲートウェイに配置され，パケット通過の可否を判断し，安全なインターネットアクセスを実現するための装置である．

②DMZ内の機器には内外の両方からアクセスが可能となる．

③DMZ内から内部ネットワークに向けて接続を試みることはできない設定．外部からの攻撃によりDMZ内サーバ乗っ取り被害が生じても，内部ネットワーク機器への被害を防止できる．

過去問チャレンジ（章末問題）

問1　R3　　➡1 情報理論

「1100」を左へ1ビットの算術シフトを行った結果（ア）と右へ1ビットの算術シフトを行った結果（イ）の組合せとして，適当なものはどれか．

	（ア）	（イ）
(1)	1001	1010
(2)	1001	1110
(3)	1000	1010
(4)	1000	1110

解説　算術シフトなので，一番左の1は負の数であることを意味する．左へ1ビットの算術シフトを行うと，1000である．右へ1ビットの算術シフトを行うと1110になる．

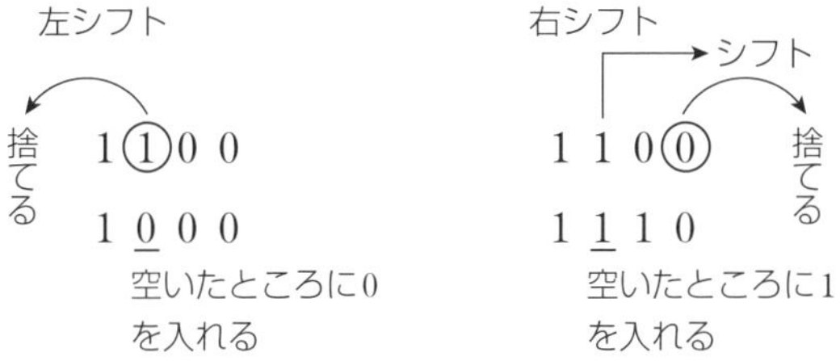

解答　(4)

問2　R1　　➡2 コンピュータ

コンピュータの中央処理装置に関する記述として，適当でないものはどれか．

(1)　制御装置は，主記憶装置に記憶されているプログラムの命令を取り出して解読し，制御信号を各装置に送り制御する．

(2)　中央処理装置は，制御装置，演算装置，主記憶装置及び補助記憶装置で構成される．

(3) 演算装置は，制御装置からの制御信号により算術・論理・比較・シフトなどの演算を行う．

(4) 中央処理装置の性能を表す指標であるMIPSは，1秒間に実行できる命令の数を10^6で除した値である．

解説 中央処理装置は，制御装置，演算装置を担う．

解答 (2)

問3 R4

➡4 コンピュータシステム

コンピュータシステムの利用形態であるバッチ処理に関する記述として，適当なものはどれか．

(1) コンピュータに入力するデータを，一定量又は一定期間蓄えておき，それをひとまとめにして処理する方式である．

(2) 人とコンピュータが，ディスプレイなどを通じて，やり取りをしながら処理を進める方式である．

(3) コンピュータの処理時間をごく短い時間単位に分割し，それを各端末に順次割り当てて実行することで各端末の利用者があたかもコンピュータを独占しているかのように使える方式である．

(4) 処理要求やデータの発生に対して，ただちに処理を行い結果を返す方式である．

解説 (2) 人とコンピュータが，ディスプレイ等を通じて，やり取りをしながら処理を進める方式は対話型処理である．

(3) コンピュータの処理時間をごく短い時間単位に分割し，それを各端末に順次割り当てて実行することで各端末の利用者があたかもコンピュータを独占しているかのように使える方式は，タイムシェアリングである．

(4) 処理要求やデータの発生に対して，ただちに処理を行い結果を返す方式は，リアルタイム処理である．

解答 (1)

第4章 電子工学

1 電子デバイス

重要度★★★

(1) 半導体

半導体（semiconductor）は，電気をよく通す導体（conductor）と通しにくい絶縁体（insulator）の**中間の性質**を持つ物質をいう．

Si（シリコン）やGe（ゲルマニウム）等の純粋な結晶からなる**真性半導体**や，正の電荷を運ぶ**P型半導体**，負の電荷を運ぶ**N型半導体**がある．

P型とN型の組み合わせで，ダイオードやトランジスタ等の素子ができる．

［①P型半導体］

電荷を運ぶものを**キャリア**といい，半導体のキャリアには**自由電子**（負の電気）と**正孔**（正の電気を帯びた孔でホールともいう）がある．

キャリアが正孔である半導体をP型半導体という．たとえば，シリコン（Si）やゲルマニウム（Ge）等の**価電子**が4価の物質の結晶中に，3価のホウ素（B）等を添加したものである．なお，価電子とは，原子核から一番遠い軌道を周回する電子をいう．

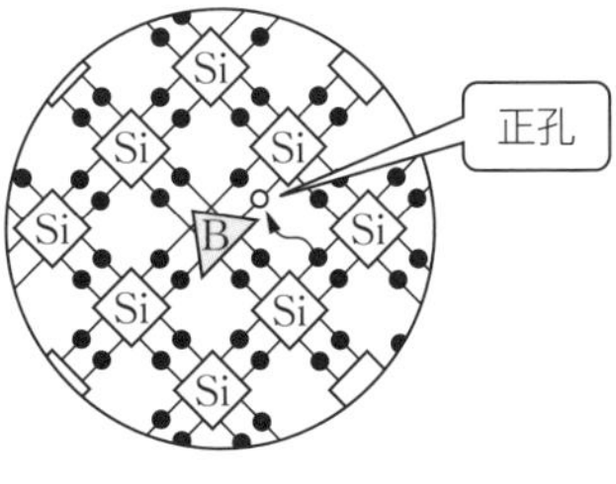

図4・1　P型半導体

［②N型半導体］

電荷を運ぶキャリアに自由電子が使われる半導体をN型半導体という．たとえば，シリコン（Si）やゲルマニウム（Ge）等の4価の物質の結晶中に，価電子数の多い5価のリン（P）やヒ素（As）を添加したものである．

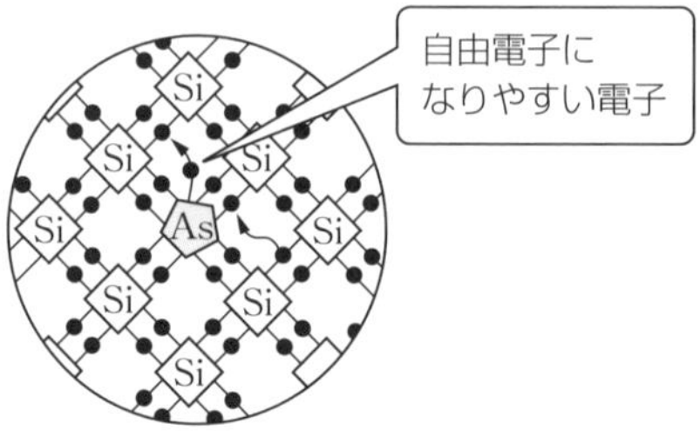

図4・2　N型半導体

(2) PN接合

P型半導体とN型半導体を接合したものを**PN接合**という．接合面付近は，正孔や自由電子等のキャリアはなくイオンだけとなり，絶縁体のような性質をもつ．この部分を**空乏層**という．

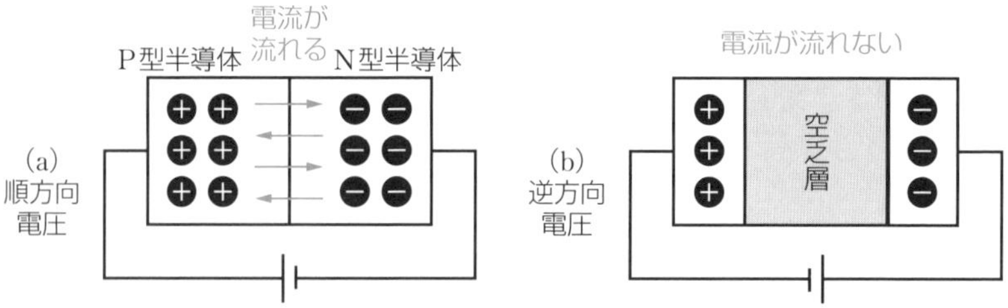

図4・3　PN接合

PN接合を用いた電子部品に**ダイオード**がある．

［①整流作用（PNダイオード）］

電流の流れが一方向である．

［②ツェナー効果（ツェナーダイオード，定電圧ダイオード）］

逆方向電圧がある値を超えると急激に電流が流れ出す**降伏現象**を生じる．

［③光電効果（フォトダイオード）］

光を当てると光の強さに応じた電流を取り出すことができる.

［④可変容量ダイオード］

加える逆方向電圧の大きさが変化すると，静電容量の大きさも変化する.

［⑤発光現象（発光ダイオード：LED）］

方向電圧を加えると発光する.

> point
> 発光ダイオードは，逆方向電圧を加えても発光しない.

(3) トランジスタ

トランジスタの種類は表のとおりである.

表4・1　トランジスタの種類

トランジスタ	バイポーラトランジスタ	PNP型	
		NPN型	
	電界効果トランジスタ	JFET	
		MOSFET	エンハンスメント型
			デプレッション型

P型半導体とN型半導体の組合せで**PNP型**，**NPN型**がある．狭義でのトランジスタは，この2つをいう．なお，大文字のP, Nは小文字のp, nで表すこともある.

表4・2　トランジスタの原理と図記号

	PNP型	NPN型
原理的構造	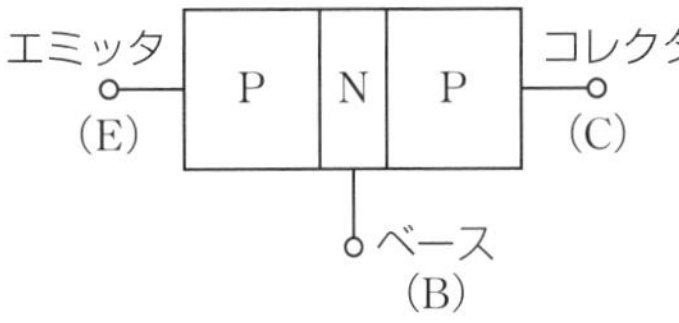	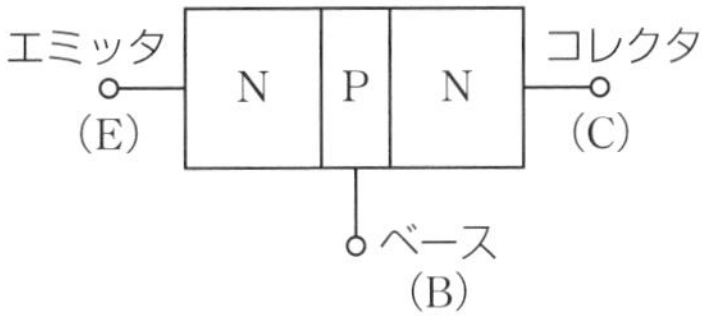
図記号	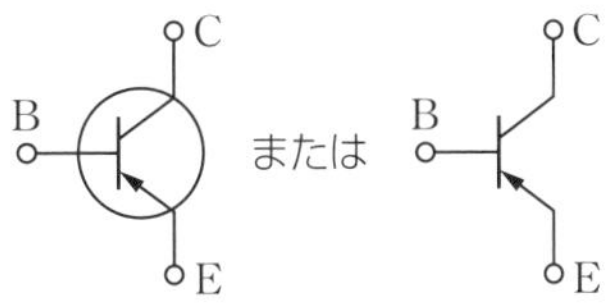	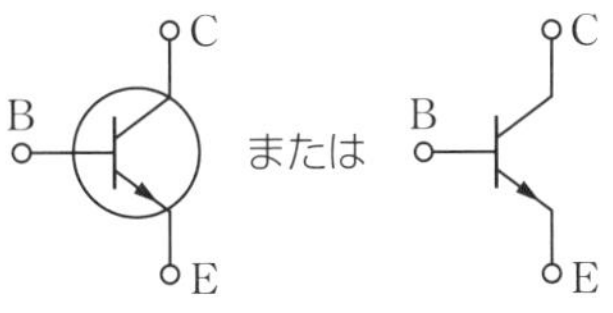

(4) トランジスタ回路の構成

トランジスタ増幅回路の接地方式は下図の通りである．

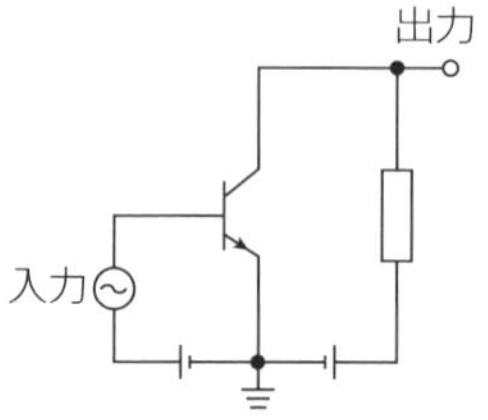

図4・4　エミッタ接地回路

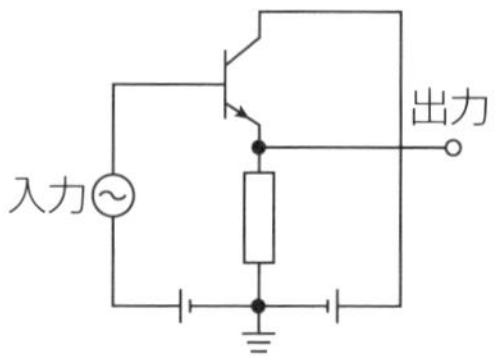

図4・5　コレクタ接地回路

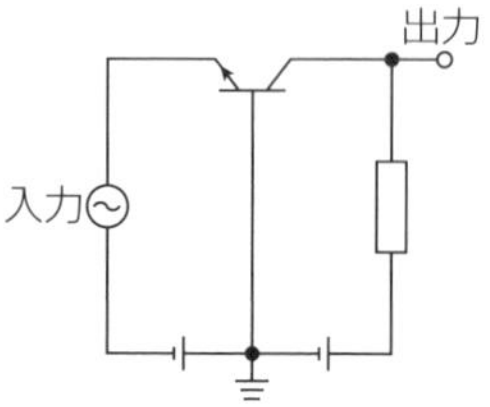

図4・6　ベース接地回路

それぞれの回路の特徴は表4・3の通りである．

表4・3　各回路の特徴

比較項目	エミッタ接地回路	コレクタ接地回路	ベース接地回路
入力インピーダンス	低い	高い	低い
出力インピーダンス	高い（負荷抵抗と同じ）	低い	高い（負荷抵抗と同じ）
電圧利得	大きい	ほぼ1	大きい
電流利得	大きい	大きい	ほぼ1
電力利得	大きい	エミッタ接地回路より小さい	エミッタ接地回路より小さい
入出力の位相	逆相	同相	同相
周波数特性	良くない	エミッタ接地回路より良い	エミッタ接地回路より良い

【例題】次の図に示すトランジスタ回路において，トランジスタの V_{CE}〔V〕の値を求めよ．

ただし，$V_{BE} = 0.7$ V，直流電流増幅率 = 200とする．

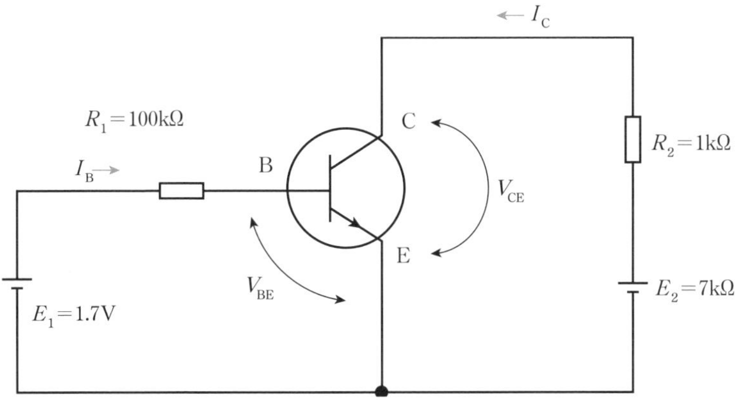

【解説】次の3式が成り立つ．

$V_{BE} = E_1 - I_B R_1$ …①　　$\beta = I_C / I_B$ …②　　$V_{CE} = E_2 - I_C R_2$ …③

①より，$0.7 = 1.7 - I_B \times 100 \times 10^3$ → $I_B = 0.01 \times 10^{-3}$

②より，$200 = I_C / 0.01 \times 10^{-3}$ → $I_C = 2 \times 10^{-3}$

③より，$V_{CE} = 7 - 2 \times 10^{-3} \times 10^3 = 5\text{V}$

(5) 電界効果トランジスタ (FET)

電界効果トランジスタ（FET：Field Effect Transistor）は，トランジスタの構造の一つで，**ゲートにかける電圧を制御**することで，ドレインとソース間の電流を制御する．集積回路（IC）の論理回路やセンサーの素子等に用いられる．

FETは**ゲート**（gate），**ソース**（source），**ドレイン**（drain）の3つの端子を持つ．外観はバイポーラトランジスタ（PNP型・NPN型トランジスタ）と同じだが，3端子の名称は，トランジスタとは異なり表のとおりである．

表4・4　呼び方の違い

バイポーラトランジスタ	ベース	エミッタ	コレクタ
FET	ゲート	ソース	ドレイン

ゲートに電圧をかけ，ソース・ドレイン間を流れる電子または正孔の流れを制御する．ゲートの電圧を大きくすると，ドレイン電流は大きくなる．

FETは2種類（JFETとMOSFET）あり，JFETについて説明する．

［①接合型FET（JFET）］

ゲート・ソース間に負の電圧を印加して使うものをNチャンネルタイプ，正の電圧を印加して使うものをPチャンネルタイプという．

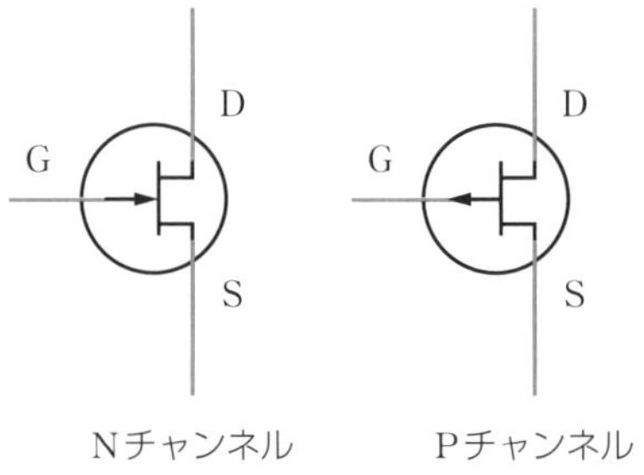

図4・7　接合型FET

2　電子回路

重要度★★★

(1) 集積回路

［①集積回路］

ダイオード，トランジスタ，抵抗，コンデンサ等の多数の回路素子を，1個の基板に組み込んだ**超小型の電子回路**を集積回路（IC：integrated circuit）という．

［②大規模集積回路］

大規模集積回路（**LSI**：Large-Scale Integration）は，集積回路ICのうち，素子の集積度が数千ゲート以上のものをこのように表現することがあるが，単にICでLSIを含む意味もある．

(2) A/Dコンバータ

A/Dコンバータは，アナログ信号をデジタル信号に変換するものをいう．

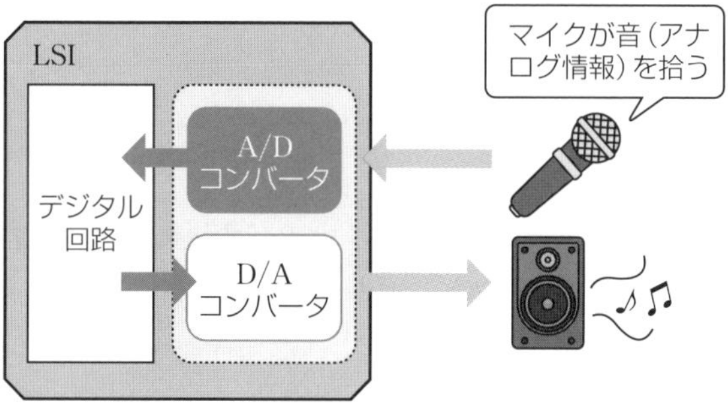

図4・8　A/Dコンバータ概要

(3) 微分回路・積分回路

コンデンサCと抵抗Rを図のように接続し，入力電圧V_iを加えると，出力電圧V_oは**微分波形**となる．

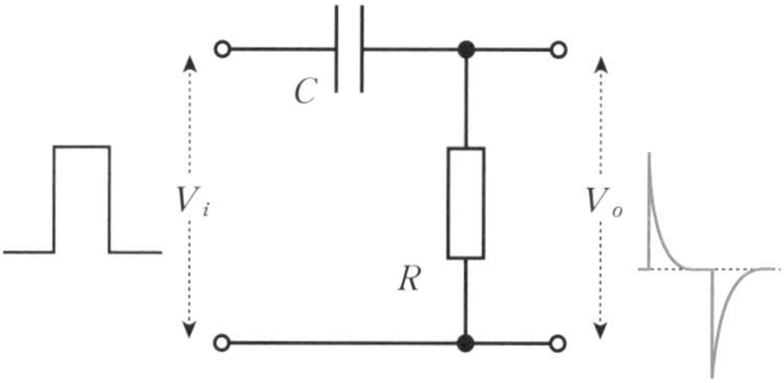

図4・9　微分波形

抵抗とコンデンサの位置を反対にすると，出力は**積分波形**となる．

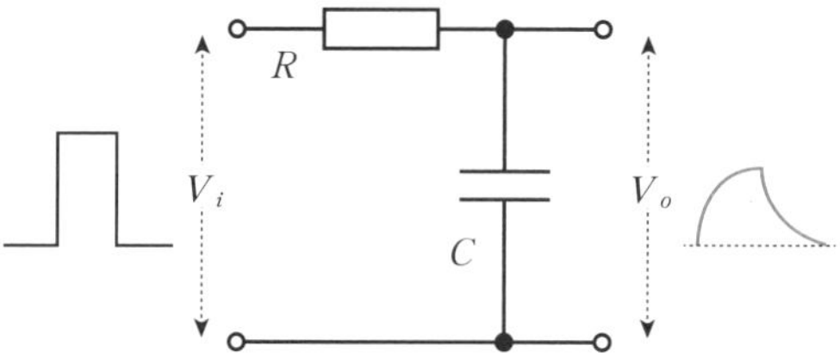

図4・10　積分波形

(4) 発振回路

発信とは，電気的に**繰り返し振動を発生**させることをいい，発信する回路を発信回路という．

増幅回路の出力の一部を入力側に戻すときに挿入する回路を**帰還回路**といい，図は**正帰還回路**であり，1と2の条件を同時に満たすとき発振する．

【条件1】増幅回路の入力電圧 V_i と帰還回路の出力電圧 V_f が**同相**である．

【条件2】増幅回路の増幅度を A，帰還回路の帰還率を β で示すとき，$A\beta \geqq 1$ である．

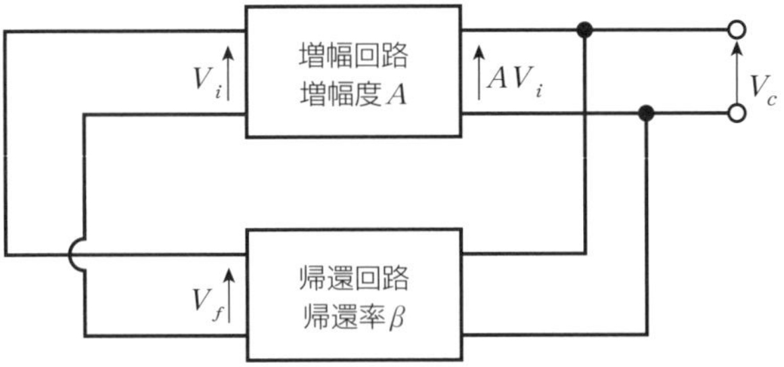

図4・11　正帰還回路

なお，V_i と V_f が逆相となる回路を負帰還回路という．

発振の方式には次のものがある．

- コルピッツ発振回路…LC発信回路のひとつで，発振周波数 f は次のとおりである．

$$f = \frac{1}{2\pi\sqrt{L\left(\frac{C_1 C_2}{C_1 + C_2}\right)}}$$

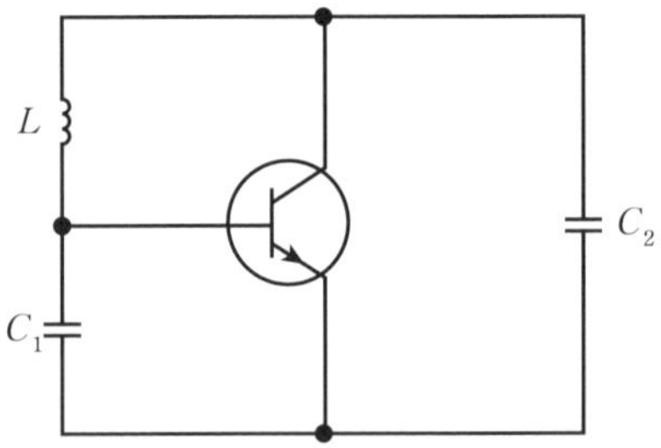

図4・12　コルピッツ発振回路

- ハートレー発振回路…LC発信回路のひとつで，発振周波数fは次のとおりである．

$$f=\frac{1}{2\pi\sqrt{(L_1+L_2+2M)C}}\ 〔\mathrm{Hz}〕$$

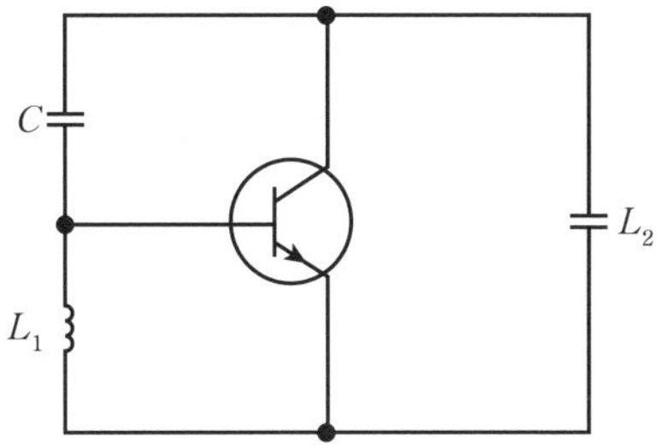

図4・13　ハートレー発振回路

point
コルピッツはLCC，ハートレーはCLL.

③CR発振回路
④水晶発振回路　ほか

(5) 演算増幅器

演算増幅器（オペアンプ）は，反転入力（−）と非反転入力（+）の2つの入力端子と，**1つの出力端子**をもつ増幅器である．

［①非反転増幅回路］

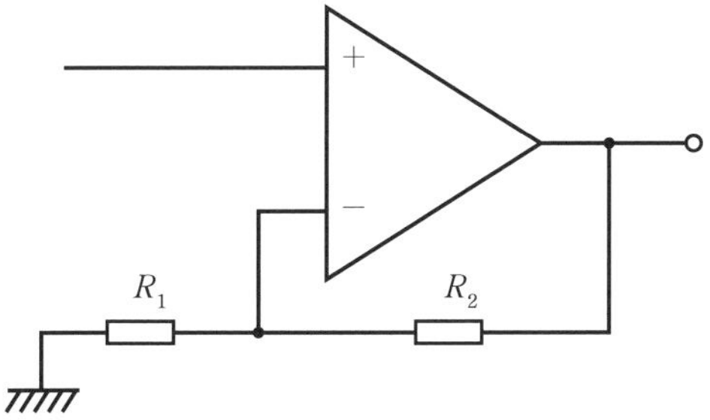

図4・14　利得（ゲイン）$G=1+R_2/R_1$の回路図

〚②反転増幅回路〛

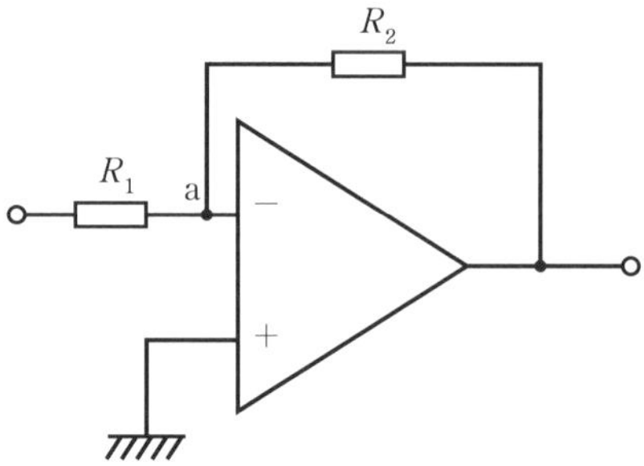

図4・15　利得（ゲイン）$G=R_2/R_1$の回路図

●特徴

・入力インピーダンスは∞である．

・出力インピーダンスは0である．

(6) 整流回路

波形整流回路に正弦波交流を入力した場合の出力波形は，次のとおりである．

〚①全波整流と半波整流〛

表4・5　整流回路の比較

	全波整流	半波整流
回路構成	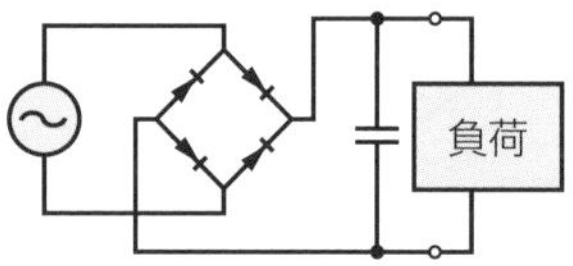	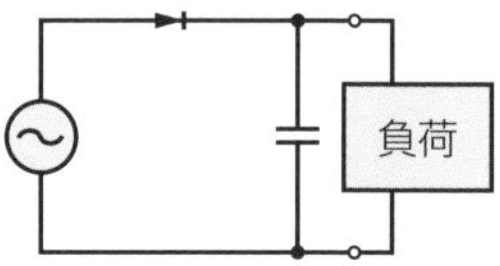
入力電圧波形	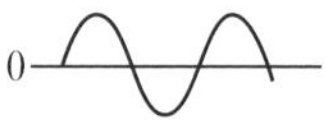	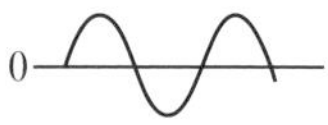
整流後電圧波形		

〘②ピーククリッパ回路〙

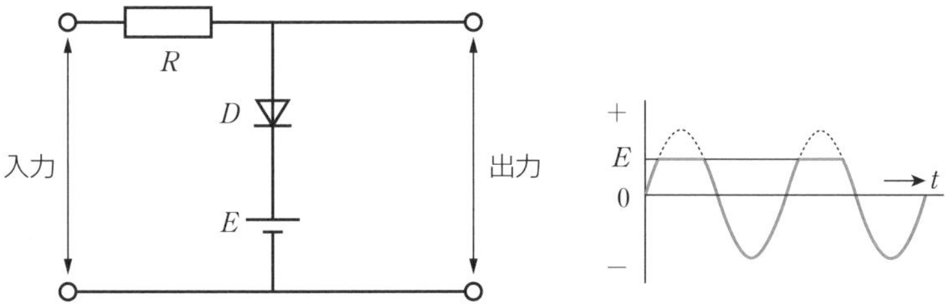

図4・16　ピーククリッパ回路

〘③ベースクリッパ回路〙

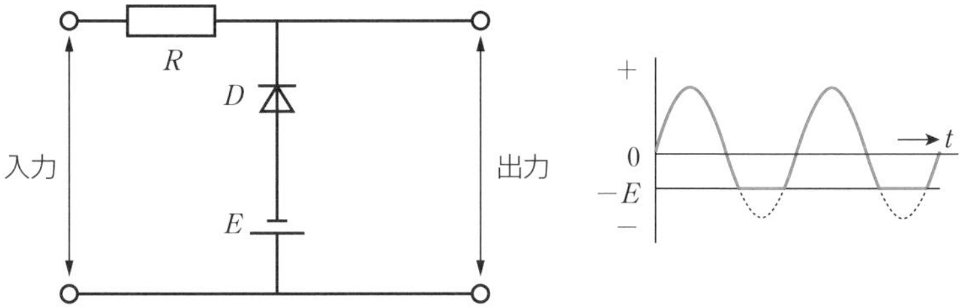

図4・17　ベースクリッパ回路

〘④スライサ回路〙

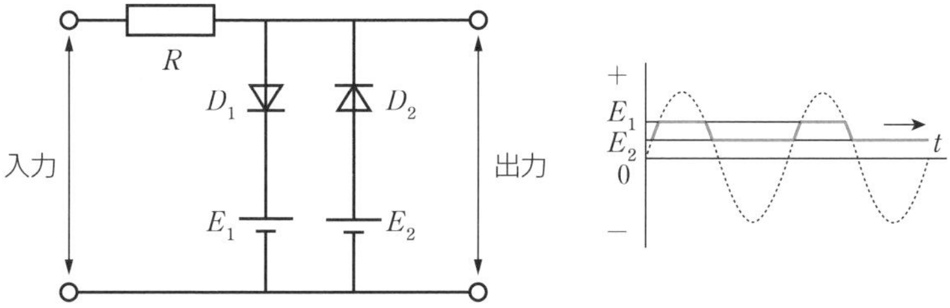

図4・18　スライサ回路

［⑤リミッタ回路］

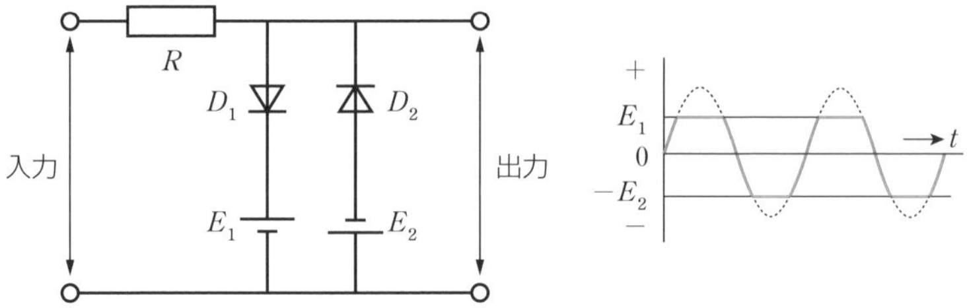

図4・19　リミッタ回路

3　自動制御

重要度 ★★☆

機器や装置を，使用目的に合った状態にコントロールすることを**制御**といい，自動的に行うことを**自動制御**という．自動制御には次の2つの方式がある．

(1) フィードフォワード制御（シーケンス制御）

あらかじめ定められた順序又は手続に従って，制御の各段階を**逐次《ちくじ》進めて**いく制御であり，一般に「入」と「切」等の不連続量を対象として扱う．

Feed Forward＝前へ進むという意味であり，**シーケンス**（Sequence）と同意である．

(2) フィードバック制御

フィードバックとは，Feed Back＝帰還（回って帰る）であり，出力信号を入力側に戻す制御をいう．制御量を目標値と比較し，それらを一致させるように操作量を生成する．

負で戻すのを**負帰還**，正で戻すのを**正帰還**という．戻すことによって，目標値と制御量を一致させるようコントロールする．フィードバックの基本構成は図のとおりである．

フィードバック制御は，回路構成が必ず**閉ループ**になる．

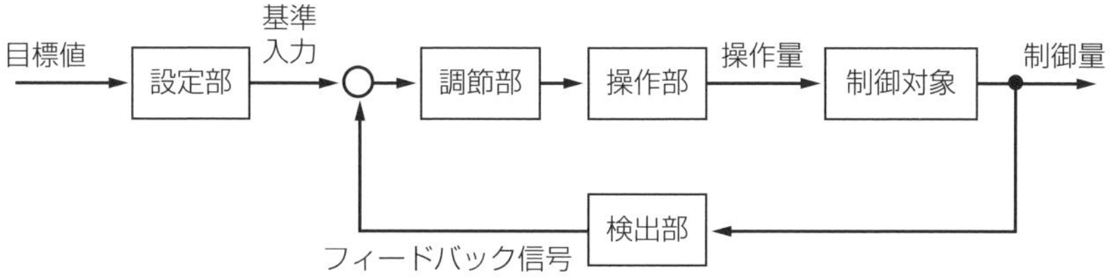

図4・20　フィードバック制御

①制御量が検出部によって検出される．
②それが基準入力と比較される．
③その差を調節部に加え，操作部で操作量が決定される．
④制御量に加えられる．

PDI制御もフィードバック制御のひとつである．PはProportional（比例），IはIntegral（積分），DはDerivative（微分）を意味し，比例制御に微分制御と積分制御を加えたものである．**比例動作**は，操作量を偏差に比例させる動作であり，フィードバック制御システムにおいて基本となる動作である．**微分動作**は，偏差の変化率に微分ゲインをかけ算した値を操作量とするものであり，微分ゲインが大きな値ほど操作量が大きくなる．**積分動作**は偏差を時間的に蓄積し，蓄積した量がある大きさになると，操作量を増やして偏差を無くすように動作する．

4　論理回路　重要度★★★

(1) ベン図

［①論理和（OR）］

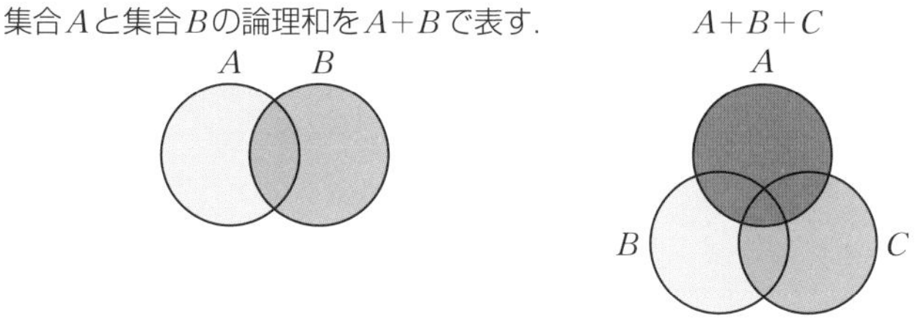

図4・21　論理和

[②論理積（AND）]

集合Aと集合Bの論理積を$A\cdot B$で表わす.

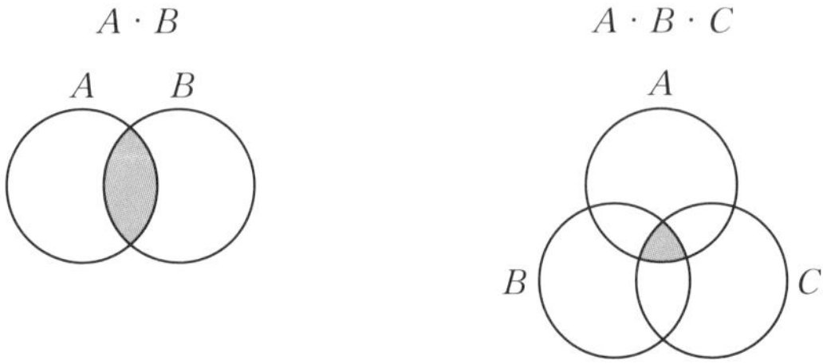

図4・22　論理積

point

ORは集合すべての部分，ANDは集合の共通部分を表す.

(2) 法則

[①交換法則]

$$A+B=B+A$$

$$A\cdot B=B\cdot A$$

[②結合法則]

$$(A+B)+C=A+(B+C)$$

$$(A\cdot B)\cdot C=A\cdot(B\cdot C)$$

[③ド・モルガンの定理]

集合Aでない部分を$\overline{A}$で表す.

① $\overline{A+B}=\overline{A}\cdot\overline{B}$

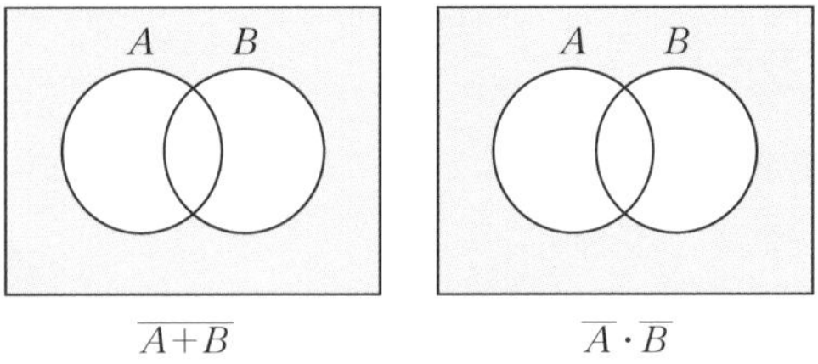

図4・23　ド・モルガンの定理①

② $\overline{A\cdot B}=\overline{A}+\overline{B}$

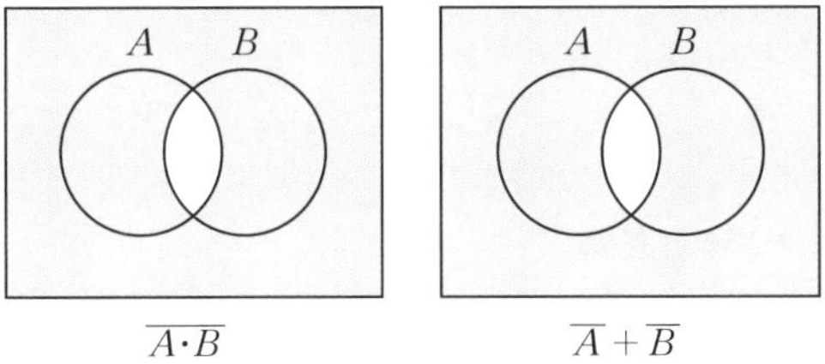

図4・24　ド・モルガンの定理②

(3) 論理回路

[①OR（オア）回路]

$Y=A+B$

A, Bに0と1を入力したとき，出力Yの値を表にしたものを**真理値表**という．

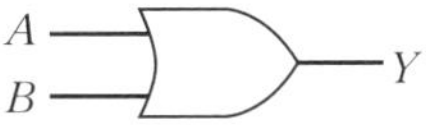

A	B	Y
0	0	0
1	0	1
0	1	1
1	1	1

図4・25　OR回路と真理値表

[②AND（アンド）回路]

$Y=A\cdot B$

A	B	Y
0	0	0
1	0	0
0	1	0
1	1	1

図4・26　AND回路と真理値表

[③NOT（ノット）回路]

$Y=\overline{A}$

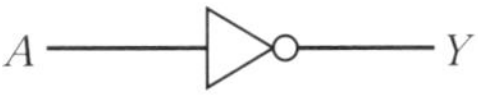

A	Y
0	1
1	0

図4・27　NOT回路と真理値表

[④NOR（ノア）回路]

$Y=\overline{A+B}$

A	B	Y
0	0	1
1	0	0
0	1	0
1	1	0

図4・28　NOR回路と真理値表

point

（OR回路）と（NOT回路）を合成してができたもので，OR回路のNOT（否定）である．

⑤NAND（ナンド）回路

$Y = \overline{A \cdot B}$

A	B	Y
0	0	1
1	0	1
0	1	1
1	1	0

図4・29　NAND回路と真理値表

point

（AND回路）と（NOT回路）を合成してができたもので，AND回路のNOT（否定）である．

⑥E-OR（イクスクルーシブ・オア）回路

$Y = \overline{A} \cdot B + A \cdot \overline{B}$

E：Exclusive（排他的）

A	B	Y
0	0	0
1	0	1
0	1	1
1	1	0

図4・30　E-OR回路と真理値表

過去問チャレンジ（章末問題）

問1　R1

➡2 電子回路

下図のハートレー発振回路の原理図において，発振周波数 f が $100\,\mathrm{H_Z}$ の場合，コンデンサ C の静電容量の値を36%減少させたときの発振周波数〔$\mathrm{H_Z}$〕の値として，適当なものはどれか．

ただし，発振周波数 f は次式で与えるものとし，コイル L_1 と L_2 及びその相互インダクダンス M の値は変化しないものとする．

$$f=\frac{1}{2\pi\sqrt{(L_1+L_2+2M)\mathrm{C}}}\ \text{〔Hz〕}$$

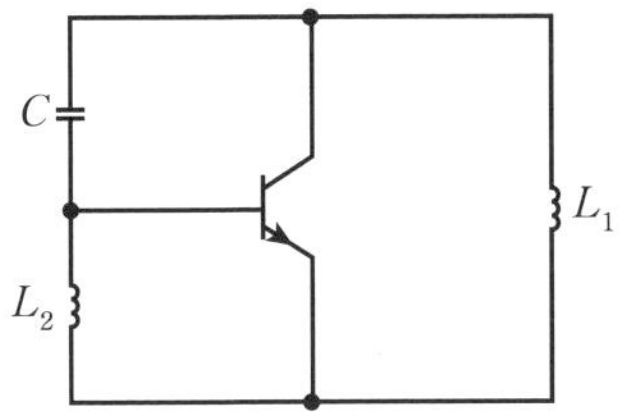

(1)　$64\,\mathrm{H_Z}$　　(2)　$80\,\mathrm{H_Z}$

(3)　$125\,\mathrm{H_Z}$　　(4)　$156\,\mathrm{H_Z}$

解説　Cを36%減少させるということは，Cは64%になったということである．

$\sqrt{0.64}=0.8$

$100\div 0.8=125\,\mathrm{Hz}$

解答　(3)

問2　R4

➡2 電子回路

下図に示す理想的な演算増幅器（オペアンプ）を使った増幅回路に関する記述として，適当でないものはどれか．

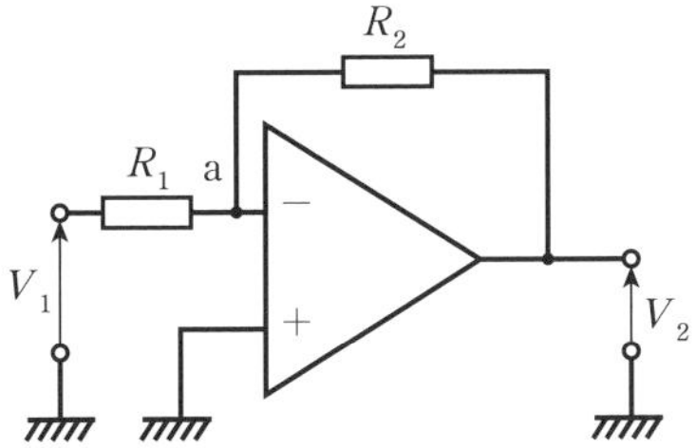

(1)　入力電圧 V_1 と出力電圧 V_2 は逆位相である．

(2)　演算増幅器（オペアンプ）の入力インピーダンスは $0\,\Omega$ である．

(3)　出力電圧V_2をR_2を通して反転入力端子に戻すことで負帰還をかけている．

(4)　本回路のa点の電位は0Vである．

解説　演算増幅器（オペアンプ）の入力インピーダンスは無限大である．

解答　(2)

問3　R4

➡4 論理回路

下図に示す論理回路において，出力Fの論理式として，適当なものはどれか．

ただし，論理変数A，Bに対して，$A+B$は論理和，$A\cdot B$は論理積，AはAの否定を表す．

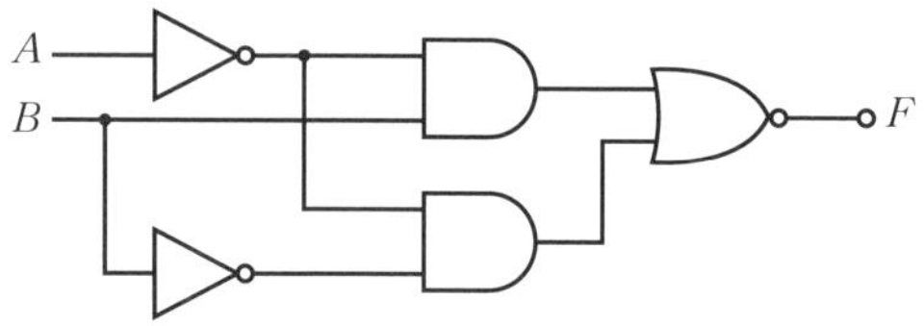

(1)　$A\cdot B$

(2)　A

(3)　$\overline{A}\cdot B+A\cdot\overline{B}$

(4)　$A\cdot B+\overline{A}\cdot\overline{B}$

解説　以下のように解答を導き出す．

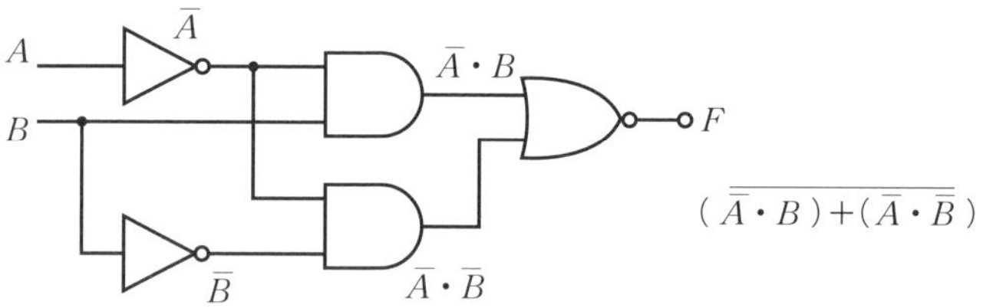

$$F=\overline{(\overline{A}\cdot B)+(\overline{A}\cdot\overline{B})}=\overline{(\overline{A}\cdot B)}\cdot\overline{(\overline{A}\cdot\overline{B})}=(\overline{\overline{A}}+\overline{B})\cdot(\overline{\overline{A}}+B)=(A+\overline{B})\cdot(A+B)$$

$$=A+AB+A\overline{B}+B\overline{B}=A+A\ (B+\overline{B})\ =A+A=A$$

解答　(2)

Ⅱ部

電気通信設備

第1章

有線電気通信設備

1 有線通信設備の概要

重要度★★☆

(1) ADSL

ADSLは，Asymmetric※ Digital Subscriber Lineの略で，**非対象デジタル加入者線**のことをいう．これは光ファイバ回線が普及する以前の，アナログ電話回線（メタルケーブル）を用いた高速データ通信である．インターネットの普及初期に常時接続サービスとして広く利用された．

しかし，これにはアナログ信号・デジタル信号間の変換を行うための装置である，**ADSLモデム**が必要となる．

また，ADSLは，アナログ電話回線を用いて高速なデータ通信を行うxDSL（デジタル加入者線）技術の代表格であり，加入者側から通信事業者側への通信（上り：**アップロード**）とその逆（下り：**ダウンロード**）の通信速度が異なる非対称型の通信方式である．電話局から加入者宅までの通信（数km程度）が可能である．

なお，xDSLの一種で，通信方向によらず同じデータ伝送速度で通信できる方式をSDSL（Symmetric DSL）という．その他にHDSL（High-bit-rate DSL），VDSL（Very high-bit-rate DSL）がある．

※Asymmetricは「非対称」の意味．

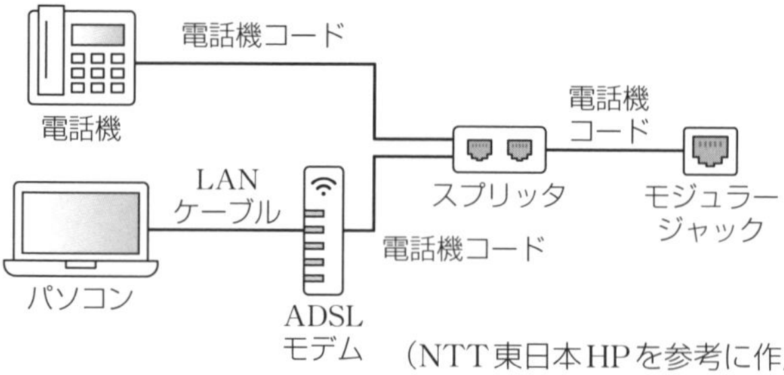

（NTT東日本HPを参考に作成）

図1・1　ADSLのモデル

point

ADSLはダウンロードのデータ量が多い通信アプリケーションに適する.

(2) FTTH

Fiber To The Homeの略で，電話，インターネット，テレビ等のサービスを統合して提供する通信サービスの総称である．銅線を用いた電話回線から光ファイバ回線に替え，高速データ通信サービスを提供する.

高速データ通信サービスは，通信事業者の設備**OLT**（Optical Line Terminal）からユーザ宅の**ONU**（Optical Network Unit：光ネットワークユニット）まで**光ファイバ**を引き込むことで実現する．ONUにて**光を電気信号に変換**してからコンピュータに接続すると，安定した高速通信が可能になる．最大伝送速度は，上り，下りとも100 Mbps～1Gbps程度である.

FTTHの他に，FTTB（Fiber To The Building），FTTP（Fiber To The Premises※）などあり，これらはFTTx（Fiber To The X）と称される.

※premisesは「構内」の意味.

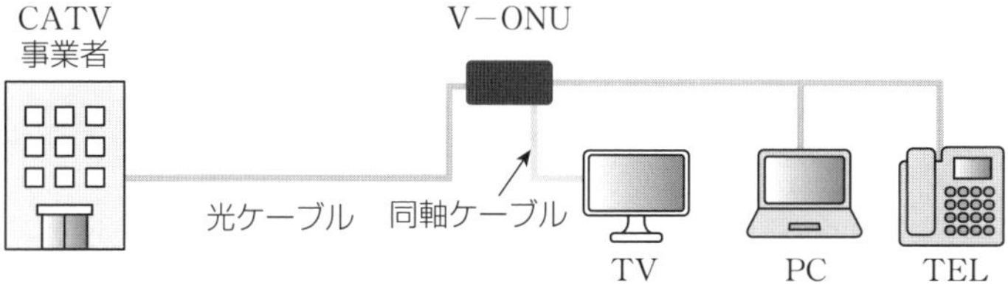

図1・2　FTTHの構成例

2　光通信

重要度★★★

(1) PON

PON（Passive Optical Network）は，FTTHの接続形態のひとつであり，電気通信事業者の通信設備センターから**光スプリッタ**までは，1心の光ファイバをユーザ間で共有し，光スプリッタからユーザ宅まではユーザ毎の光ファイバにより通信を行う.

OLTからONUに行く下りの光信号とONUからOLTに行く上りの光信号に異なる波長を使うことで，1心の光ファイバで**双方向の光信号**を伝送する．

OLTからの下り信号は，全てのONUに同じ信号が送られるため，ONUは自分宛の信号のみを取り込み，他のONU宛の信号は廃棄する．

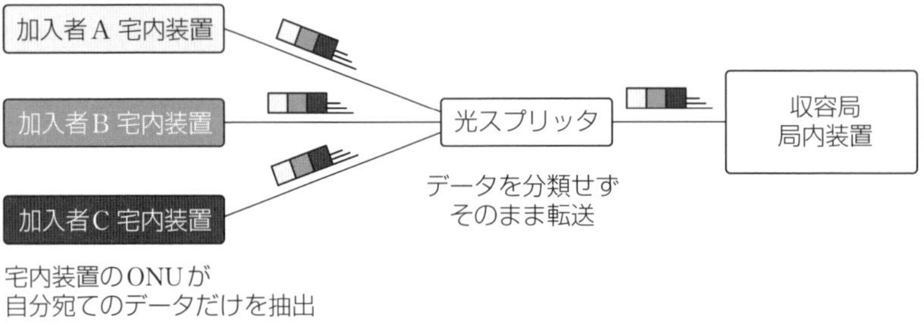

図1・3　PONの構成例

GE-PON (Gigabit Ethernet-PON) は，IEEE 802.3ahで標準化された高速光アクセス方式の1つである．下り信号と上り信号で異なる波長の光を使う波長分割多重により，1心の光ファイバで双方向通信を実現している．

(2) 光通信

光通信は，送信側が0と1の電気信号を光の点滅に変えて情報を伝え，逆に受信側は元の電気信号に戻すことで成り立つ通信技術である．

【例】電気信号：10010　→　光信号：○●●○●　　(○：点　●：滅)

電気エネルギーを光エネルギーに変換する素子には，**発光ダイオード**と**半導体レーザ**があるが，高速で変換する素子としては半導体レーザが優れる．半導体レーザは，ダイオードの**順方向に電圧を加える**と，注入されたキャリアが再結合する際，**誘導放出**によって**コヒーレントな光**（位相とエネルギーの揃った光）が出力される．半導体レーザは光の点滅を安定して送出する光源として開発され，一方，弱い光を遠くまで届ける媒体として，**光ファイバ**が開発された．

光ファイバは，**石英**や透明な**プラスチック**等が使用されており，光の伝送路となる**コア** (core) と呼ばれる芯線の周りを，コアと同じ素材だが屈折率の異なる**クラッド**（clad）で囲み，これを被覆したものである．コアは，クラッドより**屈折率**が大きく，コアに入射した光は，クラッドとの境界で**フレネル反射**を繰り返して伝送する．フレネル反射とは，異なった屈折率をもつ2つの物質の接触面に光が入射すると，その光の一部に反射が生じる現象をいう．

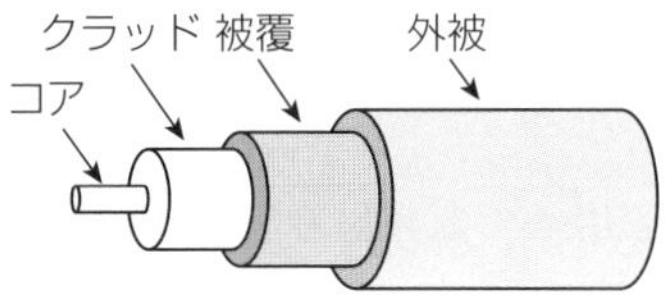

図1・4　光ファイバの構造

point

中心部のコアは，クラッドより屈折率を大きくしている．

光通信は次のような構成である．

①**E/O**（Electrical/Optical Converter）：**電気信号を光信号に変換**する装置．デバイスは半導体レーザ（LD），発光ダイオード（LED）．

②光ファイバケーブルと中継器（増幅器）：光ファイバ増幅器は，光信号をそのまま直接増幅する．

③**O/E**（Optical/Electrical Converter）：光信号を元の**電気信号に戻す**装置．デバイスはフォトダイオード（PD）や硫化カドミウム（CdS）等の光センサ．

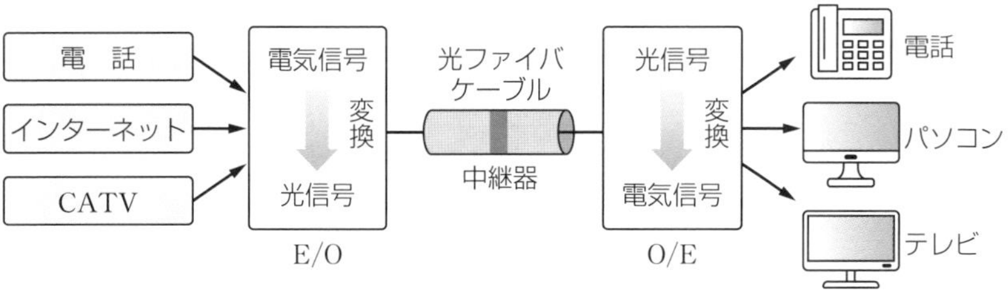

図1・5　光通信のフロー

point

半導体レーザ（LD）は，電気信号を光信号に変換するもので，フォトダイオード（PD）や硫化カドミウム（CdS）はその逆．

（3）光信号の変調方式

電気信号を光信号に変換する方法は次の2通りある．

［①直接変調方式］

半導体レーザ（LD）を用いて変調信号の変化をそのまま光源の**強度変化**にする．LDの駆動電流を変化させることで，LDの出力光の強度を変調している．

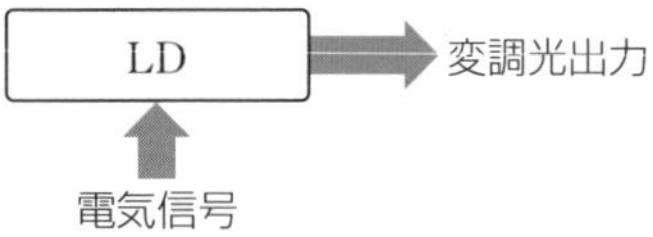

図1・6　直接変調

構成が簡単で小型化できるためコスト低廉《ていれん》だが，数GHz以上の高周波になると伝送速度や伝送距離が制限される．

point

直接変調は光の位相を変化させるのではなく，強度を変化させる．

［②外部変調方式］

半導体レーザからの出力光に対し，**外部から変調**を加える．

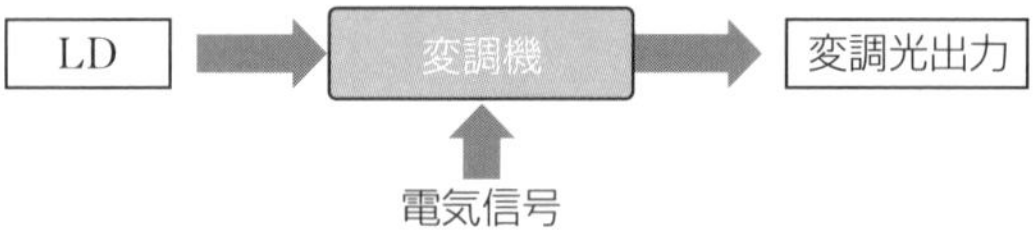

図1・7　外部変調

point

一般に，超高速・長距離伝送システムに用いられるのは，外部変調方式である．

（4）外部変調器

外部変調器の種類は次の2種類である．

表1・1　変調器の種類と特徴

変調器の種類	原理	特徴	備考
LN変調器	電気光学効果を利用	屈折率が変化（ポッケルス効果）	$LiNbO_3$（ニオブ酸リチウム）に由来
EA変調器	電界吸収効果を利用	光の吸収量が変化	Electro－Absorptionに由来

（5）増幅（中継）技術

長距離を伝送する光ファイバは減衰するため，途中に**増幅器（中継器）を設置**して増幅，ひずみ修正を行う必要がある．

光中継伝送方式には，次の2方式がある．

- 線形中継伝送方式

減衰した光信号を光のまま増幅させて送出する．

- 再生中継伝送方式

光信号を電気信号に変換後，増幅させ，再び光信号として送出する．

［①等化増幅（Reshaping）］

信号（パルス※）波形の**歪みを整形して増幅**する．

※パルスとは，一定の幅を持った電気信号の波（矩形波）のことをいう．

［②タイミング抽出（Retiming）］

等化波形から伝送速度に等しい**クロックパルス※を抽出**する．

※クロックパルスとは，複数回路のタイミングを合わせる（同期を取る）ために使用されるパルスのことをいう．

［③識別再生（Regenerating）］

等化増幅された信号を，クロックパルスに対応した時刻に測定し，その値がある判定レベルを超えた場合に**パルスを再生**する．

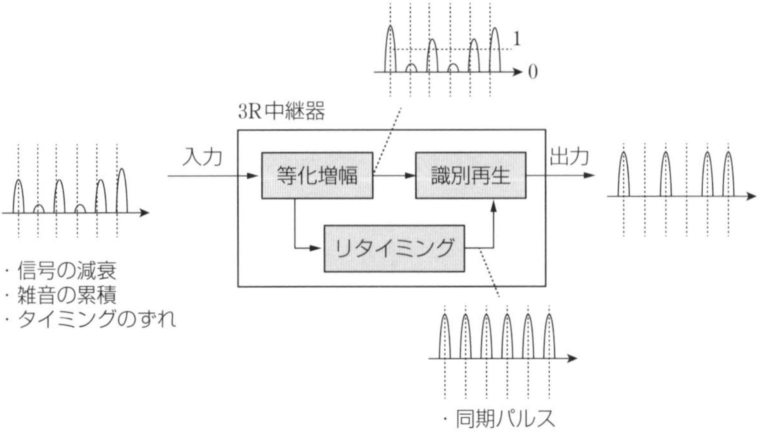

図1・8　3R機能モデル

point

線形中継は増幅（1R）のみで，再生中継は3R機能を有する．

3　光ファイバケーブル等　重要度★★★

（1）ケーブルの種類

通信用ケーブルとして，次のものがある．

［①平衡対ケーブル］

2本または4本の心線を撚《よ》り合わせたものを多数集合してケーブル化したもので，心線を撚り合わせることで平衡対間の**漏話の軽減**を図っている．撚り合わせ方には**対《つい》撚《よ》り**と**星形カッド撚り**がある．対撚りは，2本の線を撚ったもので，星形カッド撚りは，4本の心線を星状の四角に配列して共通の軸まわりに一括して撚り合わせたものである．

導体間の静電容量を減少させる方法として，導体間隔を広げる方法や導体間の絶縁物の比誘電率を小さくする方法がある．

高周波では，**表皮効果**によりケーブルの**抵抗値が増大**し，また，周囲の金属体中に誘起する渦電流によって電力損失が生じる．市内電話配線用のメタルケーブルである**CCPケーブル**やLANで使用されるUTPケーブル等は，平衡対ケーブルである.

[②ツイスト線]

2本の心線をねじった電線をいう．これにより電磁放射の向きを周期的に逆転させる．心線に使われる導体には，単線と撚り線がある．

UTPケーブル（アンシールド・ツイステッド・ペアー ケーブル）はLAN配線に用いられる代表的なケーブルである（➡ I 部 図2・22）.

[③シールド線]

信号線の絶縁体の周りに金属網の**電磁シールド**を備えた電線．これにより電磁的な影響は小さくなる．一般的にシールドは接地されるので，電位は安定するが，接地箇所の選定によっては，シールドがアンテナになりノイズを放射することもあるので注意が必要である.

STPケーブル（シールド・ツイステッド・ペアー ケーブル）は外皮がシールドされている（➡ I 部 図2・23）.

> **point**
> 外被のシールドが，無いのがUTP，有るのがSTPである.

[④同軸ケーブル]

シールド効果がある外部導体があり，耐ノイズ性，高周波特性に優れる．高速伝送路で広く採用されている．**特性インピーダンス**の違いによって**50Ω**（Dで表記）や**75Ω**（Cで表記）等の種別がある.

略号の意味は図1・9のとおり.

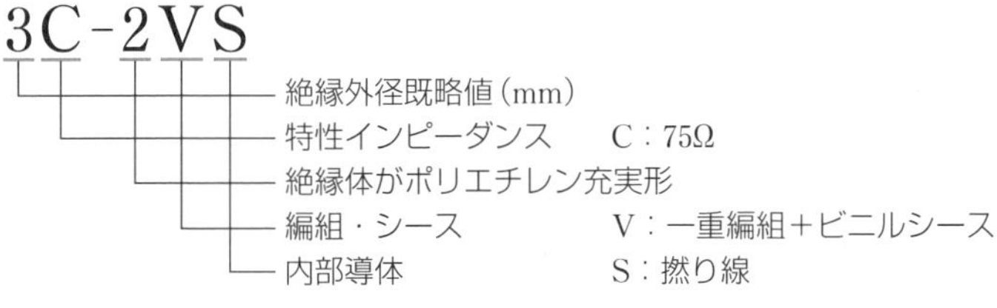

図1・9　同軸ケーブルの表記

> **point**
> 特性インピーダンスを表すCは75Ωである.

[⑤光ファイバケーブル]

光信号を伝送するケーブルで，**石英系光ファイバケーブル**は，全プラスチック光ファイバケーブルに比べて伝送損失は小さい．

(2) 光ファイバケーブルの構造・特徴

光ファイバケーブルは，銅線の通信ケーブルに比べ，次の特徴がある．

[①長所]

- 極めて**高速な通信**が可能.
- 電磁的な**ノイズの影響を受けない**.
- **長距離伝送**が可能.
- 外径が細いので，**高密度化**できる．

[②短所]

- 折り**曲げに弱い**.
- 電気信号と光信号の**変換装置が必要**.
- ケーブル間の**接続機構が複雑**・精密で取り扱いが難しい．

(3) 施設場所

施設場所により，次のような形状となる．

[①架空]

支持線付のケーブルで，**自己支持ケーブル**（SS：セルフサポート）ともいう．

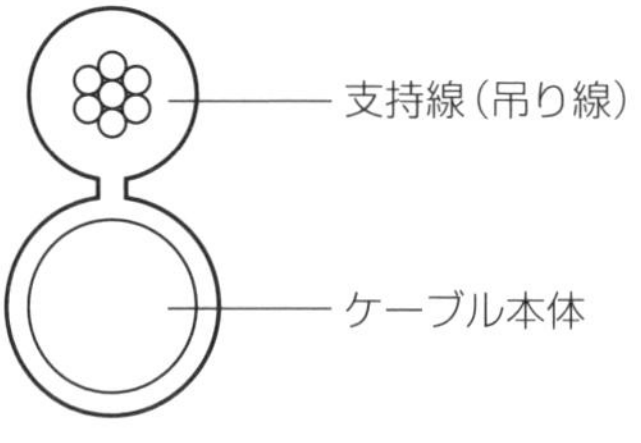

図1・10 自己支持ケーブル

〚②張力のかかる箇所〛

テンションメンバ等への電磁誘導対策には，**ノンメタリック型**の光ファイバケーブルが有効である．

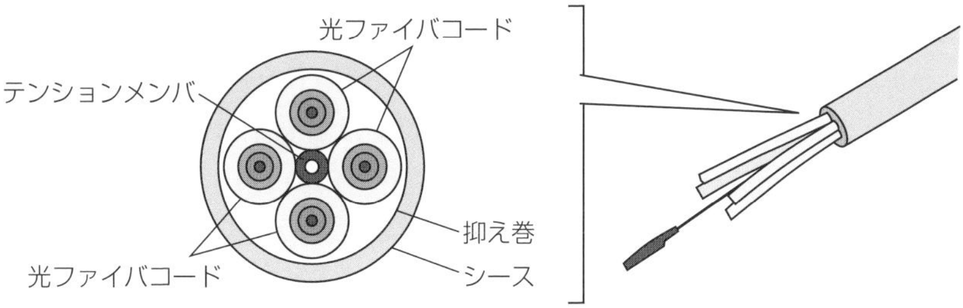

図1・11　コード式光ファイバケーブルの構造

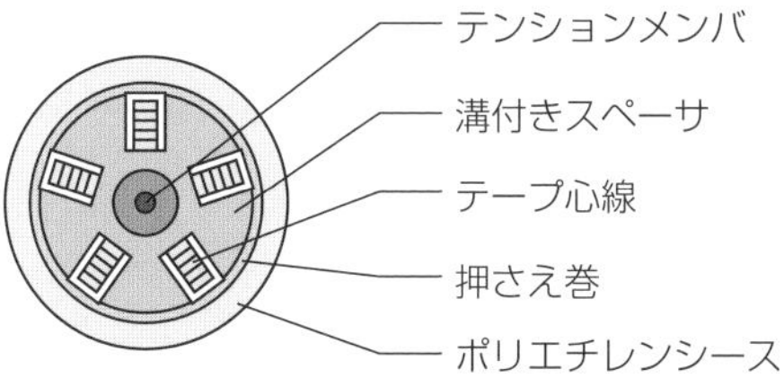

図1・12　テープ式光ファイバケーブルの構造

〚③直接埋設〛

地中に直接埋設《まいせつ》できる．

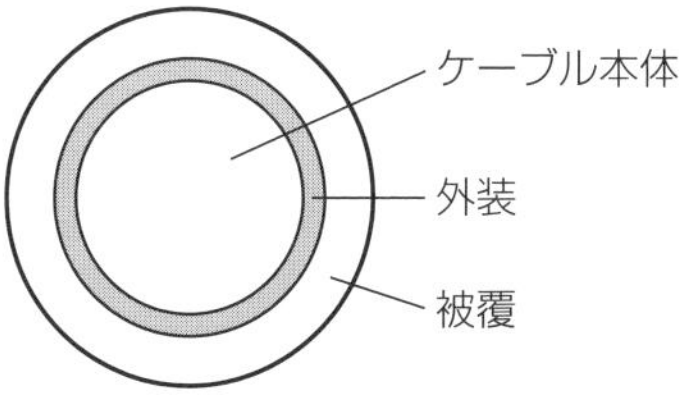

図1・13　地中埋設光ファイバケーブル

point

鋼線のテンションメンバは，接地を施す．

(4) 伝送モード

光ファイバケーブルを**伝送モード（光の通り道）**で分類すると，次のとおりである．

［①シングルモード光ファイバ（SMF：Single Mode Fiber）］

光が**単一の伝搬経路**で伝わる．**コア径が細く**曲げには弱いが，伝送損失は少なく，**長距離大容量伝送**に適している．接続に機械的精度が要求される．

［②マルチモード光ファイバ（MMF：Multi-Mode Fiber）］

光が**複数のモード**に分散して伝わる．**コア径が太く**曲げに強く安価であるが，伝送損失が大きく長距離に向かない．接続は比較的容易である．

マルチモード光ファイバは，屈折率分布により**ステップインデックス型（SI）**と**グレーデッドインデックス型（GI型）**に分類される．

GI型はコアのインデックス（屈折率）を無段階に変えることで，どのような通り道でも光の到着時刻の差をなくしている．LAN等近距離用として広く用いられているが，SI型はほとんど使用されていない．

表1・2　光ファイバの分類

光ファイバの種類※		構造	光の伝搬（n＝屈折率）
シングルモード			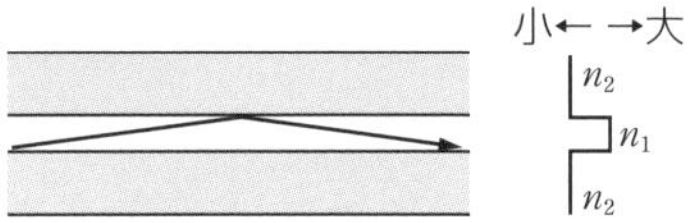
マルチモード	SI型		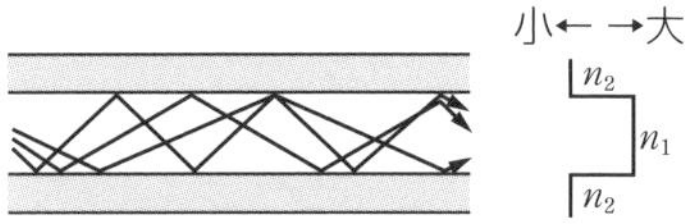
	GI型		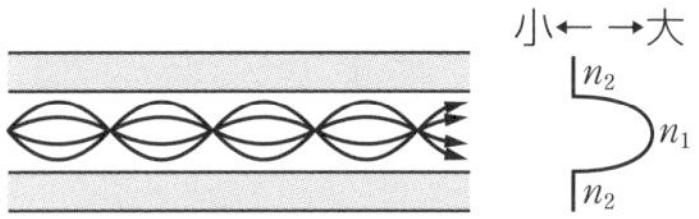

※SI：ステップインデックス　GI：グレーデッドインデックス

表1・3　シングルモードファイバとマルチモードファイバの比較表

項目	シングルモードファイバ	マルチモードファイバ
曲げ	×　弱い（コア径が細い）	○　強い（コア径が太い）
接続	×　高度技術	○　容易
値段	×　高い	○　安い
伝送損失	○　少ない	×　多い

point

シングルモードファイバは，長距離大容量伝送に適している．

(5) 光ファイバの損失

光ファイバには次の損失がある．

[①吸収損失]

材料や，光ファイバ生成時の**不純物**による損失をいう．光信号のエネルギーが熱に変換される損失である．

[②放射損失]

コアとグラッドの境界面の**凸凹**により，**光が散乱**するために生じる損失をいう．光ファイバ生成時の構造不均一性による損失である．

[③レイリー損失（レイリー散乱損失）]

光ファイバ中の**屈折率のゆらぎ**によって**光が散乱**するために生じる損失をいう．

[④接続損失]

光ファイバを接続する場合に，**軸ずれ**，光ファイバ**端面の分離**等によって生じる損失をいう．

[⑤マイクロベンディングロス]

光ファイバに側面から**不均一な圧力**が加わると，光ファイバの軸が僅かに**曲がる**ことで生じる損失である．

ごろあわせ

レイリー さんら 九州 で マイク 接続 して 放る

レイリー　散乱　吸収　マイクロ 接続　放射

(6) 光ファイバの分散

分散とは，光ファイバに入力された**パルス波形の幅が広がる**現象をいう．分散が発生すると，隣のパルスと重なるため符号誤りが発生する要因となる．

分散の種類は次のとおりである．波長分散は材料分散＋構造分散である．

- 光ファイバの分散
  - モード分散
  - 波長分散
    - 材料分散
    - 構造分散

［①モード分散］

伝搬モードによって光の伝搬経路が異なるため，到達時間の差が生ずる．

［②波長分散］

波長によって屈折率が異なるため，伝搬時間の差が生ずる．**シングルモード光ファイバ**では，主に波長分散によって伝送帯域が制限される．

［③材料分散］

光ファイバの媒質の屈折率が光の波長によって異なるために光の伝搬速度が波長により異なることで生じる．

［④構造分散］

光の一部がクラッド部分へしみだして反射するが，このしみだしの割合が光の波長により異なり，結果的に伝搬経路の長さが光の波長により違ったものとなるために生じる．

point

モード分散は，シングルモード光ファイバでは発生しないがマルチモード光ファイバで発生する．

4 光ファイバケーブルの接続 重要度★★★

光ケーブルの心線部の接続は，所定の接続材料（または接続箱）を使用し，光ケーブルを確実に固定する．軸ずれ，曲がり，すき間があると接続損失は大きくなる．接合の方法には次のものがある．

(1) スプライス

スプライスには**接合**の意味があり，永久的な接続箇所に用いられる．次の方法がある．

[①融着]

アーク放電により突合せ部分を**溶融《ようゆう》**する．石英系ガラスファイバに用いられる接続方法である．

[②メカニカル]

接続部品の**V溝**に光ファイバを両側から挿入し，押《おさ》え部材により光ファイバ同士を固定する．**専用工具で接続**する．

ごろあわせ **スープライスは永久に夢か**

スプライス　永久的　融着　メカニカル

(2) コネクタ

専用のコネクタを用いて接続する．**脱着可能**である．

point

スプライスは，永久的な箇所に用いられ，コネクタは，切り替えが必要な接続点で使用されることが多い．圧着端子による接続方法は無い．

(3) SZ撚り

光ファイバ心線の撚り方で**SZ撚り**がある．これは，光ファイバ心線の撚り方向が周期的に反転しており，外被を取り除くと光ファイバ心線に弛《たる》みがあるため光ファイバ心線を引き出しやすい．

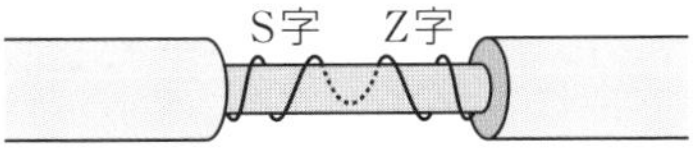

図1・14　SZ撚り

過去問チャレンジ（章末問題）

問1　R4　➡2 光通信

光変調方式に関する記述として，適当でないものはどれか.

(1)　直接変調は，1つの半導体レーザで発光と変調を行う.
(2)　外部変調は，半導体レーザから出力された光を光変調器により変調を行う.
(3)　LN変調器は，半導体の電界吸収効果を利用した光変調器である.
(4)　直接変調は，高速で変調すると発振波長が変動する波長チャーピングが起こる.

解説　LN変調器（ニオブ酸リチウム）は，半導体の電気光学効果を利用した光変調器である.

解答　(3)

問2　R5　➡3 光ファイバケーブル等

平衡対ケーブルに関する記述として，適当でないものはどれか.

(1)　導体間の静電容量を減少させる方法として，導体間隔を広げる方法や導体間の絶縁物の比誘電率を小さくする方法がある.
(2)　高周波では，表皮効果によりケーブルの抵抗値が減少する.
(3)　各平衡対の心線を撚り合わせるとともに隣接する対の撚りを異なるピッチにすることで漏話の軽減を図っている.
(4)　高周波では，周囲の金属体中に誘起する渦電流によって電力損失が生じる.

解説　高周波では，**表皮効果**によりケーブルの抵抗値が増大し，また，周囲の金属体中に誘起する渦電流によって電力損失が生じる.

解答　(2)

問3　R5　➡3 光ファイバケーブル等

光ファイバの分散に関する記述として，適当でないものはどれか．

(1)　パルス信号の伝送中に分散が発生すると，パルス幅が広がり，隣りのパルスと重なるため符号誤りが発生する要因となる．

(2)　偏波モード分散は，光ファイバに外部から不均一な応力が加わった場合などにおいて，直交する2方向に偏波した2つのモード間に遅延差が生じる分散である．

(3)　シングルモード光ファイバでは，主に波長分散によって伝送帯域が制限される．

(4)　マルチモード光ファイバでは，主に構造分散によって伝送帯域が制限される．

解説　マルチモード光ファイバでは，主にモード分散によって伝送帯域が制限される．

解答　(4)

問4　R3　➡4 光ファイバケーブルの接続

光ファイバケーブルの接続に関する記述として，適当でないものはどれか．

(1)　融着接続は，誘導加熱により光ファイバを直接加熱して溶かすことで接続する方法が一般的である．

(2)　メカニカルスプライスは，光ファイバの端面と端面をV溝上や精密パイプ内等で突き合せ，機械的に保持固定する方法である．

(3)　コネクタ接続は，比較的頻繁に接続替えが行われる可能性のある箇所に使用される．

(4)　融着接続やメカニカルスプライスは永久接続であり，コネクタ接続は着脱可能な接続である．

解説　融着接続は，誘導加熱ではなくアーク加熱によって突き合せたコアの両端面を溶かして融着するものである．

解答　(1)

第2章 無線電気通信設備

1 無線LAN

重要度★★

（1）無線LANとは

無線LAN（wireless Local Area Network）は，無線でデータの送受信を行う**構内通信網**（LAN：Local Area Network）のことをいう．

Wi-Fi（ワイファイ）は，Wi-Fi Allianceという団体が提供するもので，無線LANとほぼ同義語である．

無線LANの規格は**IEEE 802.11に準拠**する．

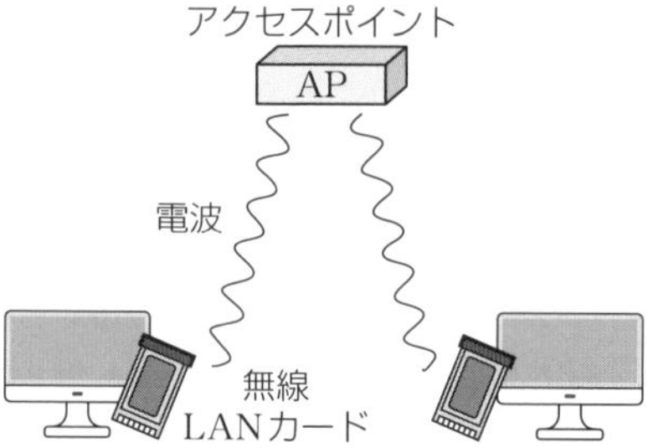

図2・1　無線LAN

AP（アクセスポイント）は，無線LANを構成する機器で，パソコンからの電波を受け取り，ネットワーク内の機器間の通信を中継する．無線LANのアクセスポイントが複数ある場合，どのアクセスポイントに接続するかを指定する必要があり，**SSID**（Service Set Identifier）は，無線LANのアクセスポイントを識別するための名前をいう．

（2）無線LANの規格

無線LANは，表のような規格により，通信速度，周波数が定められている．

周波数帯は「**2.4 GHz帯**」「**5 GHz帯**」「**60 GHz帯**」があり，通信速度も異なる．

ごろあわせ **日程次 第の 御 老中**
2.4　5　60

表2・1　無線LANの規格

無線LAN規格	通信速度（最大）	周波数帯
IEEE802.11 a	54 Mbps※	5 GHz帯
IEEE802.11 b	11 Mbps	2.4 GHz帯
IEEE802.11 g	54 Mbps	2.4 GHz帯
IEEE802.11 n※	300 Mbps	2.4 G帯/5 GHz帯
IEEE802.11 ac	6.9 Gbps	5 GHz帯
IEEE802.11 ad	6.7 Gbps	60 GHz帯

※ bps：bit per second
IEEE802.11 n以降，**MIMO**技術が採用されている．

(3) 2.4 GHz・5 GHz・60 GHz帯の比較

周波数帯の特徴は表のとおりである．

表2・2　周波数別の特徴

周波数帯	特　徴
2.4 GHz	障害物に強いので，屋外でも利用できる 電子レンジ，無線キーボード，Bluetooth等と**干渉しやすい**
5 GHz	障害物に弱いが，同一の周波数帯を使用する機器がないため，電波干渉は少ない
60 GHz	電波の直進性が高く，狭い範囲での高速通信に適する

2　無線LANの通信方式

重要度★★

変調方式の違い等により，次のようなものがある．

(1) スペクトラム拡散方式

スペクトラム拡散（SS：Spread Spectrum）とは，元の信号の周波数帯域の数十～百倍程度の広い帯域に拡散して送信する変調方式をいう．雑音の影響や他の通信との干渉を低減でき，**通信の秘《ひ》匿《とく》性**は高まる．微弱信号で広帯域のため，外部からの信号の復元は難しく，盗聴や傍受を受けにくい．

(2) OFDM方式

OFDM (Orthogonal Frequency Division Multiplexing, **直交周波数分割多重**) は，FDM (周波数分割多重) の一種で，ある周波数帯域内に周波数の異なる複数の搬送波を形成し，それらを同時に送受信する．

デジタルテレビ放送や第四世代携帯電話 (**LTE**：Long Term Evolution) 等に幅広く利用されている．周波数利用効率は高い．

(3) MIMO (マイモ) 方式

MIMO (Multiple Input Multiple Output) は，OFDM方式と併用し，無線通信の高速化を図る技術である．

送信側，受信側で，それぞれ数本のアンテナを少しずつ離して設置し，各アンテナから**同時刻に同じ周波数で異なる信号**を送受信する．受信側の各アンテナは複数信号の合成波を受信するが，アンテナ間に位置的なずれがあるので，少しずつ異なった波形となる．2本のアンテナを用いた場合，1本のアンテナで伝送するデータを2分割して送信できる (2倍速)．

同じ周波数帯を用いて複数の異なる伝送経路が作れるので，アンテナの本数を増やすことにより，効率的に伝送速度を向上させることができる．アンテナ数により，「2×4MIMO」「4×4 MIMO」のように表記する．送信側と受信側のアンテナの本数は同じでなくてもよい．

MIMOは，無線LANを高速化する技術として普及したが，現在は携帯電話の高速サービス (LTE) 等に拡大されている．

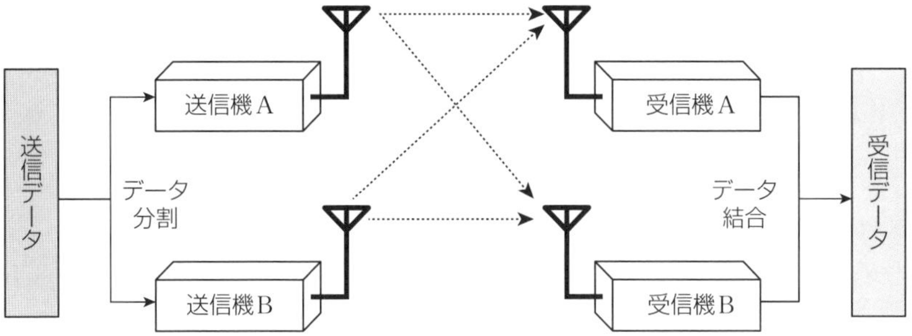

図2・2　MIMO方式

point
MIMOは複数の伝送路を使うので，送信できるデータ量が増える.

3　無線LANのアクセス制御　重要度★★

(1) CSMA/CA

CSMA/CAは，Carrier Sense Multiple Access with Collision Avoidance（搬送波感知多重アクセス/**衝突回避**）の略であり，1つの通信回線を複数の機器が共用する際，回線の使用権を調整するものをいう．通信状況を確認して，使用中なら待ち，空いていたら適当な長さの待ち時間後に送信することで，**データどうしの衝突**（コリジョン）発生の可能性を低くする通信方式である．**Wi-Fi**では標準的に用いられている．

無線LANの**アクセスポイント**は一度に1台のPCからの通信を受けることができるが，2台以上は無理である．アクセスポイントが空いていることが確認されると，通信しようとするPCに送信され，次のPCは前のPC通信が終わるのを待つことになる．

CSMA/CAには，次の特徴がある．

- 実際にデータが正しく送信されたかは，受信側からの**肯定応答信号**が到着するかどうかで判断する．
- 肯定応答信号が無い場合，**データの再送信**を行う．
- 一斉送信を防ぐため，伝送回路の空き状態を確認後，**ランダムな待ち時間**

後に再送信する．

(2) CSMA/CD

CSMA with Collision Detection（搬送波感知多重アクセス/**衝突検出**）は，アクセス制御で用いられる．**リピータハブ**（全部のPCに信号を送る）に複数のPCから同時に信号が送られたらデータ同士が衝突する．CSMA/CD（Collision Detection）は，衝突したら**ジャム信号**（渋滞）を出し，時間をずらして再度送信する．CSMA/CA（Collision Avoidance）は，送信ノードの衝突検知はできないため，受信ノード※からの肯定応答信号により，正しく届いたことを確認する．

※ノード（node）とは，「集合点」の意味で，ネットワークにおけるコンピュータ，ルータ，プリンタ等がノードに該当する．

ごろあわせ

衝突	**回避は**	**キャビンアテンダント**	**次第**
衝突		CA	CD

point

CSMA/CAは，衝突が発生しないようにするという考え．CSMA/CDは，衝突が発生したら対応するという考え．

point

有線LANでは，CSMA/CDを用いるが，無線LANでは信号の衝突を検知できないのでCSMA/CAを用いる．

4 無線LANの認証

重要度★★★

無線LANを利用する場合，**認証された端末**だけ接続できる仕組みが必要である．無線LANの暗号化には次のものがある．

表2・3　無線LANのセキュリティ

方　式	特　徴	有効性
WEP： Wired Equivalent Privacy	RC4と呼ばれる暗号化アルゴリズムを元にした共有鍵暗号方式で，IEEE 802.11で採用された．秘密鍵には40bitまたは128bitのデータを使用する．	△
WPA： Wi-Fi Protected Access	Wi-Fi Allianceが2002年に制定したセキュリティシステムで，暗号化と認証を組み合わせる．TKIPを利用してシステムを運用しながら動的に暗号鍵を変更できる． WPA2は2004年に制定したセキュリティシステムであり，WPAを進化させたセキュリティ方式．暗号化アルゴリズムにAES暗号をベースとしたAES-CCMPを用いている． WPA3は2018年に制定．WPA,WPA2の脆弱性を改善したもの．	○
TKIP： Temporal Key Integrity Protocol	パケット毎に暗号キーを自動生成する．	○
AES Advanced Encryption Standard	米商務省標準技術局（NIST）による米国政府の標準暗号化技術．	◎

IEEE802.1Xは，無線LANに接続してデータ通信を行うネットワーク端末を認証するための規格である．

表2・4　認証方式と特徴

認証方式	クライアント認証	サーバ認証	特徴	有効性
MD5	ユーザ名/パスワード	なし	サーバ認証はない．	×
LEAP	ユーザ名/パスワード	ユーザ名/パスワード	EAP-MD5よりもセキュリティが高い．	△
FAST	ユーザ名/パスワード	ユーザ名/パスワード	脆弱性を解消し，セキュリティレベルも高い．	○
TLS	証明書	証明書	デジタル証明書を使い，最もセキュリティレベルが高い．	◎
TTLS	ユーザ名/パスワード	証明書	TLSを拡張したもの．	○
PEAP	ユーザ名/パスワード	証明書	ユーザIDと証明書のハイブリッド認証．	○

5　携帯電話システム　重要度★★★

(1) 高速通信5G

モバイル通信における次世代高速通信システム第5世代（5G：5th Generation）は，2020年から開始されている．

［①超高速大容量］

10Gbps（4Gの約100倍）

［②超低遅延］

タイムラグ，時間差がほとんどない．1ms程度（約1/10）．

［③多接続性］

100万台/m^2の機器を同時接続（約100倍）．

表2・5　モバイル通信の比較

項　目	3G	4G（LTE）	5G
通信速度	△	○	◎
遅延	△	○	◎
多接続性	△	○	◎

（2）携帯電話システムのアクセス方式

移動電話は，送受話器を持ち歩きながら通話できる無線電話の総称であり，携帯電話，自動車電話等がある．移動電話の反対語として使われるのが固定電話である．

通話中の携帯電話機が隣のビルに移動する際，通話を継続させる機能を**ハンドオーバ**といい，他の通信事業者の設備を利用して接続するサービスを受けることを**ローミング**という．

（3）通信世代の比較

携帯電話における1Gから5Gまでの変調方式等の比較は次のとおりである．

表2・6　通信世代の比較

通信世代	変調方式	その他
1G	FDMA	－
2G	TDMA	－
3G	CDMA	－
4G（LTE）	OFDMA	MIMO
5G	OFDMA	MIMO

6 通信技術・用語

重要度★★★

(1) フェージング

無線通信における**フェージング**(fading)とは，地形，気象条件の変化等により，直接波，屈折波，反射波等が多重波となって互いに干渉し合う現象をいう．フェージング現象は，マイクロ波無線回線の品質に大きな影響を与える．

原因で分類すると，次のとおりである．

[①干渉性フェージング]

電波が送信点から受信点に届くのに複数経路(**マルチパス**)があり，その長さが違うため受信点で**位相がずれ**，強弱の原因となる．フェージングの多くはこれであり，高層建築物の多い市街地等で使用する**携帯電話でも起こりやすい**．

[②偏波性フェージング]

水平偏波や垂直偏波は，電離層を通過すると**楕円《だえん》偏波**となり，水平，垂直いずれのアンテナで受信しても**電界強度が変動**する．

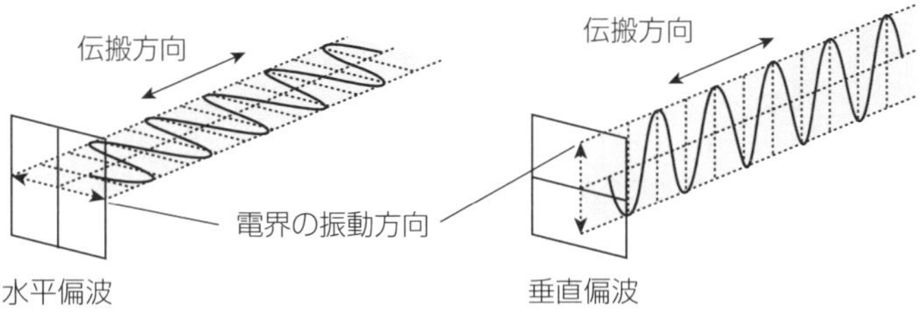

図2・3 水平偏波と垂直偏波

[③跳躍性フェージング]

電波が電離層で反射されるとき，**電離層の高さの変化**によって起こる．

[④吸収性フェージング]

電波が電離層を通過するとき，**電離層の電子密度の変化**によって吸収される時間的変動により起こる．

[⑤選択性フェージング]

電波の伝播経路上に**周波数が時間的に変化**する物体があると，伝送信号の周波数帯の中で，減衰を受ける周波数が変化し，受信点で歪み信号を生じる．

［⑥K形フェージング］

大気屈折率の変化によって生じた地球の等価半径係数の変化により，直接波と大地反射波との干渉状態や大地による回折状態が変化して生じる．

(2) フレネルゾーン

フレネルゾーンとは，電力を損失することなく電波が到達するために必要な回転楕《だ》円《えん》体領域のことである．**経路差が$\lambda/2$**となるエリアを**第1フレネルゾーン**という．このエリアにおいては，受信電界強度は強め合うようになるので，マイクロ波多重無線回線で安定した伝搬路を維持するには，このエリアに障害物が存在しないようにする必要がある．なお，経路差がλの範囲を第2フレネルゾーンという．

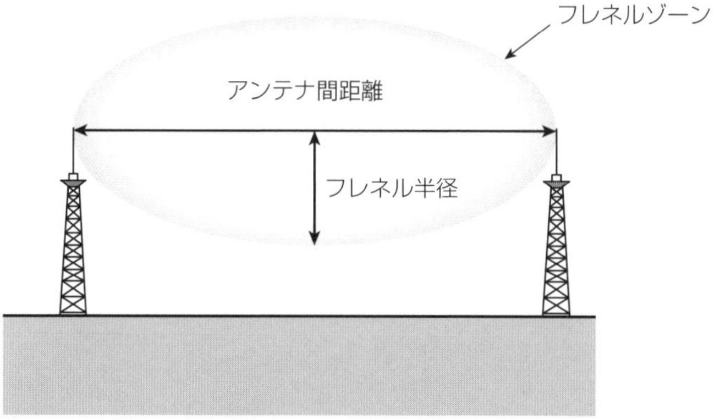

図2・4　フレネルゾーン

point

第一フレネルゾーン内に障害物があると，電波は弱くなる．

(3) ダイバーシチ技術

ダイバーシチ（diversity）には，多様性という意味がある．電波を受信する際，複数のアンテナ（**ダイバーシチアンテナ**）を同時に使い，電波状況が優れたものを選択したり，1本のアンテナで受信信号を合成して，通信品質を向上させたりする手法等があり，移動通信で用いられている．

ダイバーシチの種類は次のとおりである．

［①空間ダイバーシチ］

空間的に**アンテナの位置をずらす**方法で，複数の受信アンテナを**数波長以上離して設置**する．アンテナ間隔は，移動局受信の場合には$\lambda/2$，基地局受信の場合には10λ（λ：波長）程度離す．受信側では，信号を合成又は切り替えることで受信レベルの変動を小さく抑えることができ最も利用される方式．

ごろあわせ

半端な 動きで 固まり テンパる

半波長　移動　固定　10波長

［②偏波ダイバーシチ］

直交している**垂直偏波と水平偏波**を，それぞれ受信する**2本のアンテナ**を用いる方法である．受信した信号を合成したり，切り替えたりすることにより電波の偏波面の変動による受信レベルの変動を小さくする．この場合，受信アンテナを離す必要はない．

［③角度ダイバーシチ］

指向性の異なる複数の受信アンテナを用いて受信した信号を，合成または選択する方法をいう．

［④周波数ダイバーシチ］

同一信号を複数の**異なる周波数で送信**する方法をいう．一般に，1本のアンテナで複数受信機の復調信号を合成する．

複数の周波数帯の電波を束ねてデータ通信する**キャリアゲーション**技術により，通信速度や通信品質が向上する．

［⑤時間ダイバーシチ］

時間をずらして送信された信号を合成する方法をいう．送信時間は2倍以上となる．

［⑥パスダイバーシチ］

伝搬路で発生したマルチパスを分離した後に合成する方法をいう．**CDMA**（符号分割多重接続）等で用いる．

(4) RAKE (レイク) 受信

RAKE受信とは，無線通信の受信感度を向上させる技術で，反射や回折等で複数の経路を通じて届いた電波を**一つに合成**する方式である．

携帯電話や無線LAN (Wi-Fi) で用いられており，複数の伝搬経路を経由して受信された信号を最大比合成するRAKE受信は，**パスダイバーシチ**効果が得られる．CDMA技術を使った携帯電話ではRAKE受信により，ダイバーシチと同等の効果が得られるため，アンテナは1系統でよい．rakeは「熊手」の意味．広義には，RAKEやMIMO技術はダイバーシチ技術に含まれる．

point

RAKE受信は，パスダイバーシチ効果が得られる．

(5) DSRC

DSRC (Dedicated Short Range Communications) は，**5.8GHz帯**のISM (Industry Science Medical：産業科学医療用) を用いた，**車両との無線通信**で使用される無線通信技術をいう．アンテナの**指向性を強く**し，通信**エリアを狭く**しているので**狭域《きょういき》通信**とも呼ばれる．

高度道路交通システム (ITS：Intelligent Transport Systems) は，道路交通の安全性の向上，渋滞の緩和，二酸化炭素排出量の削減等といった道路交通問題の解決を目的に構築された交通システムである．路側機と車載器間の双方向通信が可能で，ドライバーに各種のサービスが提供されている．たとえば，高速道路における**ETC** (Electronic Toll Collection System：ノンストップ自動料金支払いシステム) があり．**ETC2.0**は，全国の高速道路を中心に整備され，ダイナミックルートガイダンス，安全運転支援，電子料金収受システム等のサービスを提供している．

7 衛星通信設備

重要度★★★

(1) 衛星通信

衛星通信とは，地球局が人工衛星を介して他の地球局と行う通信をいう．地球上から衛星までの高度により，次のように分類される．

①低軌道衛星

②中軌道衛星

③静止軌道衛星

このうち，**静止軌道衛星**の軌道は赤道面にあり，**高度が約36,000 km**のところを周回する人工衛星である．地球の自転と同じ速度（24時間で1周）なので，静止して見える．

高緯度地域においては仰角（衛星を見上げる角度）が低くなり，建造物等により衛星と地球局との間の見通しを確保することが難しくなる．

静止通信衛星からは，地球全面積の約1/3を見渡せ，1つの宇宙局からの電波で国内全域をカバーできる．静止軌道上に**3機の衛星を配置**すれば，北極，南極を除く地球上の大部分を対象とする世界的な通信網を構築できる．しかし，集中豪雨時には正常に画像を受信できない．

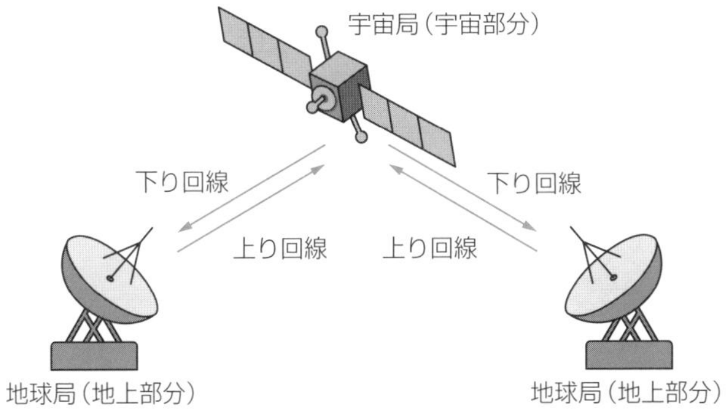

図2・5　衛星通信のモデル

(2) 周波数帯

衛星通信で使用される周波数帯の名称は，IEEE（米国電気電子技術者学会）によるマイクロ波周波数帯およびその前後の分類名称である．

表２・７　周波数帯

周波数帯（バンド）	周波数	備考
Lバンド	1～2 GHz	Longの頭文字（波長が長い）
Sバンド	2～4 GHz	Shortの頭文字（波長が短い）
Cバンド	4～8 GHz	SバンドとXバンドの中間 Compromise（中間）の頭文字
Xバンド	8～12 GHz	Xは，extreme shortから
Kuバンド※	12～18 GHz	kurz－underの略（Kより下）
Kバンド	18～27 GHz	Kは，ドイツ語のKurz（短い）の頭文字
Kaバンド	27～40 GHz	kurz－aboveの略（Kより上）
Vバンド	40～75 GHz	Very high frequency bandの頭文字

※Kuバンドは，BS放送衛星や，東経110度のCS通信衛星等に使用されている．

（3）基本構成

地球局～宇宙局～地球局の通信構成の一例は図のようになる．

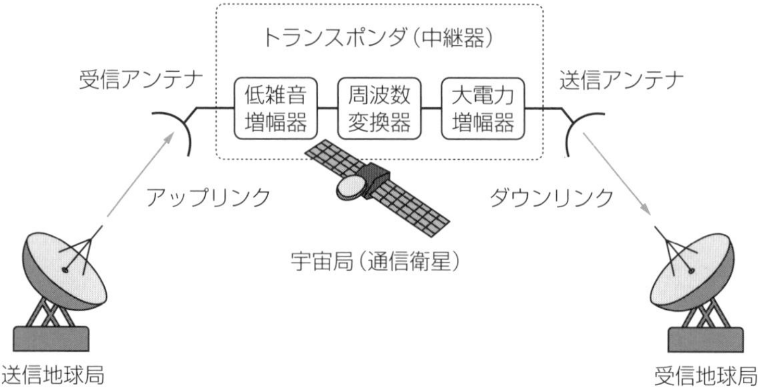

図２・６　トランスポンダ

トランスポンダ※とは，地球局から電波を受けて，周波数を変換して増幅し，ふたたび地球局に送り返す中継器である．1台のトランスポンダを複数の地球局で同時に利用するために多元接続が使われる．地球局には，放物面をもつ反射器と一次放射器から構成されるパラボラアンテナが使われる．
※トランスポンダ（Transponder）はTRANSmitter（送信機）とresPONDER

(応答機)の合成語で，受信した電気信号の中継送信，電気信号と光信号の相互変換，受信信号への応答等を行う中継器のことをいう．なお，電波干渉を避けるため，地球局から衛星への無線回線と，衛星から地球局への無線回線に**異なる周波数帯の電波**を使用している．

point

ダウンリンクはアップリンクの周波数よりも低い．

(4) パラボラアンテナ

[①種類]

衛星通信では，一般的に**パラボラアンテナ**が用いられる．パラボラアンテナは断面が放物線の形で，その焦点に一次放射器を配置すると，放射した電波が回転放物面反射鏡に反射して平行に進む．しかし，一次放射器や給電線により一部電波が遮られる．そのため，一次放射器を開口面外に配置し，より良好な指向特性が得るものが**オフセットパラボラアンテナ**である．

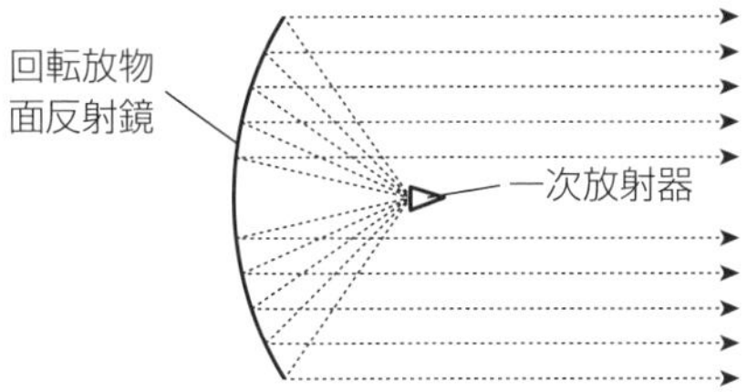

図2・7　パラボラアンテナ

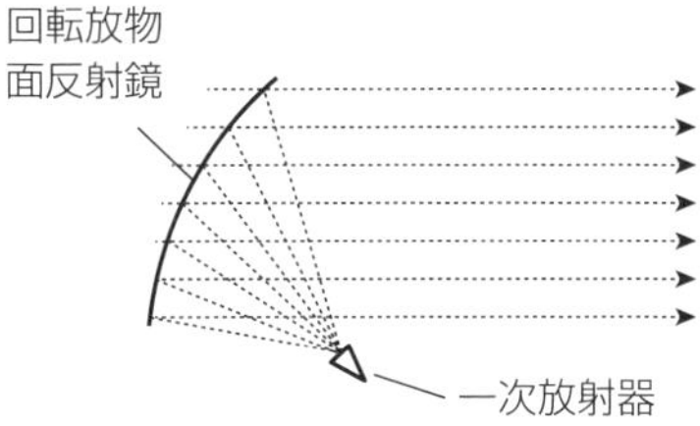

図2・8　オフセットパラボラアンテナ

また，**カセグレンアンテナ**は，一次放射器からの電波を副反射鏡で受けて，主反射鏡で反射するものである．

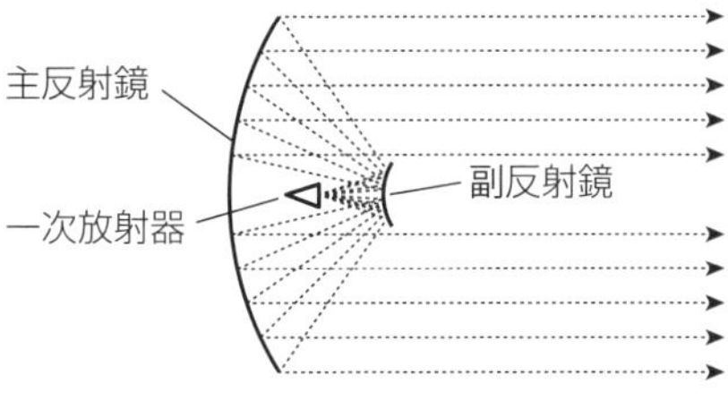

図2・9　カセグレンアンテナ

［②利得（ゲイン）］

パラボラアンテナのような，開口面を有するアンテナの**利得**は次式で計算する．

$$G = 10\log(\pi D/\lambda)^2\eta$$

G：アンテナの利得〔dB〕　D：アンテナの開口径〔m〕
λ：波長〔m〕　η：開口効率（一般に0.5～0.6）

アンテナの利得の場合，**dB**は半波長ダイポールアンテナを基準にした値で，**dBi**はアイソトロピックアンテナと呼ばれる，「点」がアンテナになったと仮定したものを基準にしている．ちなみにdBiの方がdBよりも2.15大きい数値となる．

過去問チャレンジ（章末問題）

問1 R4 ➡ 4 無線LANの認証

無線LANの認証で使われる規格IEEE 802.1Xに関する記述として，適当でないものはどれか．

(1) EAP-MD5のクライアント認証は，パスワード認証である．

(2) EAP-PEAPのクライアント認証は，クライアントのデジタル証明書を使う．

(3) EAP-TTLSのクライアント認証は，パスワード認証である．

(4) EAP-TLSのクライアント認証は，クライアントのデジタル証明書を使う．

解説 EAP−PEAPのクライアント認証は，パスワードを使う．　解答 (2)

問2 R4 ➡ 6 通信技術・用語

空間ダイバーシチに関する記述として，適当なものはどれか．

(1) 複数の受信アンテナを数波長以上離して設置し，アンテナからの出力を選択あるいは合成する方法である．

(2) 時間間隔をあけて同一信号を複数回送信し，受信側では，これらの信号を選択あるいは合成する方法である．

(3) 垂直偏波及び水平偏波をそれぞれ受信するアンテナからの出力を選択あるいは合成する方法である．

(4) 同一の信号を異なる周波数を用いて送信し，受信側では各周波数で受信した信号を選択あるいは合成する方法である．

解説 (2)は，時間ダイバーシチの記述である．(3)は，偏波ダイバーシチの記述である．(4)は，周波数ダイバーシチの記述である．　解答 (1)

問3　R5　➡6 通信技術・用語

高度道路交通システム（ITS）に関する記述として，適当でないものはどれか．

(1) 電子料金収受システム（ETC）は，車両に搭載したETC車載器が有料道路の出入口料金所のETCレーンを通過した際に料金の決済を行うものである．

(2) ITSは，道路交通の安全性の向上，渋滞の緩和，二酸化炭素排出量の削減などといった道路交通問題の解決を目的に構築される交通システムである．

(3) ETC2.0は，全国の高速道路を中心に整備され，ダイナミックルートガイダンス，安全運転支援，電子料金収受システムなどのサービスを提供している．

(4) 道路交通情報通信システム（VICS）は，渋滞状況・所要時間・交通規制などの情報を道路に設置したハイウェイラジオによって提供するものである．

解説 道路交通情報通信システム（VICS）は，渋滞状況・所要時間・交通規制等の情報を，カーナビゲーションシステムに送るものであり，道路に設置したハイウェイラジオによって提供するものではない．

解答 (4)

問4　R5　➡6 通信技術・用語

フレネルゾーンに次の記述の〔　　〕の（ア），（イ）に当てはまる語句の組合せとして，適当なものはどれか．

「第1フレネルゾーン内は，経路差が〔（ア）〕以内であるため，受信電界強度は〔（イ）〕ようになる．マイクロ波多重無線回線では安定した伝搬路を維持するには第1フレネルゾーン内に障害物が存在しないようにする必要がある．」

	（ア）	（イ）
(1)	半波長	強め合う
(2)	半波長	打ち消す

(3)　一波長　　強め合う

(4)　一波長　　打ち消す

解説　第1フレネルゾーン内は，経路差が半波長以内であるため，受信電界強度は強め合うようになる．マイクロ波多重無線回線では安定した伝搬路を維持するには第1フレネルゾーン内に障害物が存在しないようにする必要がある．

解答　(1)

問5　R1

➡ 7 衛星通信設備

衛星通信に関する記述として，適当でないものはどれか．

(1)　静止衛星の軌道は，赤道面にあることから，高緯度地域においては仰角（衛星を見上げる角度）が低くなり，建造物などにより衛星と地球局との間の見通しを確保することが難しくなる．

(2)　複数の地球局が同一周波数で同一帯域幅の信号を使用するFDMAによる多元接続方式は，回線ごとに異なる時間を割り当てて送受信する方式である．

(3)　トランスポンダは，衛星が受信した微弱な信号の増幅，受信周波数から送信周波数への周波数変換及び信号波の電力増幅を行う．

(4)　衛星通信では，電波干渉を避けるため，地球局から衛星への無線回線と，衛星から地球局への無線回線に異なる周波数帯の電波を使用している．

解説　FDMAは，周波数分割による多元接続方式であり，回線ごとに異なる時間を割り当てて送受信する方式はTDMAである．

解答　(2)

第3章 ネットワーク設備

1 IPネットワーク

重要度 ★★★

(1) IPアドレス

アドレス（address）とは住所という意味で，人やデータ，装置等の所在を示す識別番号をいう．

［①IPv4（IP version 4）］

32ビットのアドレス空間で装置を識別する，約43億個（2^{32}）のアドレスである．世界人口の約80億人すべてに割当てできない枯渇問題がある．

［②IPv6（IP version 6）］

128ビットのアドレス空間で装置を識別する，43億×43億×43億×43億＝約340澗《かん》※（2^{128}）のアドレスである．枯渇問題は解消する．

※1澗＝10^{36}

(2) IPv4アドレスクラス

［①クラスフルアドレス］

クラスフルアドレスとは，IPアドレスを，クラスA～Eの5つのクラスに分類する方法をいう．IPv4に対応したネットワークを構築する場合に用いられる．

ネットワーク部とホスト部から構成され，ネットワーク部は，どのネットワークに属しているかを示し，ホスト部はそのネットワーク内の各コンピュータ端末を指す．5つのクラスは，IPv4アドレスの最初の数桁を確認することで判別できる．

表3・1 クラスフルアドレス

クラス	IPアドレス 利用形態	ネットワーク部	ホスト部
A	一般のネットワーク	8ビット（1バイト） 0から始まる	24ビット 約1680万台のコンピュータを接続できる
B	一般のネットワーク	16ビット（2バイト） 10から始まる	16ビット
C	一般のネットワーク	24ビット（3バイト） 110から始まる	8ビット
D	マルチキャスト用	—	—
E	将来の実験用	—	—

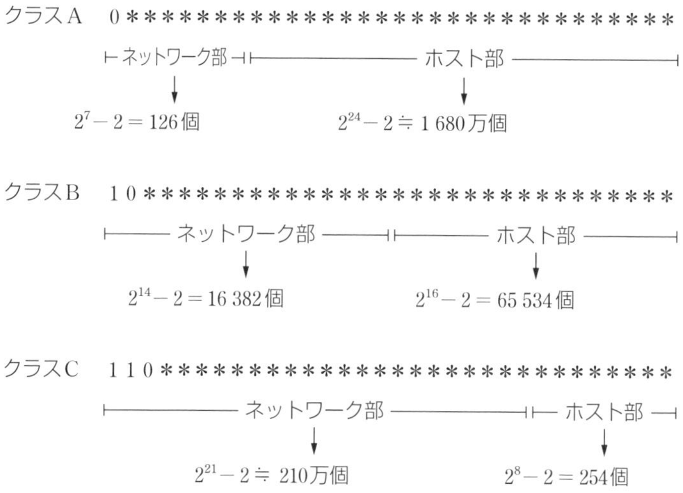

図3・1 クラスフルアドレスの割当て

「−2」は，すべて0．すべて1を除いているため．

point

クラスAは，ISP（インターネットサービスプロバイダ）のような大規模ネットワークでの利用，クラスCは小規模ネットワークでの利用となる．

［②クラスレスアドレス］

1つのクラスをいくつかのセグメントに分割してアドレスを使用出来るようにしたものをいう．**ネットワーク部とホスト部の境界がなく**，自由に決めることができる．

(3) IPv4のアドレス表記

アドレスは数字を羅列したものである.

IPv4では，32ビットの2進数であり，**8ビット(1バイト)ごと**にドット「.」で区切る.

【例1】11000000.1010000.00001011.10000000

これでもわかりにくいので10進数に変換する.

→　192.168.10.128と表記する.

【例2】「192.168.10.128/26」の場合（クラスレスアドレス）

「/26」は**アドレスプレフィックス**といい，先頭から26ビット目までがネットワークアドレスであることを示す.

ホストアドレス（各コンピュータ）に割り当てられるのは，残る6ビットになる.

6ビットで表現できるビット列は000000～111111の64種類あるが，全てが0の"000000"と全てが1の"111111"は，それぞれネットワークアドレス（ネットワークを識別する）と，ブロードキャストアドレス（全アドレスへの呼びかけ）として予約されているため，ホストアドレスとして割り当てることはできない.

割当可能なホストの最大数は64－2＝62である.

【例3】IPv4のIPアドレスを使用している場合，**サブネットマスク**（subnet mask）を，ネットワークの範囲を定義するために使用する.

たとえば，IPアドレスが，「192.168.3.121」でサブネットマスクが「255.255.255.224」のとき，この端末のホストアドレスは，次のように求める.

- サブネットマスクの224を2進数に変換する. → $(224)_{10}=(11100000)_2$

  1の部分（「111」の部分）がネットワークアドレスを示し，0の部分（「00000」の下5桁部分）がホストアドレスを示す.

- 次に，IPアドレスの121を2進数に変換する. → $(121)_{10}=(01111001)_2$

  下5桁の「11001」がホストアドレスに該当する. $(11001)_2=(25)_{10}$

（答）25

(4) IPv6のアドレス表記

IPv6では，16ビット（0，1の数字が16個並ぶ）ごとに「:(コロン)」で区切り，16進数（0～9の数字とa～fまでのアルファベット）で表記する．

【例1】1074:03f5:0000:0000:10ab:0000:0000:0000

さらに簡略化するため，「:」で区切られた部分（フィールド）がすべて0となり，そのようなフィールドが2個以上続く場合，0を省略して「::」と表記する．ただし，この省略は1回のみ．そのようなフィールドが2箇所以上ある場合は，どれを省略してもよい．

【例2】1074:03f5:0000:0000:10ab:0000:0000:0000

【例1】において2種類のアンダーラインを引いた箇所のいずれかが省略表記可能である．

つまり，1074:03f5:0000:0000:10ab::

または，1074:03f5::10ab:0000:0000:0000

point

表3・2　IPv4とIPv6の比較

項目	IPv4	IPv6
アドレス数	32ビット	128ビット
表記方法	8ビットごとに「.」で区切る	16ビットごとに「：」で区切る
表記例	192.168.10.128　（10進数）	1074:3f5:0:0:10ab::　（16進数）

(5) アドレス変換

[①NAT]

NAT（Network Address Translation）は，インターネットに接続できない**プライベートIPアドレス**を，インターネットに接続できる**グローバルIPアドレス**に変換する機能を持つ．たとえば，企業内のLANネットワークで，端末PCがインターネットに接続する場合も，NATが，グローバルIPアドレスに変換している．

ネットワーク間のアクセスは，NATが機能し，2つのネットワークの境界にあるルータや**ゲートウェイ**が，双方のIPアドレスを自動的に変換する．ゲートウェイ（gateway）とは，プロトコルが異なるネットワーク間の通信を中継する機器やソフトウェア，システムの一種で，最上位層のプロトコルの違いに対応できる．

point

プライベートIPアドレスとグローバルIPアドレスを1対1で相互に変換する.

[②DNS]

DNS (Domain Name System) は，ドメイン名とIPアドレスを相互に変換する機能をもったシステムをいう.

個々のコンピュータは，IPアドレスで識別するが，IPアドレスは数値や符号の羅列である．これではなじみがないので，ホスト名，ドメイン名と呼ばれる別の名前を付けている．これに対応するIPアドレス等の情報を記録・管理するのがDNSである.

DNSサーバはこれらを管理するサーバであるが，ドメイン名は階層構造になっており，DNSサーバも階層構造で管理されている．最上位ドメインを管理するDNSサーバは世界各地の十数ヶ所に分散配置されている．トップレベルドメイン (.jpや.com等)，セカンドレベルドメイン (co.jpやgoogle.com等) から，最下層のサーバまで，個別ドメイン名のDNSサーバの所在を把握している.

(6) DNS関連用語

[①ゾーン (Zone)]

ゾーンとは，1台の権威DNSサーバが管理する範囲をいう．ゾーン情報を管理する権威DNSサーバをプライマリサーバ，プライマリから転送されたゾーンを保持するサーバをセカンダリサーバという.

[②正引き・逆引き]

正引き：ドメイン名からIPアドレスを求めること.

逆引き：IPアドレスからドメイン名を求めること.

[③リゾルバ]

リゾルバとは，ドメイン名に対応するIPアドレス，またはIPアドレスに対応するドメイン名を，DNSサーバに対して問い合わせるソフトウェアをいう.

(7) インターネットプロトコル

インターネットプロトコル (IP) とは，OSI基本参照モデルのレイヤ3 (ネットワーク層）に対応するプロトコルで，IPv4とIPv6がある．

主なプロトコルは次のとおりである．

［①HTTP］

HTTP（Hyper Text Transfer Protocol）は，**Webコンテンツを閲覧**する際に使用するプロトコルである．

［②SMTP・POP］

SMTP（Simple Mail Transfer Protocol）と**POP**（Post Office Protocol）は，**電子メールの送受信**に使用されるプロトコルである．

［③FTP］

FTP（File Transfer Protocol）とは，端末間の**ファイル転送**を行うためのプロトコルである．

［④ARP］

ARP（Address Resolution Protocol）とは，TCP/IPネットワークにおいて，IPアドレスからイーサネット（Ethernet）LAN上の**MACアドレス**を求めるためのプロトコルである．MACアドレスとは，ネットワーク機器間において，次はどこに渡せばよいかわかるように各機器に割り当てた住所である．最終的なアドレスであるIPアドレスとは異なる．

［⑤DHCP］

DHCP（Dynamic Host Configuration Protocol）とは，各クライアントに対してIPアドレスやサブネットマスク，デフォルトゲートウェイ等，さまざまな設定を自動的に割り当てるプロトコルである．

［⑥NTP］

NTP（Network Time Protocol）とは，IPネットワークに接続される機器の時刻を同期させるためのプロトコルである．

(8) VoIP

VoIP（Voice over Internet Protocol）とは，インターネットを通じて**音声通話**を行う技術をいう．パソコンや携帯端末を使い，音声データを相手に送信し，相手からの音声データをスピーカーで再生することにより，電話同様の双方向の音声通話が可能となる．ITU-T（国際電気通信連合の標準化部門）が標準化した音声符号化の方式である．周波数帯は**300～3400 Hz**である．

アナログ信号である音声をデジタル信号に変換する符号化方式にG.711がある．また，音声データに付加するヘッダとして，IPヘッダ，UDPヘッダ，RTPヘッダがある．

IPヘッダ	UDP※1	RTP※2	音声データ（G. 711等）

※1 UDP（User Datagram Protocol）
※2 RTP（Real Time Transport Protocol）

point
TCPでなくUDPであることに注意する．

IP電話における**呼制御**は，回線の接続，切断，発呼や着呼等，電話をかけるための制御や，かけた相手を呼び出すための制御であり，**SIP**（Session Initiation Protocol）によって行われる．

（9）インターネット関連用語

［①ルーティング］

ルーティング（routing）とは，ネットワーク上でデータを送信・転送するとき，宛先アドレスの情報を元に，いくつもの中継機器をバケツリレー式に経由して最適な転送経路を割り出すことをいう．つまり，最適な経路を選択しながら宛先IPアドレスまで**IPパケットを転送**していく．

［②CGI］

CGI（Common Gateway Interface）とは，Webブラウザからの要求に応じて，Webサーバがプログラムを起動するための仕組みをいう．

［③バッファリング］

バッファとは，複数の主体がデータを送受信する際，処理速度や転送速度の差を補うために**データを一時的に蓄える**記憶装置や記憶領域のことをいう．映像等を途切れることなく視聴するための工夫として，受信端末ではパケットをある程度ためてから再生を開始する．

2 ネットワーク技術

重要度★★★

(1) 仮想化技術

仮想化とは，コンピュータのCPU，メモリ，OS等の複数の物理的構成を1つに見せかけたり，1つの構成を複数の構成要素に分割したりすることをいう．**VLAN**（Virtual LAN）は，一つのLAN内での各機器の実際の接続形態とは異なり，仮想的なグループを設定し，あたかも一つのLANであるかのように運用する技術で，**仮想LAN**と呼ばれる．LANスイッチ（スイッチングハブ）によって，どのコンピュータとどのコンピュータは通信でき，あるいはできないかを制御することで，ネットワークの統合，分割が容易にできる．たとえば企業内で，自分の所属グループと関係のないグループとは通信できないため，セキュリティが向上する．

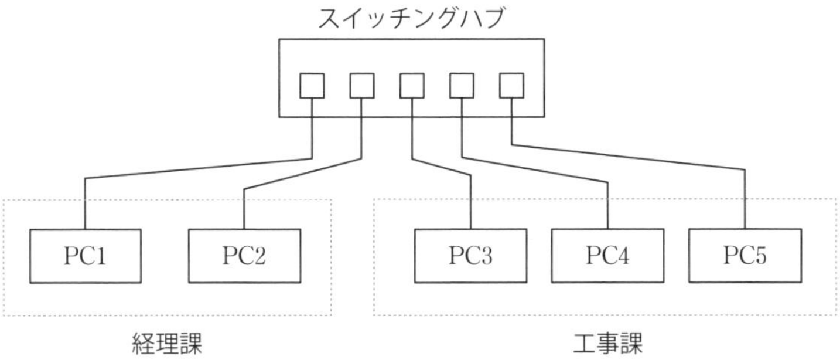

図3・2　仮想LAN

サーバの仮想化技術に関して，次の用語がある．

［①ハイパーバイザ型］

物理サーバの**ハードウェア上**で，仮想化ソフトウェアを直接稼働させる方式をいう．

［②ホストOS型］

物理サーバの**OS上**で，仮想化ソフトウェアを動作させる方式をいう．

［③ライブマイグレーション］

仮想サーバで稼働しているOSやソフトウェアを停止することなく，他の物理サーバへ**移し替える**技術をいう．

［④スケールアウト］

サーバの数を増やして**処理を分散**することにより，処理能力をあげる方法をいう．

(2) 冗長化

冗長化とは，ネットワークにおいて**代替用の設備を用意**し，故障や障害が発生した場合にもサービスを継続的に提供できるようにすることをいう．

複数の機器で構成して冗長化する機器冗長化，設備間の通信経路を冗長化する通信経路冗長化，および両者を組合せた冗長化がある．同じシステムのサーバを2台用意することも冗長化の一つである．

機器冗長化の技術は次のとおりである．

［①スタック］

複数台のスイッチングハブを専用ケーブルで接続し，**1台のハブとして機能**させる．機器の1台が停止しても残りの機器で機能を維持できる．

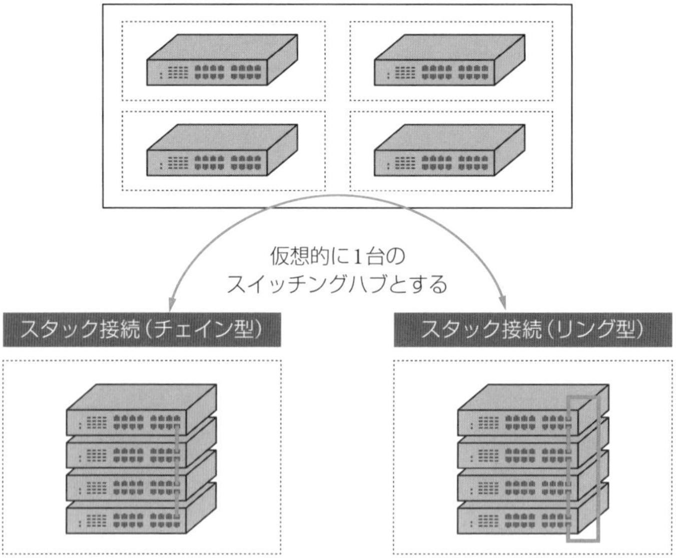

図3・3　機器冗長化

［②VRRP］

VRRP（Virtual Router Redundancy Protocol）は，ネットワーク上で複数のルータを束ねて一体的に運用するための制御情報を伝送するプロトコルである．

たとえば，2台のルータはそれぞれIPアドレスと共有の仮想IPアドレス（VIP：Virtual IP address）が割り当てられる．2台のルータは1台の仮想ルータとして稼働する．ふだん稼働するマスタールータが故障すると，待機していたバックアップルータが数秒以内に自動的に切り替わり稼働する．外部からは1台に見せかける．

通信経路冗長化の技術として，**STP**がある．STP（Spanning Tree Protocol）は，ループ状の経路を含むネットワークで，データの無限循環を避けるための制御方式を定めたプロトコルである．同じデータがネットワーク内のみで回らないようにするための仕組みである．

(3) パケット交換

データを送る方式は，1本の回線を独占して送る**回線交換方式**と，**蓄積交換方式（パケット交換方式）**がある．

パケット交換方式は，**データ**を適当な長さに分割して送り，受信端末ではこれらのデータを合体して元のデータに戻す．パケット通信（packet communication）のパケットとは小包《こづつみ》のことで，データを一定の単位で区切りこれに**ヘッダ**を付けたものである．パケットを処理するルータは，ヘッダの宛先を見て相手のコンピュータに届くように制御している．

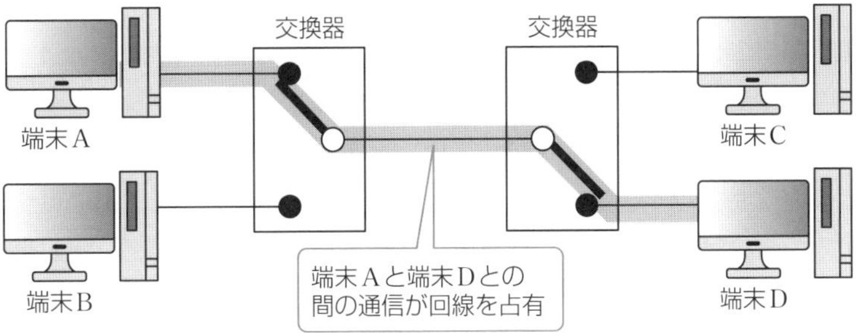

図3・4　回線交換方式

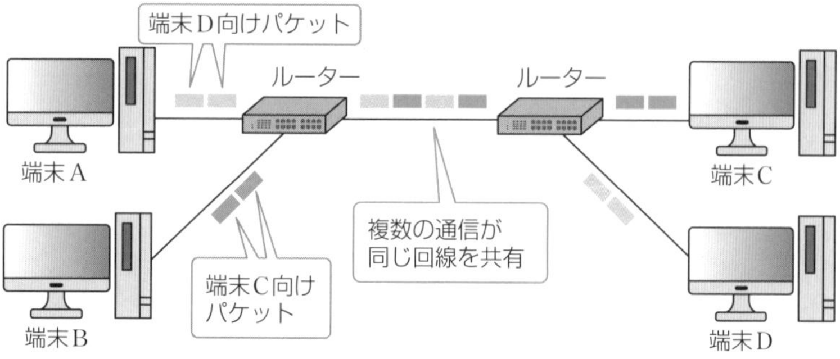

図3・5　パケット交換方式

送信されたパケットは，送信された順序通りに受信端末に到着するとは限らない．また，送信端末と受信端末の通信速度は，同じである必要はない．受信側ではパケットからデータを取り出して順番に連結し，元のデータに復元する．

情報が流れていないときは通信回線を占有しないので，回線交換方式に比べて**通信回線の利用効率は高い**．パケットごとに誤り検出や再送要求を行って伝送品質を高めることができるが，信号処理のために**遅延が発生**する．

point
パケットは，常に同じ伝送路を使用して転送されるとは限らない．

(4) 帯域制御

帯域制御とは，通信回線やネットワークで，**最高通信速度を制限**したり，伝送の**優先度**に差をつけたりする制御手法のことをいう．主に通信事業者やインターネットサービスプロバイダが，公共性の高い電波の優先や，通信設備を利用者間で効率よく共有するために行われる．たとえば，通信事業者により，ユーザが限度を超え大量の通信を行った場合，最高速度に制限を加えること等である．

過去問チャレンジ（章末問題）

問1 **R4** ➡1 IPネットワーク

IPv4アドレス「192.168.3.0/25」のネットワークで収容できるホストの最大数として，適当なものはどれか．

(1)　25　　(2)　62　　(3)　126　　(4)　254

解説 「192.168.3.0/25」の場合，最後の「/25」は先頭から25ビット目までがネットワークアドレスであることを示す．IPv4のアドレス空間は32ビットなので，ホストアドレスに割り当てられるのは残る7ビットになる．
7ビットで表現できるビット列は128種類あるが，最初と最後はそれぞれネットワークアドレス（ネットワークを識別する）と，ブロードキャストアドレス（全アドレスへの呼びかけ）として予約されているため，ホストアドレスとして割当可能なホストの最大数は128－2＝126である．　解答　(3)

問2 **R4** ➡2 ネットワーク技術

サーバの仮想化方式に関する次の記述の〔　　〕に当てはまる語句の組合せとして，適当なものはどれか．

「物理サーバのOS上で仮想化ソフトウェアを動作させる方式を〔 ア 〕といい，物理サーバのハードウェア上で仮想化ソフトウェアを直接稼働させる方式を〔 イ 〕という．」

	（ア）	（イ）
(1)	ホストOS型	ハイパーバイザ型
(2)	ホストOS型	リンクステート型
(3)	ハイパーバイザ型	リンクステート型
(4)	ハイパーバイザ型	ホストOS型

解説 物理サーバのOS上で仮想化ソフトウェアを動作させる方式をホストOS型といい，物理サーバのハードウェア上で仮想化ソフトウェアを直接稼働させる方式をハイパーバイザ型という．　解答　(1)

問3　R3

➡ 2 ネットワーク技術

パケット交換方式に関する記述として，適当でないものはどれか．

(1) 端末装置からのデータをパケットと呼ぶ一定量の単位に区切って交換機内のメモリに蓄積し，パケットに付加された宛先などの情報によりパケットを次の交換機に転送する．

(2) 通信回線を特定の端末装置間で占有することがないので，通信回線の利用効率を高めることができる．

(3) パケットは，故障箇所を回避する迂回ルートを自動的に選択して転送される．

(4) 送信側の端末装置と受信側の端末装置の通信速度を一致させる必要がある．

解説　送信側と受信側で端末装置の通信速度を一致させる必要はない．　解答　(4)

問4　R4

➡ 2 ネットワーク技術

パケット交換方式に関する記述として，適当でないものはどれか．

(1) 同一の宛先であっても，パケット毎に異なる経路を通る場合がある．

(2) 送信側の端末装置と受信側の端末装置の通信速度が異なっていてもよい．

(3) 途中の通信回線の混雑により伝送遅延が生じることがある．

(4) 情報が流れていないときも通信回線を占有するため，通信回線の利用効率は低い．

解説　情報が流れていないときは通信回線を占有しないため，通信回線の利用効率は高い．

解答　(4)

第4章 情報設備

1 コンピュータ設備

重要度★★★

(1) システム構成

[①シンプレックスシステム]

処理装置が二重化されていない，**1系統だけ**のシステムをいう．

[②デュプレックスシステム]

処理装置を**二重化**し，一組は常時使用，もう一組は障害発生時の**予備機**として待機させるシステムをいう．

[③デュアルシステム]

2台のコンピュータを**並列接続**し，両方のコンピュータで同一の処理を行い，双方の処理結果を照合しながら実行するシステムをいう．

[④クラスタシステム]

複数のコンピュータを**相互に連携**させ，全体を1台の高性能なコンピュータであるかのように利用するシステムをいう．

(2) RAID《レイド》

RAID (Redundant Arrays of Inexpensive Disks) は，複数台の外部記憶装置をまとめて1台の装置として管理し，冗長性を向上させる技術である．データを分散することで，高速化，耐障害性の向上が図られる．

[①RAID 0（ストライピング）]

1つのファイルを**分割して複数のハードディスク (HDD) に書き込む**と，1台のハードディスクに格納する時間の1/台数で済む．信頼性は向上しないが，**速度が向上**する．

[②RAID 1（ミラーリング：mirror＝鏡）]

複数台のハードディスク (HDD) に**同じデータを書き込む**ことにより，1台が故障しても，他が正常であればデータは失われず**信頼性が向上**する．

【 例 】2台のHDDをRAID 1構成した場合の稼働率を求めなさい．ただし HDD単体の稼働率は0.9とする．

【解説】1台の故障率は（1 − 0.9）なので，2台同時の故障率は $(1-0.9)^2$ 稼働率は $1-(1-0.9)^2=0.99$

［③RAID 2］

複数のハードディスクにデータを分散して記録し，さらに複数の専用のハードディスクに**ハミングコード**を分散して記録する方式である．データの誤りを検出するために，パリティチェック※を行う．

※パリティチェックは，ビット列の誤りしかわからないが，ハミングコードは複数のパリティビットによりデータのどこに誤りが生じたかを特定できる．

［④RAID 4］

複数のハードディスクのうち1台をパリティ情報の記録に割り当て，残りの複数のハードディスクにデータをブロック単位で分散して記録する方式である．※RAID2～RAID4は現在余り使われていない．

［⑤RAID 5］

複数のハードディスクにデータとパリティ情報をそれぞれ分散して記録する方式であり，1台のハードディスクが故障しても残りのハードディスクのデータとパリティ情報から元のデータを復元できる．

(3) 信頼性設計

システムの信頼性設計において，次の用語がある．

［①フールプルーフ］

利用者が**操作を誤っても危険が生じない**，あるいは，誤った操作や危険な使い方ができないような構造や仕掛けを設計段階で組み込むことをいう．

［②フェールセーフ］

故障や操作ミス，設計上の不具合等の障害が発生することをあらかじめ予測しておき，障害が生じてもできるだけ**安全な状態に移行**する仕組みにすることをいう．

［③フールソフト］

システムの一部分に障害が発生した場合，その部分を切り離して機能や性能を低下させても，**システムの稼働を継続**できるようにすることをいう．

[④フォールトアボイダンス]

構成部品の品質を高めたり，十分なテストを行ったりして，故障や障害の**原因となる要素を取り除く**ことをいう．

> **point**
> フール（間違ったこと）でもプルーフ（防止）する．フェール（失敗）してもセーフ（安全）．フールでもソフトに着地．フォールト（欠陥）アボイダンス（回避）と読むと覚えやすい．

(4) クラウドコンピューティングサービス

ソフトウェアを，CD−ROMで読み込むことや，PCにインストールすることなく，**インターネット上で提供されるソフトウェア**等を利用するサービスをいう．

表4・1　クラウドサービスの種類

サービスの種類	内容
IaaS (Infrastructure as a Service)	OS，CPU・メモリ・ハードディスク等のハードウェア及びネットワーク環境を提供する．
SaaS (Software as a Service)	メールやグループウェア等の汎用的なアプリケーションソフトウェアの機能を提供する．
PaaS (Platform as a Service)	アプリケーションソフトウェアの開発や運用に必要なミドルウェア，データベース，開発用ソフトウェア及びサーバ機能を提供する．

(5) インターフェース

インターフェース（interface）は，二者間で交信するための手順や規約を定めたものである．

[①ハードウェアインターフェース]

複数の装置を接続する**ハード的仕様**をいう．USB，IEEE 1394，HDMI等の規格である．LANでは，無線LAN（Wi-Fi）等の通信規格，コネクタや差込口，拡張カード等を指す．**USB**（Universal Serial Bus）は，コンピュータと周辺機器を繋ぐのに用いられるデータ伝送路の標準規格の一つで，キーボード，マウス，プリンタ等の接続方式として広く普及している．USBは表4・2のように進化している．

表4・2　USBの規格

規格名	仕様発行日	最大データ転送速度	規格名	仕様発行日	最大データ転送速度
USB 1.0	1996年1月	12 Mbps (1.5MB/s)	USB 3.1	2013年8月	10 Gbps (1.25GB/s)
USB 2.0	2000年4月	480 Mbps (60MB/s)	USB 3.2	2017年9月	20 Gbps (2.5GB/s)
USB 3.0	2008年11月	5 Gbps (625MB/s)	USB 4.0	2019年	40 Gbps (5.0GB/s)

［②ソフトウェアインターフェース］

プログラム間でデータをやり取りする手順等を定めたものである．たとえば，**API** (Application Programming Interface) は，あるコンピュータのソフトウェアの機能や管理するデータ等を，外部の他のソフトウェアから呼び出して利用するための手順やデータ形式等を定めた規約のことをいう．多くのソフトウェアが共通して利用する機能は，OSとして提供されている．

［③ユーザインターフェース］

ユーザインターフェース (User Interface) は，コンピュータとユーザ間のデータ入出力の方式を定めたものである．ユーザがキーボードから文字を入力する**CUI** (Character User Interface) 等がある．

2　情報セキュリティ

重要度 ★

(1) コンピュータウイルス

［①コンピュータウイルス］

コンピュータウイルスとは，**正規プログラムの一部に侵入**して自らを複製，増殖し，悪質な処理を行うプログラムの一種である．ウイルスに感染したプログラムは，インターネット等を通じて他のコンピュータへ感染する．

(2) マルウェア

不正なソフトウェア全般を**マルウェア** (malware) と呼ぶ．

［①スパイウェア］

利用者の文字入力内容やWebアクセス履歴等の**データを隠れて収集**し，インターネットを通じて開発元等に送信する有害なソフトウェア．

［②ワーム］

インターネットを通じてコンピュータに侵入し，さらに他のコンピュータへの**自身の複製を試みる**有害なソフトウェア．ワームには虫の意味がある．

［③トロイの木馬］

あるソフトウェアを導入させ，その中に忍ばせた**データ漏洩や遠隔操作**等を行うソフトウェア．語源は，兵士が木馬で敵の城に侵入したトロイ戦争．

（3）情報セキュリティの用語

［①ソーシャルエンジニアリング］

不正に情報を得るため，ネットワークの利用者等から，**パスワード**等の保安上重要な情報を盗み見，盗み聴きしたり，廃棄ゴミを調べる等の**「社会的」な手段**によって情報を入手したりすること．ある人がパスワードを入力している背後から盗み見ることを，**ショルダーハッキング**という．

［②クラッキング］

コンピュータやソフトウェア，データ等を防護するための措置や仕組みを，**破壊または無効化**し，本来許されていない操作を行うこと．クラックとは「ヒビが入る」という意味で，元の状態に戻すのを難しくする．

［③フィッシング］

実在する金融機関等を装ったメールを送信し，正規のWebサイトに似せたWebサイトに誘導して**ユーザIDや暗証番号等の情報**を盗み取る手法をいう．

［④ゼロデイ攻撃］

ソフトウェアのセキュリティホールの修正プログラムが提供される前に，修正の対象となるソフトウェアの**セキュリティホールを突く**攻撃をいう．プログラム提供前なので「ゼロデイ（0日）」が語源である．

［⑤アンチウイルスソフト］

コンピュータウイルスに特有の不正な動作をするコードを探り出すことにより，**コンピュータウイルスを検出**する．

［⑥TLS（Transport Layer Security）］

データを暗号化し，成りすましや盗み見，改竄《かいざん》等を防ぐプロトコル（トランスポート層）で，**SSL**（Secure Sockets Layer）の後継規格である．Webサーバとweb ブラウザの間で認証情報や個人情報等の送受信を安全に行う手段をいう．TLSにより暗号化されたウェブサイトのURLは「**https**」で始まる．

過去問チャレンジ（章末問題）

問1　**R4**　➡1 コンピュータ設備

複数のハードディスクを組み合せて構成するRAIDに関する記述として，適当なものはどれか．

(1)　RAID 0 は，2台のハードディスクに同じデータを記録する方式であり，1台のハードディスクが故障しても他の1台で継続して利用できるが，記録するデータよりも倍の記憶容量が必要となる．

(2)　RAID 1は，複数のハードディスクにデータを分散して記録する方式であり，アクセスを高速化できるが，1台でもハードディスクが故障するとデータの読み書きができなくなる．

(3)　RAID 4は，複数のハードディスクのうち1台をパリティ情報の記録に割り当て，残りの複数のハードディスクにデータをブロック単位で分散して記録する方式である．

(4)　RAID 5は，複数のハードディスクにデータを分散して記録し，さらに複数の専用のハードディスクにハミングコードを分散して記録する方式である．

解説　(1)はRAID 1の説明である．(2)はRAID 0の説明である．(3)はRAID 4の説明で正しい．(4)はRAID 2である．

解答　(3)

問2　**R1**　➡1 コンピュータ設備

2台のハードディスク（HDD）で構成したRAID 1（ミラーリング）を2組用いてRAID 0（ストライピング）構成とした場合の稼働率として，適当なものはどれか．

ただし，HDD単体の稼働率は0.8とし，RAIDコントローラなどHDD以外の故障はないものとする．

(1)　0.64

(2)　0.87

(3)　0.92

(4)　0.96

解説　RAID 1の2組による構成では，稼働率 $= 1 - (1 - 0.8)^2 = 0.96$
これをRAID 0構成にすると，稼働率 $= 0.96 \times 0.96 = 0.9216$　　解答　(3)

問3　**R4**　⇒1 コンピュータ設備

信頼性設計の考え方であるフェールソフトに関する記述として，適当なものはどれか．

(1)　システムの一部に障害が発生した場合，障害が発生した部分を切り離して機能や性能を低下させても，システムの稼働を継続できるようにすることである．

(2)　利用者が操作や取り扱い方を誤っても危険が生じない，あるいは，誤った操作や危険な使い方ができないような構造や仕掛けを設計段階で組み込むことである．

(3)　故障や操作ミス，設計上の不具合などの障害が発生することをあらかじめ予測しておき，障害が生じてもできるだけ安全な状態に移行する仕組みにすることである．

(4)　構成部品の品質を高めたり，十分なテストを行ったりして，故障や障害の原因となる要素を取り除くことで信頼性を向上させることである．

解説　フェールソフトは，システムの一部に障害が発生した場合，障害が発生した部分を切り離して機能や性能を低下させても，システムの稼働を継続できるようにすることである．　　解答　(1)

第5章 放送機械設備等

1 放送設備

重要度★★★

(1) 地上デジタルテレビ放送

UHF帯(300 MHz～3 GHz)の電波を利用するデジタル放送は，地上から送信する地上波テレビ放送をデジタル化したものである．**高画質化**(ハイビジョン放送・HDTV：High Definition Television)や**多チャンネル化**が可能になった．

地上デジタルテレビ放送で使用している**OFDM**(直交周波数分割多重)は，反射等による**マルチパス妨害**に対して強く，移動受信が可能である．

point

OFDMは降雨減衰の影響を抑えることはできない．

地上デジタルテレビ放送の信号には，映像や音声のほかにデータ放送等のデータが**多重化**されている．我が国の地上デジタルテレビ放送で利用されている映像符号化方式は，ISO/IECのMPEG委員会が策定した動画・音声データの圧縮方式の標準規格の一つである**MPEG-2**(Moving Picture Experts Group phase 2)という方式で，放送信号を暗号化している．

また，伝送中の情報の誤りを訂正するため圧縮符号を付加していない．これは，数少ない周波数帯の資源確保と，情報量を削減するためである．

データ放送では，コンテンツを記述する言語として**BML**(Broadcast Markup Language)が採用されている．

(2) テレビ放送の電波

日本の地上デジタルテレビ放送の電波に関して，次のとおりである．

①13～52チャンネル（**40チャンネル分**※）の周波数（470 MHz～710 MHzで240 MHz分）を使用している．

②チャンネルの周波数帯幅**6 MHz**※**を14等分**したうちの13セグメントを使用している．13セグメントの中央の**1セグはモバイル端末**に使用され，他12セグは固定TV用である．

※6 MHz × 40チャンネル = 240 MHz

標準放送（SDTV）の場合は1チャネルあたり3本の放送が可能で，**ハイビジョン放送（HDTV）**の場合は1チャネルあたり1本の放送が可能である．

また，中継局も親局と同じ周波数を使って放送する単一周波数ネットワーク（SFN）の構築が可能である．

(3) BS・CS

［①BS］

Broadcast Satelliteの略で，**放送衛星**のことである．

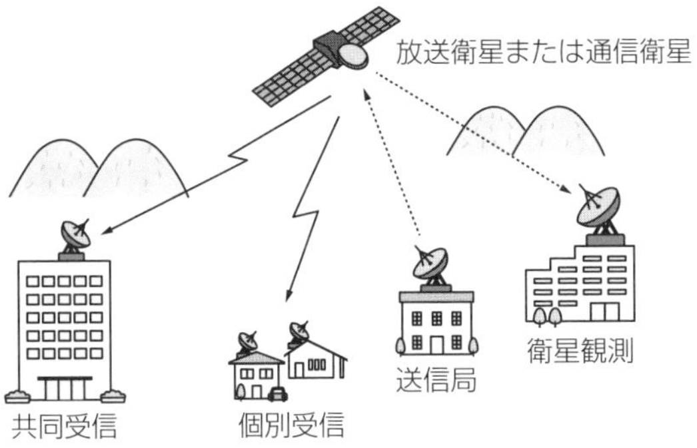

図5・1　BS・CSモデル

［②CS］

Communication Satelliteの略で，**通信衛星**のことである．元々は企業等に向けての通信目的であったが，放送法の改正により一般向け放送を行うようになった．

(4) 4K・8K

BSと110度CSにおいて，4K及び8Kの**新4K8K衛星放送**は，ハイビジョン放送（2K）の画質を超える放送として始まった．新4K8K衛星放送は，アンテナで12GHz帯の電波を受信し，3,000 MHz前後の周波数に変換して，同軸ケーブルでテレビ受像機まで配線する．VHF・UHF帯であれば3C-2V程度の同軸ケーブルでもそれほど減衰がないので使用できるが，衛星放送用ではS-5C-FBやS-7C-HFL等，高周波でも減衰の少ない同軸ケーブルが使用される．

〚①画素数の比較〛

テレビ放送における画質を比較すると表のとおりである．

表5・1　画素数

放送の種類	画素数
ハイビジョン放送（2K）	1920 × 1080 ≒ 200万画素
4K	3840 × 2160 ≒ 800万画素
8K	7680 × 4320 ≒ 3300万画素

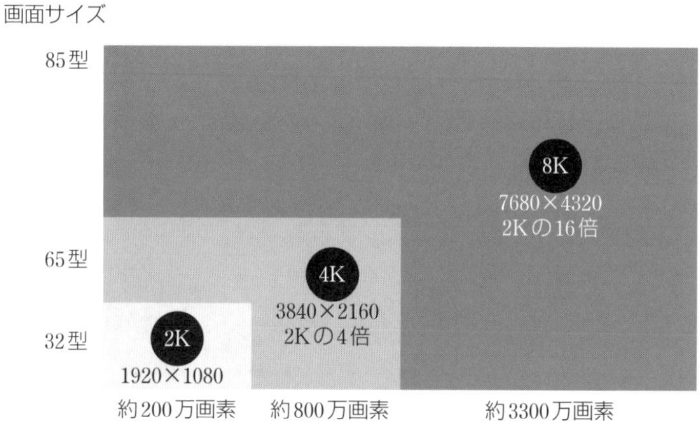

図5・2　テレビ画面サイズ

(5) CATVの配線方式

CATV（Community Antenna TeleVision またはCAble TeleVision）は，テレビ番組を**共同アンテナ**や同軸ケーブル，光ファイバケーブルを使って，複数の住戸に放送するシステムである．個別に受信アンテナを設置しなくてよい．難視聴地域や共同住宅等のほか，有料テレビ放送を提供するものを含む．有料のものは，デジタル放送，衛星放送（BS，CS），専門チャンネル（自主放送番組）等を扱う．ケーブルテレビ事業者は，多チャンネル化した上で配信している．

配線方式は，CATV局のセンター局（ヘッドエンド）から光ファイバで配線し，屋外にある光－電気信号変換装置（O/E）によって各需要家まで同軸ケーブルにて配線する**HFC**（Hybrid fiber-coaxial）方式や，需要家内のONUから末端のPCまで光ファイバケーブルで配線（TVまでは同軸ケーブル）する**FTTH**方式がある．なお，**FTTC**は両者の中間的配線方式である．

ケーブルテレビ事業者と視聴者との間のネットワークは，次のものがある．

［①SS（Single Star）方式］

CATV局と視聴者宅との間を**1対1**で光ファイバにより接続する方式である．

［②PDS（Passive Double Star）方式］

CATV局からの分岐点に，電源供給の不要な**スプリッタ**を設置し，そこからスター状に複数の視聴者宅へ分配する．

［③ADS（Active Double Star）方式］

CATV局からの分岐点に，電源供給を受けて動作する**多重化装置**を設置し，そこからスター状に複数の視聴者宅へ分配する．

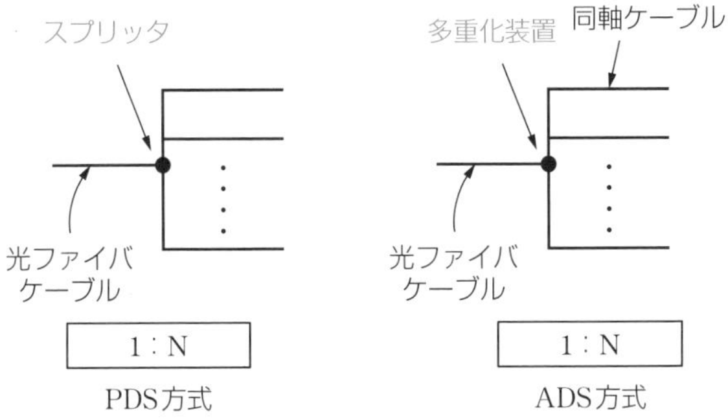

図5・3　PDS方式とADS方式

point

ADS方式は電源供給を必要とする．

(6) CATVの伝送方式

CATVによる地上デジタルテレビ放送の伝送方式には，次のものがある．

[①パススルー方式]

地上デジタル放送の受信波をそのまま伝送（周波数を変えない）するか，または周波数を変換して伝送する方式である．いずれにしても，受信した電波の**変調方式を変えずに伝送**する．

[②トランスモジュレーション方式]

ケーブルテレビ局が，受信した電波を**ケーブルテレビに適した変調方式（64QAM）に変換**して伝送する方式である．

ケーブルテレビ局がBSデジタル放送をトランスモジュレーション方式で提供している場合，BSデジタル放送はケーブルテレビ局から提供される**STB**（セット・トップ・ボックス）で受信する．

ケーブルテレビ局が地上デジタル放送とBSデジタル放送の両方のサービスを提供している場合は，1台のSTBで両方を視聴できる．

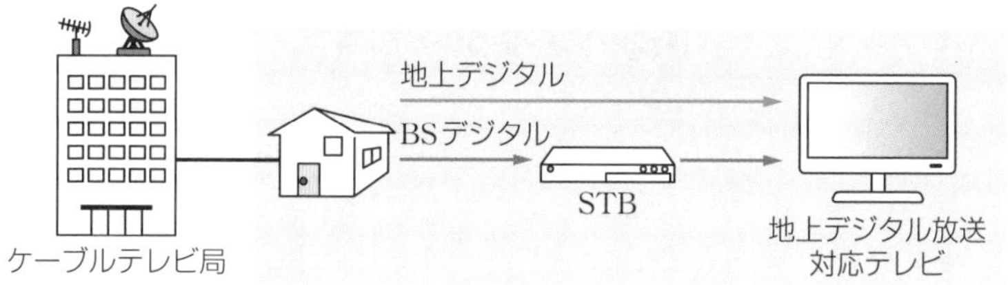

図5・4　トランスモジュレーション方式

[③リマックス方式]

番組供給者から配信された信号を復調して番組を取り出し，番組の再編成等の再多重や限定受信のための**スクランブル等の処理**を施してケーブルテレビ伝送路に適した変調方式で伝送する．

> **point**
> 周波数を変えて伝送するものもパススルー方式に含まれる．

(7) テレビ共同受信設備

テレビ共同受信設備で使用される機器は次のとおりである.

[①アンテナ]

利得は同じ素子数の場合，受信帯域が広くなるほど小さくなる．**アンテナ利得**とは，アンテナが受信した電波の強さに対して，どの程度の強さで出力できるのかを数値化〔**dB**〕したもので，数値が大きいほど，アンテナ性能は良い.

[②同軸ケーブル]

50Ω形と75Ω形がある．周波数が高くなると減水量は大きくなる．5C-FB，S-7C-FB等がある.

[③増幅器（ブースタ）]

信号の強さを一定のレベルまで**増幅**する機器をいう.

[④分配器]

テレビ信号を均等に分配する機器をいう．一般に，分配器の分配損失は4分配器より2分配器の方が少ない.

[⑤混合器]

複数のアンテナで受信した信号を1本の伝送線にまとめる機器をいう.

[⑥分波器]

周波数帯域の異なる信号を，選別して取り出すための機器をいう.

[⑦直列ユニット]

分岐機能を有し，テレビ受信機に接続する端子を持つ分岐器をいう.

2　映像設備

重要度★★

(1) CCTV

CCTV (Closed-Circuit TeleVision) は，建物内の監視・防犯用のカメラで，入力装置（カメラ）から出力装置（モニター）までを同軸ケーブルで接続したシステムをいう.

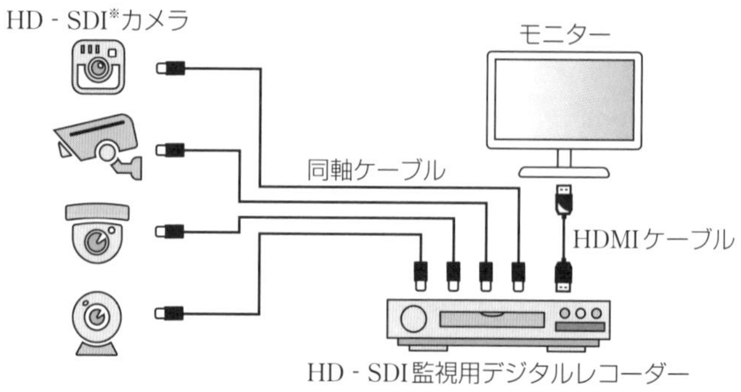

※HD - SDI：ハイビジョンのシリアル・デジタル・インターフェース

図5・5　CCTVシステム

(2) 映像表示装置

[①有機EL]

有機ELとは，有機エレクトロルミネセンス（Organic Electro-Luminescence：OEL）と呼ばれ，有機物に電界をかけると発光する現象をいう．LED照明，ディスプレイの材料として用いられ，特徴は次のとおりである．

- **応答速度は速い**．
- 液晶ディスプレイよりも**軽量化**，**薄型化**が可能である．
- 基盤をフィルム状のプラスチックにすると，**曲げが可能**である．
- 有機ELディスプレイは，**視野角はほぼ180度**で広い，色調に変化はない．

[原理]

- 陽極と陰極の間に，正孔輸送層，有機物の発光層及び電子輸送層等を**積層した構成**になっている．
- 有機ELに電圧をかけると，2つの電極からそれぞれプラス（正孔）とマイナス（電子）が注入され，両者が有機物でできた発光層で再結合すると，その有機物は高エネルギー状態（励《れい》起《き》状態）となり，これが元の安定状態（基底状態）に戻る際に過剰な**エネルギーを光として放出**する．

point

有機ELディスプレイでは，バックライトを必要としない．

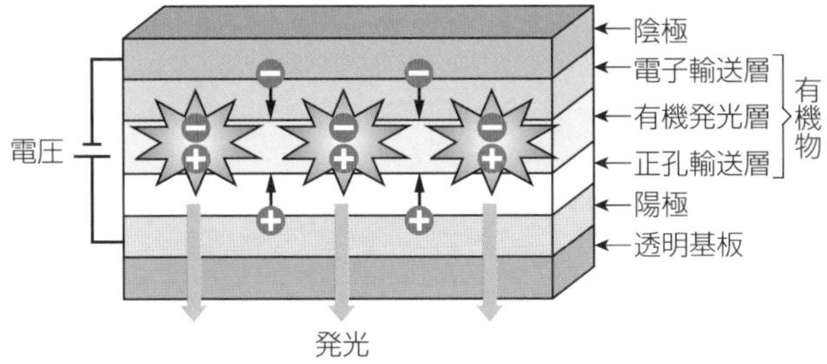

図5・6　有機ELの構造

[②液晶]

液晶とは，液体と固体の両方の性質を持つ物質をいう．液晶を透明電極で挟み，電圧を加えると分子配列が変わり，**光が通過したり遮断したりする原理**を利用したものである．液晶ディスプレイでは，この性質を利用して画像や文字等を表示する．

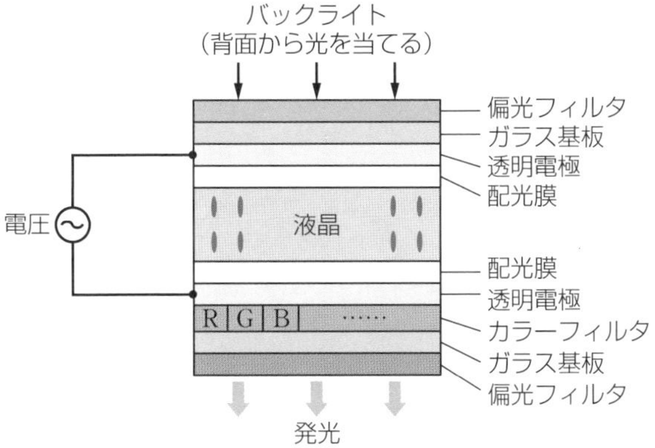

図5・7　液晶の構造

液晶ディスプレイは，**バックライトの光を液晶に透過**させているため，見る角度によって色調が変わる．カラー表示を行うために，画素ごとにカラーフィルタが用いられ，液晶ディスプレイのバックライトには，LEDや蛍光管ランプが用いられている．

point

液晶ディスプレイは，液晶自体は発光しないため，バックライトから放出された光が液晶を通過することで文字や画像を表示させる．

(3) 監視カメラ

監視カメラとは，施設監視や防犯等で使われるカメラをいう．カメラの撮像素子には，**CMOS**イメージセンサや**CCD**イメージセンサがある．

> point
> カメラの撮像素子には，有機EL素子は用いられない．

最低被写体照度の値が小さいほど，暗い中での撮影が可能となる．レンズのズーム・フォーカス位置，旋回台の位置等を記憶する機能を**プリセット機能**という．

[①単板式]

カラーフィルタを装備した**1枚のCCD**(Charge-Coupled Device)を採用した方式である．

[②3板式カメラ]

光の3原色に応じた**3つの撮像素子**を持ち，色分解プリズムにより入射光を3原色の成分に分けて撮像する．単板式より再現性や解像度が優れる．

(4) マイクロホン

[①ダイナミックマイクロホン]

永久磁石によって作られた磁界中に，振動板に直結した可動コイルを入れたマイクロホンである．音圧によって振動板を振動させると**可動コイルに起電力が発生**することを利用している．

[②コンデンサマイクロホン]

振動膜と接近して置かれた固定電極間の**静電容量の変化**を電気量に変換するマイクロホンである．優れた周波数特性があり，放送局，スタジオ等で利用される．

[③リボンマイクロホン]

磁界中に帯(リボン)状の導体を置き，**空気振動**から電気信号を得ることを利用したマイクロホンである．

[④カーボンマイクロホン]

音圧による炭素粒の**接触抵抗の変化**を利用したマイクロホンである．

3　気象観測等システム

重要度 ★★

(1) MP レーダ

MP レーダ (Multi-Parameter radar) とは，パラボラアンテナからマイクロ波を大気中に発射し，降水により散乱されて戻ってきた電波を観測して雨の強さ，移動速度等を調べる観測器である．落下中の雨滴がつぶれた形をしている性質を利用し，**偏波間位相差**から高精度に**降雨強度を推定**している．

従来の気象レーダは水平偏波を用いて観測を行っていたが，MP レーダは水平偏波と垂直偏波の2種類の電波を同時に送受信できる．また，気象庁の無人観測施設の「地域気象観測システム」をいう，**アメダス** (AMeDAS：Automated Meteorological Data Acquisition System) という言葉もある．

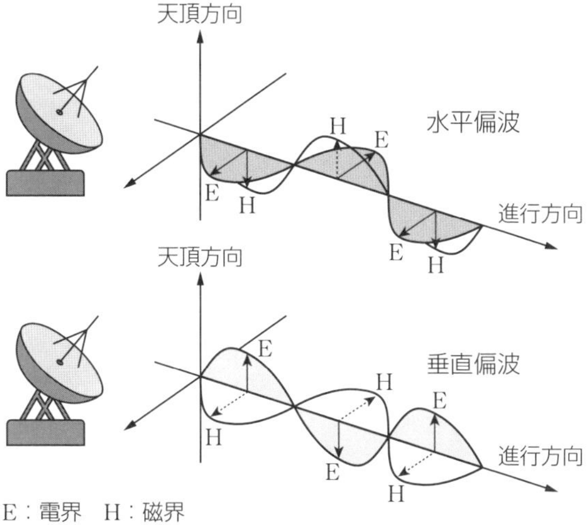

図5・8　水平偏波・垂直偏波

point

MP レーダは水平偏波と垂直偏波の2種類の電波を同時に送受信できる．

MPレーダの特徴は次のとおりである．

①偏波間位相差は，Xバンドのほうは弱から中程度の雨でも敏感に反応するため，XバンドMPレーダは電波が完全に消散して観測不可能とならない限り高精度な降雨強度推定ができる．

②XバンドのMPレーダでは，降雨減衰の影響により観測不能となる領域が発生する場合があるが，レーダのネットワークを構築し，観測不能となる領域を別のレーダでカバーすることにより解決している．

表5・2　Cバンド・Xバンドの比較

名　称	周波数	観測範囲	特　徴
Cバンド	4～8 GHz	半径120km	周波数が低いので減衰しにくく，遠方まで観測が可能
Xバンド	8～12 GHz	半径60km	局地的な大雨についても詳細かつリアルタイムでの観測が可能

(2) テレメーターシステム

テレメーターとは，ある地点の測定データを，無線や専用電話回線を使用して遠隔地点の受信器に送信し記録させるシステムをいう．システムの一例は図のとおりである．

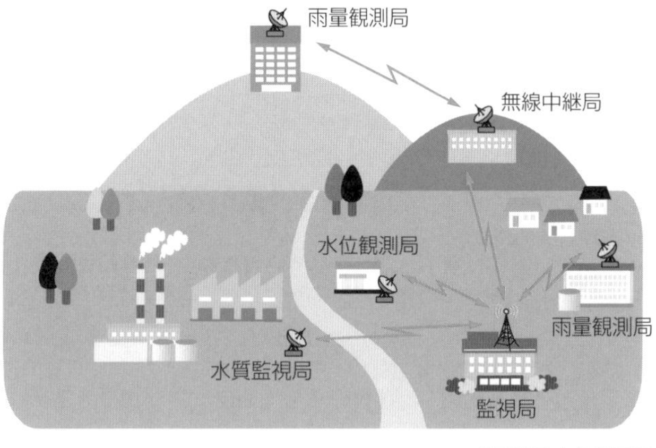

（JRC日本無線HPによる）

図5・9　テレメーターシステム

過去問チャレンジ（章末問題）

問1 R4 ⇒1 放送設備

FTTH型CATVシステムに関する記述として，適当でないものはどれか．

(1) ネットワークの形態には，SS方式，PDS方式及びADS方式がある．

(2) 光ファイバを視聴者宅まで延伸することで，同軸ケーブルを用いるよりも高い周波数帯域まで伝送が可能となる．

(3) PDS方式は，電源供給を受けて動作する多重化装置を光ファイバの分岐点に設置し，そこからスター状に複数の視聴者宅へ分配する方式である．

(4) SS方式は，CATV局と視聴者宅との間を1対1で光ファイバにより接続する方式である．

解説 電源供給を受けて動作する多重化装置を光ファイバの分岐点に設置し，そこからスター状に複数の視聴者宅へ分配する方式は，ADSである．PDSは電源供給の必要ないスプリッタで分岐する．

解答 (3)

問2 R4 ⇒1 放送設備

我が国の地上デジタルテレビ放送に関する記述として，適当でないものはどれか．

(1) 1チャネルの周波数帯域幅6 MHz を16等分したうちの13個のセグメントを組み合わせて地上デジタルテレビ放送の信号としている．

(2) 標準放送（SDTV）の場合は1チャネルあたり3本の放送が可能で，ハイビジョン放送（HDTV）の場合は1チャネルあたり1本の放送が可能である．

(3) 中継局も親局と同じ周波数を使って放送する単一周波数ネットワーク（SFN）の構築が可能である．

(4) データ放送では，コンテンツを記述する言語としてBMLが採用されている．

解説 1チャネルの周波数帯域幅6 MHz を14等分したうちの13個のセグメントを組み合わせて地上デジタルテレビ放送の信号としている． 解答 (1)

問3 **R3** ➡2 映像設備

ディスプレイに関する記述として，適当でないものはどれか．

(1) 液晶ディスプレイは，液晶を透明電極で挟み，電圧を加えると分子配列が変わり，光が通過したり遮断されたりする原理を利用している．

(2) 有機ELディスプレイは，キセノンガス等のガスが封入された微小空間で放電によりガスがプラズマ状態となり紫外線が発生し，その紫外線を蛍光体に当てて可視光を発生させる．

(3) 液晶ディスプレイは，液晶自体は発光しないため，LEDや蛍光管によるバックライトから放出された光が液晶を通過することで文字や画像を表示させる．

(4) 有機ELディスプレイは，液晶ディスプレイよりも薄型化が可能である．

解説 有機ELディスプレイは，電界をかけて発光するエレクトロルミネセンス現象を利用している．キセノンガス等のガスが封入された微小空間で放電によりガスがプラズマ状態となり紫外線が発生し，その紫外線を蛍光体に当てて可視光を発生させるのは，プラズマディスプレイである． 解答 (2)

Ⅲ部

法規

第 1 章　建設業法

第 2 章　労働基準法

第 3 章　労働安全衛生法

第 4 章　電気通信事業法

第 5 章　有線電気通信法

第 6 章　電波法

第 7 章　その他の法令

第1章 建設業法

1 目的

この法律は，建設業を営む者の**資質の向上**，建設工事の**請負契約の適正化**等を図ることによって，建設工事の適正な施工を確保し，**発注者を保護**するとともに，建設業の健全な発達を促進し，もって公共の福祉の増進に寄与することを目的とする．

2 建設業法の用語

重要度★★

建設業法に，用語の記載があり，表のとおりである．

表1・1　用語と意味

用　語	意　味
建設業	元請，下請を問わず，建設工事の完成を請け負う営業をいう．
建設工事	土木建築に関する工事で，29業種ある．電気通信工事もその1つ．
発注者	建設工事の注文者をいう．（他の者から請け負ったものを除く．）
下請契約	他から請け負った建設業者と，ほかの建設業者で締結される請負契約．
元請負人	下請契約における注文者で，建設業者である者をいう．
下請負人	下請契約における請負人をいう．

3 建設業と許可

重要度★★★

(1) 許可

建設業は**29業種**あり，建設業の許可は，建設工事の種類に対応する建設業ごとに与えられる．建設業を行う場合，原則として許可を受ける必要がある．更新は**5年ごと**に受けなければならない．

①**1つの都道府県**に営業所を置く　→　**都道府県知事の許可**が必要

②**2つ以上の都道府県**に営業所を置く　→　**国土交通大臣の許可**が必要

- 営業所ごとに資格または実務経験を有する**専任の技術者**をおく．

③軽微な工事は建設業の許可がなくても行うことができる．

- 建築一式工事以外（電気通信工事等28業種）で，**500万円未満**の工事
- 建築一式工事で，1,500万円未満の工事または，延べ面積が$150\,\mathrm{m}^2$未満の木造住宅工事

④建設業の許可は，建設工事の種類に対応する建設業ごとに受ける．

なお，都道府県知事の許可を受けた建設業者であっても，他の都道府県において営業することができる．

ごろあわせ　**ごねると更新しない**
5年　更新

(2) 許可の種類

建設業の許可の種類には，**一般建設業**と**特定建設業**がある．

次の①と②の両方に該当する場合は，**特定建設業許可**が必要である．

①**発注者から**直接請け負う．

②一部を下請けさせ，その総額が**4,500万円以上**※となる．（建築一式工事は7,000万円以上※）　※令和5年1月から上記の金額に改正された．

point
発注者から直接請け負わない場合や，下請け金額が4,500万円未満の場合は，請負金額がいくらであっても一般建設業の許可でよい．

電気通信工事業に係る一般建設業の許可を受けた者が，電気通信工事業に係る特定建設業の許可を受けたときは，一般建設業の許可は効力を失う．つまり，同じ業種で一般と特定の両方の許可を受けることはできない．

なお，たとえば，電気通信工事業が特定建設業許可で，電気工事業が一般建設業許可という場合は，業種が異なるので許可を受けることは可能である．

ごろあわせ　**下請け 仕事　を　成す**
下請け 4,500万円　7,000万円

4　請負契約

重要度★★★

(1) 見積り

①建設業者は，建設工事の注文者から請求があったときは，**請負契約が成立するまでの間に**，建設工事の**見積書**を提示しなければならない．

②建設業者は，建設工事の請負契約を締結する際は，工事内容に応じ，工事の種別ごとに**材料費・労務費その他の経費の内訳を明らか**にして，建設工事の見積りを行うよう努めなければならない．

point

契約締結の「前」に見積もりを提出する必要がある．「後」ではない．

入札までの見積り期間は以下のように定められている．

表1・2　予定価格と見積り日数

予定価格※	見積り日数
500万円未満	1日以上
500万円以上5 000万円未満	10日以上（やむを得ない場合5日以内の短縮可）
5,000万円以上	15日以上（やむを得ない場合5日以内の短縮可）

※予定価格は注文者が定めたもの．

(2) 契約締結

建設工事の請負契約の当事者は，各々**対等な立場**における合意に基づき，**公正な契約**を締結し，信義に従って，誠実にこれを履行しなければならない．建設業者は，その請け負った建設工事を，いかなる方法をもってするかを問わず，原則として，**一括して他人に請け負わせてはならない**．

また，委託，その他いかなる名義をもってするかを問わず，報酬を得て**建設工事の完成を目的として締結する契約**は，建設工事の請負契約とみなして，建設業法の規定が適用される．

(3) 契約書に記載すべき事項

①工事内容

②請負代金の額
③工事着手の時期及び工事完成の時期
④請負代金の全部又は一部の前金払又は出来形部分に対する支払の定めをするときは，その支払の時期及び方法
⑤工事完成後における請負代金の支払いの時期及び方法
⑥契約に関する紛争の解決方法　　ほか

(4) 原価に満たない金額

注文者は，自己の取引上の地位を不当に利用して，その注文した建設工事を施工するために，通常必要と認められる**原価に満たない金額**を請負代金の額とする請負契約を締結してはならない．

(5) 短い工期

注文者は，その注文した建設工事を施工するために通常必要と認められる期間に比して**著しく短い期間を工期**とする請負契約を締結してはならない．

(6) 附《ふ》帯《たい》工事

電気通信工事を請け負う場合，当該電気通信工事に**附帯する他の建設業**に係る建設工事を請け負うことができる（主たる工事は電気通信工事であること．）．

> **point**
> 電気通信工事の附帯工事であれば，電気通信工事業の許可だけでも受注できる．

(7) 前払金

- 工事に必要な**資材購入等にあてる**ために，発注者が請負者に契約直後に支払うもので，請負者は前払金をこの工事に必要な経費以外に支払ってはいけない．

- 請負代金が著しく減額になった場合，受領済みの前払金は**修正返還**する．

5　元請負人の義務　重要度★★★

（1）一括下請

発注者の**書面による承諾**があれば，元請負人は**一括して下請負い**させることができる．ただし，共同住宅の新築工事と公共工事は不可．

（2）下請負人の意見

元請負人が作業方法，工程の細目を定めるときは，**下請負人の意見**を聞かなければならない．

> point
> 発注者や注文者の意見ではなく，下請負人の意見である．

（3）前払金

元請負人は，前払金の支払を受けたときは，下請負人に対して，**資材の購入**，**労働者の募集**その他建設工事の着手に必要な費用を**前払金として支払う**よう適切な配慮をする．

（4）検査

元請負人は，下請負人からその請け負った建設工事が完成した旨の通知を受けたときは，当該**通知を受けた日から20日以内**で，かつ，**できる限り短い期間内に**，その完成を確認するための**検査を完了**する．

ごろあわせ

下請け 連れ て 検査
下請け 20日 検査

(5) 引渡し

元請負人は，検査によって，下請負人の建設工事の**完成を確認したのち**，下請負人が申し出たときは，直ちに，当該建設工事の目的物の**引渡し**を受けなければならない．

(6) 支払い

元請負人は，請負代金の工事完成後における支払いを受けたときは，下請負人に対して，下請代金を，当該支払いを受けた日から**1ヶ月以内**で，かつ，**できる限り短い期間内**に支払わなければならない．

ごろあわせ

1ヶ月　**払い**

1ヶ月以内に　支払い

6 技術者等

重要度★★★

(1) 主任技術者・監理技術者

建設現場には，**主任技術者**か**監理技術者**のいずれかを配置する．次の①と②の両方に該当する場合は，監理技術者を配置する．

①**発注者から**直接請け負う．

②一部を下請けさせ，その総額が**4,500万円以上**となる（建築一式工事は7,000万円以上）．

point

発注者から直接請け負わない場合や，下請け金額が4,500万円未満の場合は，請負金額がいくらであっても主任技術者を配置する．

1級電気通信工事施工管理技士の資格を有する者は，**特定建設業**の電気通信工事業の営業所ごとに置く**専任の技術者**になることができる．

(2) 職務

主任技術者および監理技術者は，工事現場における建設工事を適正に実施するため，次の職務を誠実に行う．

①**施工計画**の作成，**工程管理**，**品質管理**，その他技術上の管理

②施工に従事する者の技術上の**指導監督**

工事現場における建設工事の施工に従事する者は，主任技術者または監理技術者がその職務として行う指導に従わなければならない．

point

契約書の作成は業務にない．

(3) 技術者の要件

電気通信工事の工事現場に置く技術者として認められる者は，原則として次のとおりである．

[①主任技術者]

①**2級電気通信工事施工管理技士の資格**を有する者

②電気通信工事に関し**10年の実務経験**を有する者

[②監理技術者]

①**1級電気通信工事施工管理技士の資格**を有する者

(4) 専任

病院，集会場等公共性のある電気通信工事で，1件あたりの額が**4,000万円以上**の場合は**専任の技術者**を置く（建築一式工事の場合は，8,000万円以上）．

専任は，一部の例外を除いて，原則として，他の工事との掛け持ちはできない．また，専任の監理技術者の場合は**講習を修了**し，かつ**監理技術者資格者証の交付**を受けている者であることが必要である．

ごろあわせ　**専任 は よせ.　やせる**

専任　4,000万円　8,000万円

point

公共性のある工事とは，個人住宅等ごく一部を除く工事であり，公共工事に限らない.

(5) 現場代理人と監督員

請負人は，請負契約の履行に関し工事現場に**現場代理人**を置く場合においては，当該現場代理人の権限に関する事項及び当該現場代理人の行為についての注文者の請負人に対する意見の申出の方法を，書面により**注文者に通知**しなければならない.

また，現場代理人は，請負者（代表取締役：社長）の代理人として，**権限の一部を委譲**され，現場で施工管理を行う.

①現場代理人は主任技術者，監理技術者，専門技術者を兼ねることができる.（技術者となるための要件を備えている前提で.）

②現場代理人をおく場合は，書面にて発注者に**通知する**.

監督員は発注者（注文者）の代理人で，監督員をおく場合，請負人に通知する. 現場代理人との連絡は，**書面にて行う**. 口頭だけのやり取りは不可である.

point

工事現場に現場代理人を置く場合は，書面により注文者に通知する. 承諾までは不要である.

7　施工体制台帳・施工体系図

重要度 ★★★

(1) 施工体制台帳

施工体制台帳とは，工事に関する情報（工事名，工期，工事内容，元請負人，下請負人等の名称や許可業種等）が記載された台帳で，**特定建設事業者**に作成の義務がある．

また，その工事が施工体制台帳作成工事であることを下請負人に通知し，下請負人が，さらに**再下請負**（2次下請負）をした場合，元請けに対して**再下請負通知書**を提出する．

施工体制台帳は，次の①かつ②の場合に元請負人（特定建設事業者）が作成する．

①**発注者から**直接請け負う．

②一部を下請けさせ，その総額が**4,500万円以上**となる（建築一式工事は7,000万円以上）．

施工体制台帳は，**現場ごとに備え**，記載事項は次の要件を満たすこと．

- 元請負人とすべての下請負人の商号（名称）
- 工事内容と建設業許可
- 工期
- 主任技術者または監理技術者の氏名・資格
- 社会保険の加入状況
- 外国人就労者の従事の状況　など

ごろあわせ　**大監督 は 横綱**

台帳，監理技術者，特定建設業，4,500　7,000

(2) 台帳作成の目的

- 品質，工程，安全等施工上のトラブル防止
- 不適格業者の参入防止
- 安易な重層下請けの防止

point

台帳・体系図は現場に備え置き，発注者から請求があれば，閲覧に供する．

（3）施工体系図

施工体系図とは，その現場の施工体系を示したものである．施工体制台帳の情報をわかりやすく1枚にして，現場の見やすい場所に**掲示**する．

8　標識の記載事項

重要度 ★

建設業者が建設現場に掲げる標識には，次の事項を表示する．

①一般建設業または特定建設業の別

②許可年月日，許可番号及び許可を受けた建設業

③商号または名称

④代表者の氏名

⑤主任技術者または監理技術者の氏名

※店舗にあっては，①～④を表示する．

<table>
<tr><td colspan="6">建設業の許可票</td></tr>
<tr><td colspan="3">商号又は名称</td><td colspan="3"></td></tr>
<tr><td colspan="3">代表者の氏名</td><td colspan="3"></td></tr>
<tr><td colspan="2">主任技術者の氏名</td><td>専任の有無</td><td colspan="2"></td><td></td></tr>
<tr><td></td><td>資格名</td><td>資格者証交付番号</td><td></td><td colspan="2"></td></tr>
<tr><td colspan="3">一般建設業又は特定建設業の別</td><td colspan="3"></td></tr>
<tr><td colspan="3">許可を受けた建設業</td><td colspan="3"></td></tr>
<tr><td colspan="3" rowspan="2">許可番号</td><td>国土交通大臣</td><td colspan="2">許可（ ）番 号</td></tr>
<tr><td>知事</td><td colspan="2"></td></tr>
<tr><td colspan="3">許可年月日</td><td colspan="3"></td></tr>
</table>

図1・1　標識

point

社会保険の加入等の状況の記載は不要である．

過去問チャレンジ（章末問題）

問1 **R4** ➡3 建設業と許可

建設業の許可に関する記述として，「建設業法」上，誤っているものはどれか．

(1) 一般建設業の許可を受けた者が当該許可に係る建設業について，特定建設業許可を受けたときは，その者に対する当該建設業に係る一般建設業の許可は，その効力を失う．
(2) 建設業の許可は，5年ごとにその更新を受けなければ，その期間の経過によって，その効力を失う．
(3) 建設業者は，許可を受けた建設業に係る建設工事を請け負う場合においては，当該建設工事に附帯する他の建設業に係る建設工事を請け負うことができる．
(4) 2以上の都道府県の区域内に営業所を設けて営業をしようとする場合は，それぞれの営業所の所在地を管轄する都道府県知事の許可を受けなければならない．

解説 2以上の都道府県の区域内に営業所を設けて営業をしようとする場合は，国土交通大臣の許可を受けなければならない．

解答 (4)

問2 **R3** ➡4 請負契約

建設工事の請負契約に関する記述として，「建設業法」上，誤っているものはどれか．

(1) 委託その他いかなる名義をもってするかを問わず，報酬を得て建設工事の完成を目的として締結する契約は，建設工事の請負契約とみなして，建設業法の規定が適用される．
(2) 建設工事の請負契約の当事者は，各々の対等な立場における合意に基いて公正な契約を締結し，信義に従って誠実にこれを履行しなければならない．

(3) 建設業者は，建設工事の注文者から請求があったときは，請負契約が成立した後に，建設工事の見積書を交付しなければならない.

(4) 注文者は，請負契約の締結後，自己の取引上の地位を不当に利用して，その注文した建設工事に使用する資材若しくは機械器具又はこれらの購入先を指定し，これらを請負人に購入させて，その利益を害してはならない.

解説 建設業者は，建設工事の注文者から請求があったときは，請負契約が成立する前に，建設工事の見積書を交付しなければならない. 解答 (3)

問3 **R4** ➡6 技術者等

建設工事現場に配置する主任技術者及び監理技術者に関する記述として，「建設業法令」上，誤っているものはどれか.

(1) 発注者から直接建設工事を請け負った特定建設業者は，当該建設工事を施工するために締結した下請契約の請負代金の総額が政令で定める金額以上になる場合は監理技術者を当該工事現場に置かなければならない.

(2) 注文者が国である建設工事の場合は工事1件の請負代金の額にかかわらず，注文者から直接建設工事を請け負った建設業者は，工事現場ごとに置く主任技術者又は監理技術者を専任の者としなければならない.

(3) 主任技術者及び監理技術者は，当該建設工事の施工計画の作成，工程管理，品質管理その他の技術上の管理及び当該建設工事の施工に従事する者の技術上の指導監督を行わなければならない.

(4) 工事現場における建設工事の施工に従事する者は，主任技術者又は監理技術者がその職務として行う指導に従わなければならない.

解説 工事現場ごとに置く主任技術者又は監理技術者を専任の者としなければならないのは，注文者が国であるかどうかにかかわらず，請負金額が4,000万円以上（建築一式工事の場合は8,000万円以上）の場合である. 解答 (2)

第2章

労働基準法

1　労働契約等

重要度★★★

(1) 労働条件の原則

①労働条件は，労働者が**人たるに値する生活**を営むための必要を充たすべきものでなければならない．

②この法律で定める**労働条件の基準は最低のもの**であるから，労働関係の当事者は，この基準を理由として労働条件を低下させてはならないことはもとより，その**向上を図る**ように努めなければならない．

(2) 労働契約

使用者と労働者間の労働契約は次のとおりである．

①国籍，信条または社会的身分を理由に労働条件を**差別しない**．

②労働者の意思に反して労働を**強制しない**．

③労働者に対して賃金，労働時間その他の**労働条件を明示する**．

④**未成年者**の労働契約は，親権者または後見人が本人に代って締結できない．

⑤**未成年者**が，親権者の許可を得て使用者と直接労働契約を締結できる．

⑥労働契約の不履行について**違約金**を定め，または**損害賠償額**を予定する契約を結ぶ契約をしてはならない．

point

労働条件が事実と相違する場合，労働者は即時に労働契約を解除できる．

(3) 書面の交付

労働契約の締結に際し，使用者が労働者に対して**書面**※**の交付**により明示しなければならない労働条件は，次のとおりである．

①労働契約の**期間**
②就業の場所・従事する**業務の内容**
③所定労働時間を超える労働の有無
④始業及び終業の**時刻**
⑤賃金の決定・**支払方法**
⑥**退職**に関する事項
※ここでいう書面には，労働者の希望によるFAX，電子メール等を含む．

(4) 使用者の義務

①**満18歳に満たない者**について，その年齢を証明する**戸籍証明書**を事業所に備える．
②常時**10人以上**の労働者を使用する使用者は，**就業規則を作成**し，所轄の**労働基準監督署長**に届け出る．
③就業規則の作成について，使用者は労働者の過半数で組織する労働組合がある場合はその**組合**に，ない場合は過半数の**労働者の代表の意見**を聴く．

2 賃金

重要度★★★

使用者が支払う賃金については，次の規定がある．

①労働者が女性であることを理由として，賃金について，男性と**差別的取扱い**をしてはならない．
②前借金その他労働することを条件とする前貸の**債権と賃金を相殺**することはできない．
③親権者が，未成年者の賃金を未成年者に**代って受け取る**ことはできない．
④出来高払制その他の請負制で使用する労働者については，使用者は，労

働時間に応じ一定額の**賃金の保障**をしなければならない．

⑤使用者は，労働者が出産，疾病，災害その他厚生労働省令で定める**非常の場合の費用**に充てるために請求する場合においては，支払期日前であっても，既往の労働に対する賃金を支払わなければならない．

⑥賃金は**毎月1回以上**，支払日を決めて支払う．

⑦賃金（退職手当を除く．）の支払いは，**原則として通貨**で直接労働者に支払う．労働者本人の同意があれば，銀行に振り込むことはできる．小切手は不可である．

3　就業

重要度★★★

(1) 労働時間

①1日の労働時間は，原則として，休憩時間を除き**8時間**を超えない．

②1週間の労働時間は，原則として，**40時間**を超えない．

③使用者は，健康上特に有害な業務については，1日について**2時間を超えて**労働時間を延長してはならない．

ごろあわせ

労働　は　始終《しじゅう》

労働　8　40時間

(2) 時間外・休日労働

時間外労働や**休日労働**をさせるときは，使用者は労働組合または労働者の過半数を代表する者と書面により協定（**労働協定**）し，これを**労働基準監督署長に届け出**なければならない．

(3) 就業制限

使用者は労働者に対し，次のことをしてはならない．

①満**15歳未満の者**（児童）を労働者として使用※してはならない．

※使用者は，児童が満15歳に達した日以後の最初の3月31日のまでの

間は，労働者として使用してはならない．

②満18歳未満の者（年少者）は**深夜業**（午後10時～午前5時）に就業してはならない．

※16歳以上の男性で交替制のときは認められる．

③使用者は，妊娠中の女性及び**産後1年を経過しない女性**を，重量物を取り扱う業務に就かせてはならない．

(4) 18歳未満の就労制限

満18歳に満たない者は，次の業務に就かせてはならない．

①**クレーンの運転**の業務

②電圧が**300Vを超える**交流の充電電路の点検，修理または操作の業務

③動力により駆動される土木建築用機械の**運転の業務**

④**土砂が崩壊**するおそれのある場所における業務

⑤**高さが5m以上の場所**で，墜落により危害を受けるおそれのあるところにおける業務

⑥**坑内**での作業

4 休憩・休暇

重要度 ★★★

(1) 休憩時間

①原則として，休憩は一斉に与え**自由に利用**させなければならない．

②休憩時間を一斉に与えられない業務については，**労働基準監督署長の許可**を受けて，時間帯を一部の労働者について変更できる．

③労働時間が**6時間を超えるときは45分**，**8時間を超えるときは1時間**の休憩時間を労働時間の**途中**に与えなければならない．

ごろあわせ

老人 の 仕事 は ヤジ 一つ

6時間 45分 8時間 1時間

(2) 休暇

①毎週少なくとも**1回の休日**を与えるか，または4週間を通じ**4日以上の休日**を与えなければならない．

②事業の正常な運営を妨げられない限り，労働者の請求する時季に**年次有給休暇**を与えなければならない．

③使用者は，その雇入れの日から起算して**6箇月以上継続勤務**し全労働日の**8割以上出勤**した労働者に対し**有給休暇**を与えなければならない．

point

労働時間，休憩及び休日に関する規定は，監督若しくは管理の地位にある者については適用しない．

5 補償

重要度★★

使用者は，労働者が業務上負傷し，又は疾病にかかった場合は次の**災害補償**を行う．

①療養補償により必要な療養を行い，又は必要な**療養の費用**を負担する．

②労働者が治った場合において，その**身体に障害**が残ったとき，その障害の程度に応じた金額の**障害補償**を行う．

③労働者の療養中**平均賃金**の**60/100の休業補償**を行う．

※平均賃金とは，算定すべき事由の発生した日以前の3ヶ月に労働者に対して支払われた賃金の総額を，その期間で除した（日割りした）金額をいう．

④療養補償を受ける労働者が，療養開始後**3年を経過**しても負傷又は疾病がなおらない場合においては，使用者は，**打切補償**を行い，その後は補償を行わなくてもよい．

⑤労働者が**重大な過失**によって業務上負傷し，又は疾病にかかり，かつ使用者がその過失について行政官庁の認定を受けた場合においては，休業補償又は障害補償を行わなくてもよい．

point

補償を受ける権利は，労働者の退職によって変更されることはない．

6　解雇の予告

重要度 ★☆☆

天災事変その他やむを得ない事由のために事業の継続が不可能となった場合又は，労働者の責に帰すべき事由に基づいて解雇する場合を除き，使用者は，労働者を解雇しようとする場合においては，少なくとも**30日前**にその予告をしなければならない．30日前に予告をしない使用者は，30日分以上の**平均賃金**を支払わなければならない．

ごろあわせ

解雇される

30日

過去問チャレンジ（章末問題）

問1　R4　➡1 労働契約等

労働契約の締結に際し，使用者が労働者に対して書面（労働者の希望によりFAX又は電子メール等により送信する場合を含む.）の交付により明示しなければならない労働条件に関する記述として，「労働基準法令」上，誤っているものはどれか.

(1)　労働契約の期間に関する事項
(2)　従事すべき業務に関する事項
(3)　福利厚生に関する事項
(4)　所定労働時間を超える労働の有無に関する事項

解説　労働契約の締結に際し，使用者が労働者に対して書面の交付により明示しなければならない労働条件として，福利厚生に関する事項は該当しない.

解答　(3)

問2　R3　➡3 就業，4 休憩・休暇

労働時間，休憩，休日等に関する記述として，「労働基準法」上，誤っているものはどれか.

(1)　使用者は，労働時間が8時間を超える場合においては少なくとも1時間の休憩時間を労働時間の途中に与えなければならない.
(2)　使用者は，原則として，労働者に休憩時間を除き1週間について40時間を超えて労働させてはならない.
(3)　使用者は，原則として，1週間の各日については，労働者に休憩時間を除き1日について8時間を超えて労働させてはならない.
(4)　使用者は，その雇入れの日から起算して8ヶ月間継続勤務し全労働日の8割以上出勤した労働者に対して，継続し，又は分割した10労働日の有給休暇を与えなければならない.

解説　使用者は，その雇入れの日から起算して6ヶ月間継続勤務し全労働日の8割以上出勤した労働者に対して，継続し，又は分割した10労働日の有給休暇を与えなければならない．

解答 (4)

問3　R3　⇒5 補償

災害補償に関する記述として，「労働基準法」上，誤っているものはどれか．

(1)　労働者が業務上負傷し，又は疾病にかかった場合においては，使用者は，その費用で必要な療養を行い，又は必要な療養の費用を負担しなければならない．

(2)　労働者が業務上負傷し，又は疾病にかかり，治った場合において，その身体に障害が存するときは，使用者は，その障害の程度に応じて障害補償を行わなければならない．

(3)　補償を受ける権利は，労働者の退職によって失われる．

(4)　労働者が重大な過失によって業務上負傷し，又は疾病にかかり，かつ使用者がその過失について行政官庁の認定を受けた場合においては，休業補償又は障害補償を行わなくてもよい．

解説　補償を受ける権利は，労働者の退職によって失われるものではない．

解答 (3)

第3章 労働安全衛生法

1 目的

この法律は，労働基準法と相まって，労働災害の防止のための**危害防止基準の確立**，**責任体制の明確化**及び**自主的活動の促進**の措置を講ずる等その防止に関する総合的計画的な対策を推進することにより職場における**労働者の安全と健康**を確保するとともに，**快適な職場環境**の形成を促進することを目的とする．

2 事業者が選任する者

重要度 ★★★

（1）単一の事業所

各企業の**事業者**は，下記の者を選任する．

［①総括安全衛生管理者］

建設業で常時**100人以上**の労働者を使用する事業場に置く．労働安全に関する総括的業務を行う．

［②安全管理者］

常時**50人以上**の労働者を使用する事業場にて，安全に係る技術的事項を管理する．

［③衛生管理者］

常時**50人以上**の労働者を使用する事業場にて，衛生に係る技術的事項を管理する．

［④産業医］

常時**50人以上**の労働者を使用する事業場にて，労働者の健康を管理する医師で産業医の資格要件のある者．

［⑤安全衛生推進者］

常時**10人以上50人未満**の労働者を使用する事業場に置く．業務は総括安全衛生管理者と同様.

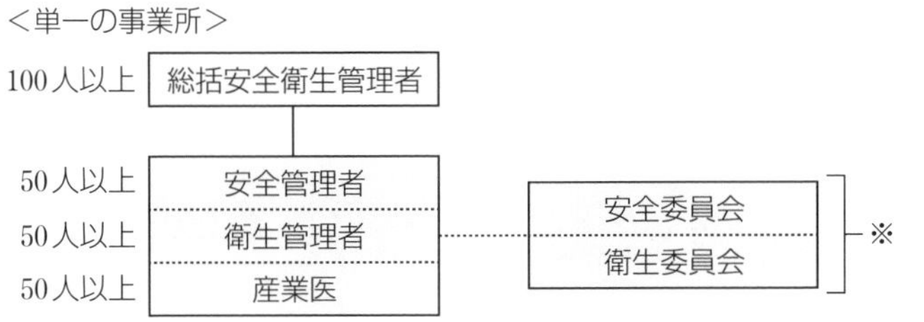

※安全委員会と衛生委員会を，1つの安全衛生委員会とすることも可.

図3・1　単一事業所内の組織

常時**50人以上**の労働者を使用する事業場には，安全委員会，衛生委員会を設け，**毎月1回以上**開催する.

(2) 総括安全衛生管理者の業務

①健康診断の実施その他**健康の保持促進**のための措置に関すること.

②労働者の危険又は**健康障害を防止**するための措置に関すること.

③労働者の安全又は衛生のための**教育の実施**に関すること.

④労働災害の原因の**調査及び再発防止**対策.　ほか

point

工期遅延の原因調査や防止策についての業務はない.

(3) 各社が混在

1つの作業場（建設現場）で常時，元請，**下請が合計50人以上**の場合，各事業者は下記の者を選任する.

①統括安全衛生責任者（元請から選任）

②元方安全衛生管理者（元請から選任）

③安全衛生責任者（下請各社から選任）

なお，10～50人未満は，**店社安全衛生管理者**を置く.

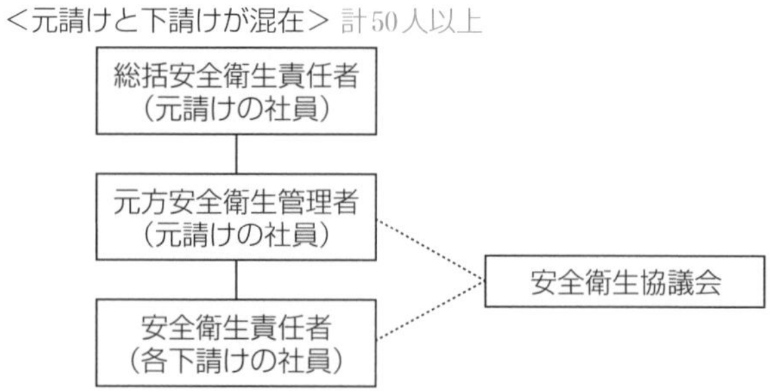

図3・2　建設現場の組織

point

統括《とうかつ》安全衛生責任者と総括《そうかつ》安全衛生管理者を混同しない.

ごろあわせ　**投 石 すると 総 監 に捕まる**

統括安全衛生責任者　総括安全衛生管理者

(4) 選任における注意事項

①事業者が**14日以内**に選任する.
②選任したら，**労働基準監督署**に報告書を提出する.
③選任した者の氏名を作業場の見やすい箇所に掲示する等により，**関係労働者に周知**する.

ごろあわせ　**提出 を 重視**

提出　14日

(5) 統括安全衛生責任者の業務

統括安全衛生責任者が統括管理する事項は次のとおりである.
①協議組織の**設置及び運営**を行うこと.
②作業間の**連絡及び調整**を行うこと.
③作業場所を**巡視**すること.

④関係請負人が行う安全または衛生の教育に関する**指導及び援助**を行うこと.

⑤**元方安全衛生管理者**に技術的事項を**管理させる**こと.

(6) 安全衛生責任者の業務

①統括安全衛生責任者との**連絡**.

②統括安全衛生責任者から連絡を受けた事項の関係者への**連絡**.

③当該請負人がその仕事の一部を他の請負人に請け負わせている場合における当該他の請負人の安全衛生責任者との作業間の**連絡及び調整**.

(7) 作業主任者

作業主任者は,作業員が有害又は危険作業に就く際に,**事業者が選任**する者である.**危険**または**有害**な作業が行われる事業場で選任され,作業員の指揮等を行う.

[①種類]

主な作業主任者は表3・1のとおりである.

表3・1　作業と作業主任者

作業内容	作業主任者名
掘削面の高さが**2m以上**となる作業	地山の掘削作業主任者
高さが**5m以上**の構造の足場の組立て,解体作業※	足場の組立て等作業主任者
高さが**5m以上**の無線通信用鉄塔の組立て作業	鉄骨の組立て等作業主任者
高さが**5m以上**のコンクリート工作物の解体作業	コンクリート構造の工作物の解体等作業主任者
土止め支保工の切りばりの取付け作業	土止め支保工作業主任者
地下の暗きょ(マンホール)内での通信ケーブル敷設作業	酸素欠乏危険作業主任者
アセチレン溶接装置による溶接作業	ガス溶接作業主任者

※張出し足場,吊り足場の場合は,高さによらず選任する.

表のうち,ガス溶接作業主任者は**都道府県労働局長の免許**,他は**技能講習修了**が要件となる.

[②業務]

作業主任者の主な業務は次のとおりである.

- 材料の欠点の有無を**点検**し，不良品を取り除く．
- 器具，工具，保護帽等を**点検**し，不良品を取り除く．
- 作業方法や労働者の配置を決め，作業の進行状況を**監視**する．

3　資格の取得

重要度★★

(1) 作業に必要な資格

建設工事の作業によっては，資格が必要となる．

表3・2　資格の種類

種　類	取得方法
免許	**都道府県労働局長**が行う試験に合格する
技能講習	都道府県労働局長の**登録を受けた機関**が行う講習を修了する
特別の教育	**事業所**が行う教育を修了する

point

特別の教育では，作業主任者になれない．

(2) 作業内容と資格

作業内容と必要な資格は表のとおりである．

表3・3　作業と資格

業務	作業内容	免許	技能講習	特別教育
クレーンの運転	つり上げ荷重5t未満			○
	5t以上	○		
移動式クレーンの運転	つり上げ荷重1t未満			○
	1t以上5t未満		○	
	5t以上	○		
玉掛け	つり上げ荷重1t未満			○
	1t以上		○	
高所作業車の運転	作業床高さ10m未満			○
	10m以上		○	
高圧電炉の点検・敷設※				○
マンホール内作業	酸素欠乏危険場所			○

※開閉所等では低圧でも，充電部が露出している場所で開閉器操作は**特別の教育が必要**である．

過去問チャレンジ（章末問題）

問1 R1

➡2 事業者が選任する者

総括安全衛生管理者が行う統括管理の業務として，「労働安全衛生法」上，誤っているものはどれか．

(1) 健康診断の実施その他健康の保持促進のための措置に関すること．
(2) 工事遅延の原因の調査及び再発防止対策に関すること．
(3) 労働者の危険又は健康障害を防止するための措置に関すること．
(4) 労働者の安全又は衛生のための教育の実施に関すること．

解説 工事遅延の原因の調査及び再発防止対策に関することは，総括安全衛生管理者が行う統括管理の業務にはない．

解答 (2)

問2 R3

➡2 事業者が選任する者

産業医を選任しなければならない規模の事業場として，「労働安全衛生法令」上，正しいものはどれか．

(1) 常時10人以上の労働者を使用する事業場
(2) 常時20人以上の労働者を使用する事業場
(3) 常時30人以上の労働者を使用する事業場
(4) 常時50人以上の労働者を使用する事業場

解説 産業医は，常時50人以上の労働者を使用する事業場で選任する．

解答 (4)

問3 **R4** 　　　➡2 事業者が選任する者

作業主任者の選任を必要とする作業に関する記述として，「労働安全衛生法令」上，誤っているものはどれか．

(1) 掘削面の高さが4 mとなる地山の掘削（ずい道及びたて坑以外の坑の掘削を除く．）の作業
(2) 張出し足場の変更の作業
(3) 高さが4 mの無線通信用鉄塔の組立ての作業
(4) アセチレン溶接装置を用いて行う金属の溶接の作業

解説 高さが5m以上の無線通信用鉄塔の組立ての作業，解体作業には作業主任者が必要である．

解答 (3)

問4 **R5** 　　　➡3 資格の取得

労働者を業務に従事させるにあたり特別教育が必要な業務として，「労働安全衛生法」上，誤っているものはどれか．

(1) つり上げ荷重が1.5 tの移動式クレーンの運転の業務（道路上を走行させる運転を除く．）
(2) 交流200 Vの充電電路の敷設の業務
(3) 作業床の高さが9 mの高所作業車の運転の業務（道路上を走行させる運転を除く．）
(4) つり上げ荷重が0.9 tのクレーンの玉掛けの業務

解説 つり上げ荷重が1t以上5t未満の移動式クレーンの運転業務は，技能講習を修了していることが必要である．1t未満であれば特別の教育でよい．

解答 (1)

第4章 電気通信事業法

1 目的

この法律は，電気通信事業の**公共性**に鑑み，その運営を適正かつ合理的なものとするとともに，その公正な競争を促進することにより，**電気通信役務の円滑な提供**を確保するとともにその利用者等の利益を保護し，もつて電気通信の健全な発達及び国民の利便の確保を図り，公共の福祉を増進することを目的とする．

2 用語の定義

重要度 ★★

(1) 電気通信

有線，無線その他の**電磁的方式**により，**符号**，**音響**または**影像**を送り，伝え，または受けることをいう．

(2) 電気通信設備

電気通信を行うための**機械**，**器具**，**線路**その他の電気的設備をいう．

(3) 電気通信役務

電気通信設備を用いて他人の**通信を媒介**し，その他電気通信設備を他人の通信の用に供することをいう．

(4) 電気通信事業

電気通信役務を他人の需要に応ずるために**提供**する事業をいう．

(5) 電気通信事業者

電気通信事業を営むことについて，規定による届出をした者をいう．電気通信事業を営もうとする者は，**総務大臣の登録**を受ける．

> point
> 経済産業大臣の登録ではなく，総務大臣の登録を受ける．

(6) 電気通信業務

電気通信事業者の行う電気通信役務の提供の業務をいう．

3 各種規定

重要度★★★

(1) 検閲の禁止

電気通信事業者の取扱中に係る通信は，**検閲してはならない**．

(2) 秘密の保護

①電気通信事業者の取扱中に係る通信の**秘密は，侵してはならない**．

②電気通信事業に従事する者は，在職中電気通信事業者の取扱中に係る通信に関して知り得た他人の秘密を守らなければならない．その職を退いた後においても，同様とする．

(3) 電気通信事業に関する条約

電気通信事業に関し条約に別段の定めがあるときは，その規定による．

(4) 利用の公平

電気通信事業者は，電気通信役務の提供について，不当な**差別的取扱いを**

しない.

(5) 基礎的電気通信役務の提供

基礎的電気通信役務を提供する電気通信事業者は，その**適切，公平かつ安定的な提供**に努める.

(6) 重要通信の確保

①電気通信事業者は，天災，事変その他の非常事態が発生し，または発生するおそれがあるときは，**災害の予防もしくは救援**，**交通**，通信もしくは**電力**の供給の確保または**秩序の維持**のために必要な事項を内容とする通信を優先的に取り扱わなければならない．公共の利益のため緊急に行うことを要するその他の通信で総務省令で定めるものについても，同様とする.

②①の場合において，電気通信事業者は，必要があるときは，総務省令で定める基準に従い，**電気通信業務の一部を停止**することができる.

③電気通信事業者は，①に規定する通信（以下「重要通信」という.）の円滑な実施を他の電気通信事業者と相互に連携を図りつつ確保するため，他の電気通信事業者と電気通信設備を相互に接続する場合には，総務省令で定めるところにより，重要通信の優先的な取扱いについて取り決めることその他の必要な措置を講じなければならない.

4 事業用電気通信設備規則

重要度 ★★

電気通信事業法に基づいた技術基準として，**事業用電気通信設備規則**が定められている.

(1) 用語

[①音声伝送役務]

おおむね**4 kHz帯域の音声**その他の音響を伝送交換する機能を有する電気

通信設備を他人の通信の用に供する電気通信役務であってデータ伝送役務以外のものをいう.

［②専用役務］

特定の者に電気通信設備を専用させる電気通信役務をいう.

［③直流回路］

電気通信回線設備に接続して電気通信事業者の交換設備の動作の開始及び終了の**制御**を行うための回路をいう.

［④絶対レベル］

1の皮相電力の**1mW**に対する比を**dB**で表したものをいう.

［⑤特定端末設備］

自らの電気通信事業の用に供する端末設備であって事業用電気通信設備であるもののうち,**自ら設置する電気通信回線設備**の一端に接続されるものをいう.

(2) 故障検出

事業用電気通信設備は,電源停止,共通制御機器の動作停止その他電気通信役務の提供に直接係る機能に重大な支障を及ぼす故障等の発生時には,これを直ちに**検出**し,当該事業用電気通信設備を維持し,又は**運用する者に通知する機能**を備えなければならない.

(3) 耐震対策

事業用電気通信設備の据付けに当たっては,通常想定される規模の地震による転倒又は移動を防止するため,**床への緊結《きんけつ》**その他の耐震措置が講じられなければならない.

(4) 停電対策

事業用電気通信設備は,通常受けている電力の供給が停止した場合において,その取り扱う通信が停止することのないよう**自家用発電機又は蓄電池の設置**その他これに準ずる措置が講じられていなければならない.

5　端末設備等規則

重要度 ★☆☆

電気通信事業法に基づいた技術基準として，**端末設備等規則**が定められている．

(1) 用語

①電話用設備…電気通信事業の用に供する電気通信回線設備であって，主として**音声の伝送交換**を目的とする電気通信役務の用に供するものをいう．

②アナログ電話用設備…電話用設備であって，端末設備又は自営電気通信設備を接続する点において**アナログ信号を入出力**とするものをいう．

③アナログ電話端末…端末設備であって，アナログ電話用設備に接続される点において**二線式**の接続形式で接続されるものをいう．

④移動電話用設備…電話用設備であって，端末設備又は自営電気通信設備との接続において**電波**を使用するものをいう．

⑤発信…通信を行う**相手を呼び出す**ための動作をいう．

⑥応答…電気通信回線からの**呼出しに応ずる**ための動作をいう．

⑦選択信号…主として相手の**端末設備を指定**するために使用する信号をいう．

⑧呼設定用メッセージ…呼設定メッセージ又は応答メッセージをいう．

(2) 責任の分界

①利用者の接続する端末設備は，事業用電気通信設備との責任の分界を明確にするため，事業用電気通信設備との間に**分界点**を有しなければならない．

②分界点における接続の方式は，端末設備を電気通信回線ごとに事業用電気通信設備から容易に切り離せるものでなければならない．

過去問チャレンジ（章末問題）

問1　R2　➡ 2 用語の定義，3 各種規定

「電気通信事業法」に関する記述として，誤っているものはどれか．

(1) 電気通信事業を営もうとする者は，都道府県知事の登録を受けなければならない．
(2) 電気通信事業者の取扱中に係る通信の秘密は，侵してはならない．
(3) 電気通信事業者の取扱中に係る通信は，検閲してはならない．
(4) 電気通信事業者は，電気通信役務の提供について，不当な差別的取扱いをしてはならない

解説　電気通信事業を営もうとする者は，総務大臣の登録を受けなければならない．

解答　(1)

問2　R3　➡ 4 事業用電気通信設備規則

「事業用電気通信設備規則」に関する記述として，誤っているものはどれか．

(1) 専用役務とは，専ら符号又は影像を伝送交換するための電気通信設備を他人の通信の用に供する電気通信役務をいう．
(2) 音声伝送役務とは，おおむね4 kHz帯域の音声その他の音響を伝送交換する機能を有する電気通信設備を他人の通信の用に供する電気通信役務であってデータ伝送役務以外のものをいう．
(3) 直流回路とは，電気通信回線設備に接続して電気通信事業者の交換設備の動作の開始及び終了の制御を行うための回路をいう．
(4) 絶対レベルとは，1の皮相電力の1 mWに対する比をデシベルで表したものをいう．

解説　特定の者に電気通信設備を専用させる電気通信役務をいう．

解答　(1)

第5章

有線電気通信法

1 目的

この法律は，**有線電気通信設備の設置及び使用を規律**し，有線電気通信に関する秩序を確立することによって，公共の福祉の増進に寄与することを目的とする．

2 用語の定義

重要度 ★★

(1) 有線電気通信

送信の場所と受信の場所との間の線条その他の導体を利用して，**電磁的方式**により，**符号**，**音響**または**影像**を送り，伝え，または受けることをいう．

(2) 有線電気通信設備

有線電気通信を行うための**機械**，**器具**，**線路**その他の電気的設備（無線通信用の有線連絡線を含む．）をいう．

3 有線電気通信設備

重要度 ★★

(1) 届出書類

有線電気通信設備を設置しようとする者は，次の事項を記載した書類を添えて，設置工事開始の日の**2週間前**まで（工事を要しないときは，設置の日から2週間以内）に，その旨を**総務大臣に届け出**なければならない．

①有線電気通信の方式の別

②設備の設置の場所

③設備の概要

point

有線電気通信設備を設置しようとする者は，総務大臣に届け出る．

ごろあわせ 書類を届けて，工事に集中

2週間

(2) 設備の検査等

①総務大臣は，この法律の施行に必要な限度において，有線電気通信設備を設置した者からその設備に関する報告を徴収し，またはその職員に，その事務所，営業所，工場若しくは事業場に立ち入り，その設備若しくは帳簿書類を**検査**させることができる．

②立入検査をする職員は，その**身分を示す証明書を携帯**し，関係人に提示しなければならない．

③検査の権限は，**犯罪捜査**のために認められたものと解してはならない．

(3) 設備の改善等の措置

総務大臣は有線電気通信設備が技術基準に適合しないため，他人の設置する有線電気通信設備に妨害を与えると認めるときは，その**妨害の防止**又は除去のため必要な限度において，その**設備の使用の停止又は改造，修理**その他の措置を命ずることができる．

(4) 非常事態における通信の確保

①総務大臣は，天災，事変その他の非常事態が発生し，又は発生するおそれがあるときは，有線電気通信設備を**設置した者**に対し，災害の予防若しくは救援，交通，通信若しくは電力の供給の確保若しくは秩序の維持のために必要な通信を行い，又はこれらの通信を行うためその有線電気通信設備を他の者に使用させ，若しくはこれを他の有線電気通信設備に接続すべきことを**命ずる**ことができる．

②総務大臣が前項の規定により有線電気通信設備を設置した者に通信を行い，又はその設備を他の者に使用させ，若しくは接続すべきことを命じたときは，国は，その通信又は接続に要した**実費を弁償**しなければならない.

(5) 秘密の保護

有線電気通信の秘密は，侵してはならない.

4 有線電気通信設備令 重要度★★★

有線電気通信設備令は，有線電気通信法の規定に基づき規定されている.

(1) 用語の定義

①電線…有線電気通信を行うための**導体**であって，強電流電線に重畳《ちょうじょう》される通信回線に係るもの以外のものをいう.

②絶縁電線…絶縁物のみで**被覆されている電線**をいう.

③ケーブル…光ファイバ並びに光ファイバ以外の**絶縁物及び保護物で被覆されている電線**をいう.

④強電流電線…**強電流電気の伝送**を行うための導体をいう.

⑤線路…送信の場所と受信の場所との間に設置されている**電線**及びこれに係る中継器その他の機器をいう.

⑥支持物…電柱，支線，つり線その他電線又は強電流電線を**支持**するための工作物をいう.

⑦離隔距離…線路と他の物体（線路を含む）とが，気象条件による位置の変化により最も接近した場合におけるこれらの物の間の距離をいう.

⑧音声周波…周波数が**200 Hzを超え，3,500 Hz以下**の電磁波をいう.

⑨低周波…周波数が**200 Hz以下**の電磁波をいう.

⑩高周波…周波数が**3,500 Hzを超える**電磁波をいう.

⑪絶対レベル…1の皮相電力の1mWに対する比をdBで表したものをいう.

絶対レベル＝10 log（P〔mW〕/1〔mW〕）

⑫平衡度…通信回線の中性点と大地との間に起電力を加えた場合におけるこれらの間に生ずる電圧と通信回線の端子間に生ずる電圧との比をdBで表したもの．

平衡度＝20 log（V_1/V_2）

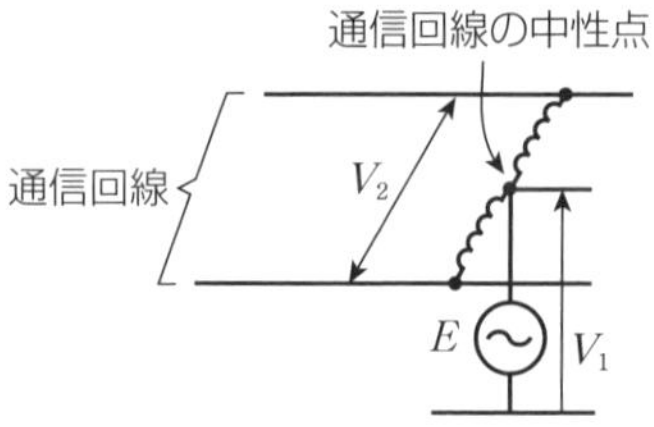

図5・1　平衡度

point

有線電気通信設備に使用する電線は，絶縁電線又はケーブルでなければならない．

（2）通信回線の平衡度

通信回線（導体が光ファイバであるものを除く）の**平衡度**は，原則として**1,000 Hz**の交流において**34 dB以上**とする．

ごろあわせ　**平行　線　で　さよ　なら**

平衡度　1,000 Hz　34 dB

（3）線路の電圧

通信回線の線路の電圧は，原則として，**100 V以下**とする．

（4）屋内電線

屋内電線（光ファイバを除く）と大地との間及び屋内電線相互間の**絶縁抵抗**は，直流**100 Vの電圧**で測定した値で，**1 MΩ以上**であること．

ごろあわせ　**1名が　絶縁**

1 MΩ　絶縁抵抗

(5) 通信回線の電力

通信回線の電力は次のとおりである.

- 音声周波のときは **+10dB以下**
- 高周波のときは **+20dB以下**

ごろあわせ

お　父う　子　連れ
音声　10dB　高周波　20dB

(6) 足場金具

架空電線の支持物には，原則として，取扱者が昇降に使用する**足場金具**等を**地表上1.8m未満の高さ**に取り付けてはならない.

ただし，次の場合はこの限りでない.

- 足場金具等が支持物の内部に格納できる構造であるとき.
- 支持物の周囲に取扱者以外の者が立ち入らないように，さく，塀その他これに類する物を設けるとき.
- 支持物を，人が容易に立ち入るおそれがない場所に設置するとき.

(7) 架空電線の高さ

架空電線の高さは次による.

表5・1　架空電線の高さ

架空線の状況		離隔距離
道路上		5m
		4.5m※1
	歩道	2.5m※2
横断歩道上		3m以上
鉄道又は軌道を横断		6m以上
河川横断		舟行に支障を及ぼすおそれがない高さ

※1交通に支障を及ぼすおそれが少ない場合で工事上やむを得ないとき
※2歩道と車道との区別がある道路の歩道上

(8) 離隔

［①架空電線］

架空電線は，他人の設置した架空電線や建造物との離隔距離が30cm以下となるように設置しない．

［②地中電線］

地中電線は，原則として地中強電流電線との離隔距離を30cm（電圧が7000Vを超えるときは，60cm）以下にしない．

［③海底電線］

海底電線は，原則として他人の設置する海底電線又は海底強電流電線との水平距離が500m以下となるように設置しない．

(9) 保護網

［①第1種保護網］

特別保安接地工事（接地抵抗が**10Ω以下**となるように接地する工事をいう）をした金属線による網状のものであること．

［②第2種保護網］

保安接地工事（接地抵抗が**100Ω以下**となるように接地する工事をいう）をした金属線による網状のものであること．

保護網と架空電線との垂直離隔距離は，60cm（工事上やむを得ない場合であって，第2種保護網については，30cm）以上とする．

point

第2種保護網は，第1種保護網をもって替えることができるが，第1種保護網は，第2種保護網をもって替えることはできない．

過去問チャレンジ（章末問題）

問1　R5

➡3 有線電気通信設備

「有線電気通信法」に関する記述として，誤っているものはどれか．

(1)　総務大臣は，有線電気通信設備が技術基準に適合しないため他人の設置する有線電気通信設備に妨害を与えると認めるときは，その妨害の防止又は除去のため必要な限度において，その設備の使用の停止又は改造，修理その他の措置を命ずることができる．

(2)　有線電気通信設備とは，有線電気通信を行うための機械，器具，線路その他の電気的設備（無線通信用の有線連絡線を含む．）をいう．

(3)　有線電気通信設備を設置しようとする者は，有線電気通信の方式の別，設備の設置の場所及び設備の概要を記載した書類を添えて，総務大臣の免許を受けなければならない．

(4)　有線電気通信とは，送信の場所と受信の場所との間の線条その他の導体を利用して，電磁的方式により，符号，音響又は影像を送り，伝え，又は受けることをいう．

解説　有線電気通信設備を設置しようとする者は，有線電気通信の方式の別，設備の設置の場所及び設備の概要を記載した書類を添えて，総務大臣に届け出る．免許を受けなければならないのではない．

解答　(3)

問2　R3

➡4 有線電気通信設備令

「有線電気通信設備令」に関する記述として，誤っているものはどれか．

(1)　通信回線（導体が光ファイバであるものを除く．）の線路の電圧は，100 V以下でなければならない．

(2)　通信回線（導体が光ファイバであるものを除く．）の平衡度は，1,000 Hzの交流において10 dB以上でなければならない．

(3)　通信回線（導体が光ファイバであるものを除く．）の電力は，絶対レベルで表した値で，その周波数が音声周波であるときは，プラス10

dB 以下，高周波であるときは，プラス20 dB以下でなければならない．

(4) 屋内電線（光ファイバを除く．）と大地との間及び屋内電線相互間の絶縁抵抗は，直流100 Vの電圧で測定した値で，1 MΩ以上でなければならない．

解説 通信回線（導体が光ファイバであるものを除く．）の平衡度は1,000 Hzの交流において34 dB以上でなければならない．

解答 (2)

問3 **R4**

➡4 有線電気通信設備令

「有線電気通信法」に基づく「有線電気通信設備令」に関する記述として，誤っているものはどれか．

(1) 通信回線（導体が光ファイバであるものを除く．）の平衡度は1,000 Hzの交流において34 dB以上でなければならない．

(2) 通信回線の線路の電圧は100 V 以下でなければならない．

(3) 有線電気通信設備に使用する電線は，絶縁電線又はケーブルでなければならない．

(4) 架空電線の支持物には，取扱者が昇降に使用する足場金具等を地表上2.5 m未満の高さに取り付けてはならない．

解説 架空電線の支持物には，取扱者が昇降に使用する足場金具等を地表上1.8 m未満の高さに取り付けてはならない．

解答 (4)

第6章 電波法

1 目的

この法律は，電波の公平且つ能率的な利用を確保することによって，公共の福祉を増進することを目的とする．

2 用語

重要度★

①電波…**300万MHz以下**の周波数の電磁波をいう．

②無線電信…電波を利用して，**符号**を送り，または受けるための通信設備をいう．

③無線電話…電波を利用して，**音声**その他の**音響**を送り，または受けるための通信設備をいう．

④無線設備…無線電信，無線電話その他電波を送り，または受けるための電気的設備をいう．

⑤無線局…無線設備及び無線設備の操作を行う者の総体をいう．但し，**受信のみを目的とするものを含まない**．

⑥無線従事者…無線設備の操作またはその監督を行う者であって，**総務大臣の免許**を受けたものをいう．

3 免許

重要度★★★

(1) 無線局の開設

無線局を開設しようとする者は，**総務大臣の免許**を受けなければならない(発射する電波が著しく微弱な無線局等は除く)．

(2) 免許の申請

無線局の免許を受けようとする者は，申請書に，次の事項を記載した書類を添えて，**総務大臣**に提出しなければならない．

①目的

②開設を必要とする理由

③通信の相手方及び通信事項

④無線設備の設置場所　　ほか

(3) 申請の審査

総務大臣は，申請書を受理したときは，その申請が技術基準に適合し，**周波数の割当てが可能**か等を遅滞なく審査しなければならない．

(4) 予備免許

総務大臣は，審査した結果，その申請が基準に適合していると認めるときは，申請者に対し，次に掲げる事項を指定して，無線局の**予備免許**を与える．

①工事落成の期限　　②電波の型式及び周波数

③呼出符号（標識符号を含む.），呼出名称その他の総務省令で定める識別信号

④空中線電力　　⑤運用許容時間

総務大臣は，予備免許を受けた者から申請があった場合において，相当と認めるときは，**期限を延長**することができる．

また，予備免許を受けた者は，工事設計を変更しようとするときは，**あらかじめ，総務大臣の許可**を受けなければならない．

(5) 落成後の検査

予備免許を受けて工事が落成したときは，その旨を**総務大臣**に届け出て，その無線設備，無線従事者の資格及び員数並びに時計及び書類について**検査を受けなければならない**．

(6) 免許の付与

総務大臣は，検査を行った結果，その無線設備が工事設計に合致し，かつ，その無線従事者の資格，時計及び書類が規定に違反しないと認めるときは，遅滞なく申請者に対し**免許**を与えなければならない．

免許の**有効期間**は，免許の日から起算して**5年を超えない範囲**内において総務省令で定める．ただし，再免許を妨げない．

(7) 免許状

免許状には，次に掲げる事項を記載しなければならない．

①免許の年月日及び免許の番号
②免許人（無線局の免許を受けた者をいう．以下同じ．）の氏名又は名称及び住所
③無線局の種別　④無線局の目的
⑤通信の相手方及び通信事項　⑥無線設備の設置場所
⑦免許の有効期間　⑧識別信号
⑨電波の型式及び周波数　⑩空中線電力
⑪運用許容時間

(8) 欠格事由

電波法に規定する罪を犯し**罰金**以上の刑に処せられ，その執行を終わり，又はその罰金を受けることがなくなった日から**2年**を経過しない者には，無線局の免許を与えないことができる．

4 検定

重要度 ★☆☆

船舶のレーダー等無線設備の機器は，その型式について，原則として**総務大臣の行う検定**に合格したものでなければ，施設してはならない．

検定に合格したら，総務大臣は，これを型式検定合格とし，**無線機器型式検定合格証書**を申請者に交付するとともに，次に掲げる事項を**告示する**．

①型式検定合格の判定を受けた者の氏名又は名称

②機器の名称　③機器の型式名

④検定番号　⑤型式検定合格の年月日

point

告示内容には，「型式検定申請の年月日」はない．

5　目的外使用の禁止

重要度 ★

無線局は，免許状に記載された目的又は通信の相手方若しくは通信事項の範囲を超えて運用してはならない．ただし，次に掲げる通信については，この限りでない．

①**遭難通信**…船舶又は航空機が重大かつ**急迫の危険に陥った**場合に**遭難信号を前置**する方法その他総務省令で定める方法により行う無線通信をいう．

②**緊急通信**…船舶又は航空機が重大かつ**急迫の危険に陥るおそれ**がある場合その他緊急の事態が発生した場合に，**緊急信号を前置**する方法その他総務省令で定める方法により行う無線通信をいう．

③**安全通信**…船舶又は航空機の航行に対する**重大な危険を予防**するために**安全信号を前置**する方法その他総務省令で定める方法により行う無線通信をいう．

④**非常通信**…地震，台風，洪水，津波，雪害，火災，暴動その他非常の事態が発生し，又は発生するおそれがある場合において，**有線通信**を利用することができないか又はこれを利用することが著しく困難であるときに人命の救助，災害の救援，**交通通信の確保**又は秩序の維持のために行われる無線通信をいう．

⑤放送の受信

⑥その他総務省令で定める通信

6　擬似空中線回路の使用

重要度 ★

無線局は，次に掲げる場合には，なるべく**擬似空中線回路**を使用しなければばならない．

①無線設備の**機器の試験又は調整**を行うために運用するとき．

②**実験等無線局**を運用するとき．

7　無線設備　重要度 ★☆☆

①送信設備に使用する電波の**周波数の偏差及び幅**，**高調波の強度**等…電波の質は，総務省令で定めるところに適合するものでなければならない．

②受信設備は，その副次的に発する**電波**又は**高周波電流**が，総務省令で定める限度を超えて他の無線設備の機能に仕様を与えるものであってはならない．

8　高周波利用設備　重要度 ★★☆

電線路に**10 kHZ 以上**の高周波電流を通ずる**電信電話**その他の通信設備（ケーブル搬送設備，平衡二線式裸線搬送設備その他総務省例で定める通信設備を除く．）を設置する者は当該設備につき，総務大臣の**許可**を受けなければならない．

9　周波数の安定　重要度 ★★☆

送信装置の周波数が安定するための条件は次のとおりである．

①送信装置は，できる限り**電源電圧又は負荷の変化**によって発振周波数に影響を与えないものでなければならない．周波数をその許容偏差内に維持するため，次の②及び③に留意する．

②水晶発振回路に使用する**水晶発振子**は，発振周波数が当該送信装置の水晶発振回路により，又はこれと同一の条件の回路により**あらかじめ試験**を行って決定されているものであること．

③移動局（移動するアマチュア局を含む．）の送信装置は，実際に起り得る振動又は衝撃による周波数も，その許容偏差内に維持する．

過去問チャレンジ（章末問題）

問1　R1 ⇒3 免許

無線設備の変更工事を行う場合の手続きに関する記述として，「電波法」上，正しいものはどれか

(1)　免許人は，無線局の目的，通信の相手方，通信事項，放送事項，放送区域，無線設備の設置場所若しくは基幹放送の業務に用いられる電気通信設備を変更し，又は無線設備の変更の工事を行った場合は，遅滞なく総務大臣の許可を受けなければならない．

(2)　無線局の予備免許を受けた者は，工事設計を変更したときは，遅滞なく総務大臣へ届け出なければならない．

(3)　無線局の予備免許を受けた者は，工事が落成したときは，その旨を総務大臣に届け出て，その無線局について確認を受けなければならない．

(4)　無線設備の設置場所の変更又は無線設備の変更の工事の許可を受けた免許人は，総務大臣の検査を受け，当該変更又は工事の結果が許可の内容に適合していると認められた後でなければ，許可に係る無線設備を運用してはならない．

解説　(1)　無線設備の変更の工事を行う場合は，あらかじめ総務大臣の許可を受けなければならない．

(2)　工事設計を変更するときは，あらかじめ総務大臣の許可を受ける．

(3)　工事が落成したときは，その旨を総務大臣に届け出て，その無線局について検査を受けなければならない．

解答　(4)

問2　R4 ⇒3 免許

無線局の予備免許を与える際に総務大臣が申請者に対して指定する事項として，「電波法」上，正しいものはどれか．

(1)　工事落成の期限

(2)　無線設備の設置場所

(3) 通信事項
(4) 通信の相手方

解説 予備免許を与える際に総務大臣が申請者に対して指定する事項は，次のとおりである．
①工事落成の期限
②電波の型式及び周波数
③呼出符号
④空中線電力
⑤運用許容時間

解答 (1)

問3 R5

➡8 高周波利用設備

高周波利用設備に関する次の記述の［　　］の（ア）～（ウ）に当てはまる語句の組合せとして，「電波法」上，正しいものはどれか．
「電線路に［（ア）］の高周波電流を通ずる［（イ）］，電話その他の通信設備（ケーブル搬送設備，平衡二線式裸線搬送設備その他総務省例で定める通信設備を除く．）を設置する者は当該設備につき，総務大臣の［（ウ）］を受けなければならない．」

	（ア）	（イ）	（ウ）
(1)	1 kHZ 以上	無線	許可
(2)	1 kHZ 以上	電信	免許
(3)	10 kHZ 以上	無線	免許
(4)	10 kHZ 以上	電信	許可

解説 電線路に10kHz以上の高周波電流を通ずる電信，電話その他の通信設備を設置する者は当該設備につき，総務大臣の許可を受ける．

解答 (4)

第7章 その他の法令

1 電気事業法

重要度 ★★

(1) 電気工作物

電気工作物とは，発電，変電，送電（配電），電気の使用のために設置する機械，器具，ダム，水路，貯水池，電線路その他の工作物をいう．

※**船舶，車両，航空機は除く**．

(2) 種類

電気工作物は次のように分類される．

［① 一般用電気工作物］

- **600 V 以下の電圧**で受電する電気工作物
- 600 V 以下の小出力発電設備

［② 事業用電気工作物（自家用電気工作物を含む）］

事業用電気工作物のうち，電気事業用の電気工作物以外を，自家用電気工作物と定義している．

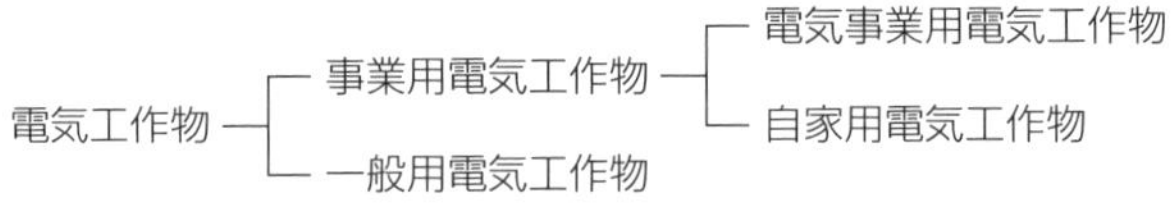

図7・1　電気工作物の分類

(3) 保安規程

事業用電気工作物の設置者は，電気工作物の適正な維持，運用を確保するため**保安規定**を定める．

2　電気用品安全法

重要度★☆☆

(1) 電気用品とは

次に掲げる物をいう.

①**一般用電気工作物**の部分となり，又はこれに接続して用いられる機械，器具又は材料

②携帯発電機

③蓄電池

point

電気用品は，一般用電気工作物で使用されるものであること.

(2) 電気用品の適用

表7・1　電気用品と電気用品以外

電気用品であるもの	電線，ケーブル，電線管，配線器具，ヒューズ，フロアダクト，放電灯用安定器　等
電気用品でないもの	プルボックス，スイッチボックス，**ケーブルラック**，がいし，サドル　等

(3) 電気用品の種類と記号

電気用品は，次の2種類に分類される.

①特定電気用品

②特定電気用品以外の電気用品

記号は図7・2のとおりである.

図7・2　特定電気用品と特定電気用品以外の図表示

point

特定電気用品とは，一般人が日常的に触れることが多く，危険性の高いものと考えてよい．

3 電気工事士法

重要度★★

(1) 電気工事士等

電気工事士には，**第一種電気工事士**と**第二種電気工事士**の2つがある．

それ以外に，特種電気工事資格者，認定電気工事従事者がある．これらを含めて電気工事士等と表現する．

①電気工事士には，第一種電気工事士と第二種電気工事士があり，免状は，**都道府県知事が交付**する．

②特種電気工事資格者認定証は，経済産業大臣が交付する．

③認定電気工事従事者認定証は，経済産業大臣が交付する．

表7・2　資格と従事範囲

資格名称	従事可能な範囲
第一種電気工事士	一般用電気工作物，自家用電気工作物
第二種電気工事士	一般用電気工作物
特種電気工事資格者	ネオン工事，非常用予備発電装置工事
認定電気工事従事者	一般用電気工作物 自家用電気工作物に係る簡易電気工事

point

電気工事士（一種，二種とも）の免状交付は都道府県知事である．

(2) 電気工事士でなくてもできる工事

電気工事士の資格がなくてもできる工事は次のとおりである．

①露出コンセント・スイッチの取替え

②ヒューズの取付け

③電柱，腕木の設置

④地中電線管の設置

⑤積算電力計の取付け　ほか

4 建築基準法

重要度 ★☆☆

(1) 目的

建築物の敷地，構造，設備及び用途に関する**最低の基準**を定めて，国民の生命，健康及び財産の保護を図り，もって公共の福祉の増進に資することを目的とする．

point

建築基準法は，最低の基準を定めている．また，文化財保護法の規定による国宝，重要文化財等に指定された建築物には適用しない．

(2) 用語

[①建築物]

- **土地に定着**する工作物のうち，原則として，**屋根及び柱か壁を有する**ものをいう．
- 建築設備は建築物である．ただし，線路敷地内の運転保安施設，跨線橋（線路をまたぐ橋），プラットフォームの上屋，貯蔵槽（サイロ等）等は建築物から除く．

[②特殊建築物]

学校，体育館，病院，劇場，百貨店，**工場**等，多くの建物が特殊建築物である．

point

事務所は特殊建築物に該当しない．

[③建築設備]

建築物に設ける電気，ガス，給水，排水，換気，暖房，冷房，消火，排煙設備，昇降機，避雷針等をいう．なお，昇降機とは，**エレベーター**，エスカレーター等をいう．

［④居室］

居住，**執務**，作業，集会，娯楽等の目的で継続的に使用する室をいう．

［⑤主要構造部］

壁，柱，床，はり，屋根，階段をいう．間仕切り壁，間柱，**ひさし**，最下階の床，外部階段等は主要構造部ではない．

［⑥耐火構造］

鉄筋コンクリート造，れんが造等の構造で，**耐火性能を有する**ものをいう．

［⑦不燃材料］

コンクリート，れんが，瓦，アルミニューム，ガラス，モルタル等をいう．

［⑧設計図書］

設計図面及び**仕様書**をいう．

［⑨建築］

建築物の新築，増築，改築，**移転**をいう．

［⑩大規模の修繕］

主要構造部の1種以上について行う**過半の修繕**をいう．

［⑪大規模の模様替え］

主要構造部の1種以上について行う**過半の模様替え**をいう．

［⑫地階］

床が地盤面下にある階で，床面から地盤面までの高さがその階の天井の高さの**1/3以上**のものをいう．

ごろあわせ

地下　は　寒い
地階　　　1/3

［⑬建築主］

建築物に関する工事の請負契約の注文者，または請負契約によらないで自らその工事をする者をいう．

（3）設備の基準

［①避雷設備］

高さ**20m を超える建築物**には有効に**避雷設備**を設ける．ただし，周囲の状況により，安全上支障がない場合はこの限りでない．

［②昇降機］

高さ**31 m を超える建築物**には**非常用昇降機**を設置する．常時は使用できるが，非常時（火災時）は，消防隊専用の昇降機となる．

5 河川法

重要度★★★

（1）河川

①河川は，**公共用物**であって，その保全，利用その他の管理は，前条の目的が達成されるように適正に行われなければならない．

②河川の**流水**は，私権の目的となることができない．

③河川とは，**一級河川**及び**二級河川**をいい，これらの河川に係る**河川管理施設を含む**ものとする．

④**一級河川**とは，**国土交通大臣が指定**したものをいう．

⑤**二級河川**とは，**都道府県知事が指定**したものをいう．

⑥河川管理施設とは，ダム，堰《せき》，水門，堤防，護岸，床止め，樹林帯等をいう．

（2）河川管理者の許可

河川区域内の土地においては次の場合，河川管理者の許可が必要である．

①土石（砂を含む），竹木，あし，かや等を**採取**する．

②掘削，盛土，切土等**土地の形状を変更**する．

③**工作物**を新築，改築，除去する（送電線鉄塔等）．

④送電線が**上空を通過**して設置，撤去する．

一時的に少量の水をバケツで河川からくみ取る場合は，河川管理者の許可は必要ない．また，河川区域内での鉄塔の新設について河川管理者の許可を受けている場合は，当該鉄塔を施工するための土地の掘削に関して河川管理者の許可を新たに受ける必要はない．

point

河川区域内で仮設の資材置場を設置する場合でも許可が必要である．

6　道路法

重要度★★★

(1) 使用と占用

道路使用許可とは，道路上で工事を行うために所轄の警察署長の許可を受けることをいう．また，道路占用許可は，道路上，道路下に工作物を設置するために道路管理者の許可を受けることである．

【例】道路使用

①電柱を建てるため，建柱車が道路に駐車する．

②架線工事のため，高所作業車が道路の一部をふさぐ．

【例】道路占用

①通信ケーブル引込みのために，電柱を道路に設置する．

②道路の一部を掘削して，地中ケーブル用管路を道路に埋設する．

point

道路使用は，交通に支障をきたすため，警察署長の許可で，道路占用は，道路の一部を占用し続けるため，道路管理者の許可．

(2) 記載事項

道路の占用許可申請書に記載する事項として，次のものがある．

①占用の目的

②道路占用の場所

③道路の占用の期間

④工作物，物件又は施設の構造

⑤工事実施の方法

⑥道路の復旧方法

point

交通規制の方法，工作物，物件又は施設の維持管理方法，道路占用料の記載は不要．

(3) 工事方法

道路占用工事における主な工事実施方法は次のとおりである．

①道路を掘削する場合は，溝掘，つぼ堀又は推進工法その他これらに準ずる方法によるものとし，**えぐり掘の方法によらない**こと．えぐり掘りとは底に近い部分のみ横に広げるような掘削で，埋め戻しが不完全となる．

②路面の**排水を妨げない**措置を講ずる．

③道路の**一方の側は，常に通行**することができるようにする．

④工事現場においては，さく又は覆いの設置，夜間における赤色灯又は黄色灯の点灯その他道路の**交通の危険防止**のために必要な措置を講ずる．

(4) 車両の幅等の最高限度

車両の幅，重量，高さ，長さ及び最小回転半径の最高限度は，次のとおりとする．

①幅：2.5 m

②高さ：3.8 m（特例4.1 m）

③長さ：12 m

④最小回転半径：車両の最外側のわだちは12 m

⑤車両重量は次に掲げる値

- 総重量：高速自動車国道等は25t，その他の道路は20t
- 軸重：10t
- 輪荷重：5t

ごろあわせ

双子が宮参り．自由に連れて．

2.5　3.8　12　20

(5) 通行許可

道路管理者は，車両の構造又は車両に積載する貨物が特殊であるためやむを得ないと認めるときは当該車両を通行させようとする者の申請に基づいて，必要な条件を付して**通行を許可**することができる．

限度超過車両（特殊車両）の通行の許可証の交付を受けた者は，当該許可に係る通行中は当該許可証を**当該車両に備え付け**ていなければならない．

限度超過車両（特殊車両）を通行させようとする者は，通行する国道及び都道府県道の道路管理者が2以上となる場合，**1つの道路管理者**に通行許可の申請を行えばよい．

7　廃棄物の処理及び清掃に関する法律　重要度 ★☆☆

（1）廃棄物

建設現場から発生するものを**建設副産物**といい，次のように分類される．

- 建設副産物
  - 建設発生残土
  - 有価物（スクラップ）
  - 廃棄物
    - 一般廃棄物（特別管理一般廃棄物が含まれる）
    - 産業廃棄物（特別管理産業廃棄物が含まれる）

図7・3　建設副産物の分類

point

建設発生土は産業廃棄物ではない．

（2）産業廃棄物の例

建築物や，工作物の**除去**に伴って生じた金属，木，コンクリートの破片，ガラス，ゴム，陶磁器，繊維，紙くず等は**産業廃棄物**である．

point

石綿，PCB（ポリ塩化ビフェニール）等は，「特別管理」の廃棄物である．

(3) 廃棄物の保管

事業者は，産業廃棄物が**運搬されるまでの間**，環境省令で定める技術上の基準に従い，生活環境の保全上支障のないように産業廃棄物を保管しなければならない．

(4) 廃棄物の処理

処理とは，次の①と②をまとめて表現した用語である．

処理＝① 収集・運搬 ＋ ② 処分

①収集・運搬と②処分は免許が異なる．

(5) 事業者の責務

①事業活動に伴って生じた産業廃棄物は，**事業者が自ら処理**する．

②産業廃棄物の運搬又は処分の委託契約は，**書面**で行う．

③産業廃棄物の運搬又は処分を他人に**委託する場合**，産業廃棄物の引渡しと同時に当該産業廃棄物の運搬又は処分を受託した者に，**産業廃棄物管理票（マニフェスト）**を交付し，**5年間保存**する．

8 建設工事に係る資材の再資源化等に関する法令 重要度★☆☆

再資源化が資源の有効な利用及び廃棄物の減量を図る上で特に必要なものとして，**特定建設資材**が定められている．次の4種類が該当する．

①コンクリート

②コンクリート・鉄

③アスファルト・コンクリート

④木材

point

電線やケーブル等，上記4つ以外は該当しない．

9 消防法

重要度★☆☆

(1) 消防設備士

消防設備士免状には，次のものがある．

[①甲種消防設備士]

点検，整備，工事を行うことができる．

[②乙種消防設備士]

点検，整備を行うことができる．

また，類別がありその種類に応じた**消防用設備等**に限られる．

表7・3　免状の区分

指定区分	工事・整備ができる工事整備対象設備等の種類	甲種	乙種
特　類	特殊消防用設備等	○	
第1類	屋内消火栓設備，スプリンクラー設備，水噴霧消化設備または屋外消火栓設備	○	○
第2類	泡消化設備	○	○
第3類	不活性ガス消化設備，ハロゲン化物消化設備または粉末消化設備	○	○
第4類	自動火災報知設備，ガス漏れ火災警報設備または消防機関へ通報する火災報知設備	○	○
第5類	金属製避難はしご，救助袋または緩降機	○	○
第6類	消化器		○
第7類	漏電火災警報器		○

※○が業務可能なものを表す．

(2) 消防用設備等の着工届・設置届

[①着工届]

甲種消防設備士は，工事に着手しようとする日の**10日前まで**に，消防用設備等の着工届を消防長または消防署長に届け出る．

[②設置届]

防火対象物の関係者（所有者，管理者または占有者）は，設置届出書を工事が完了した日から**4日以内**に消防長または消防署長に届け出る．

過去問チャレンジ（章末問題）

問1 **R5**

➡ 3 電気工事士法

電気工事士以外の者が従事できる軽微な工事に関する記述として，「電気工事士法」上，誤っているものはどれか．

(1) 電線を直接造営材に取り付ける工事
(2) 電圧24 Vで使用する蓄電池の端子に電線をねじ止めする工事
(3) 地中電線用の管を設置する工事
(4) 電線を支持する柱，腕木その他これらに類する工作物を設置する工事

解説 電線を直接造営材に取り付ける工事は，電気工事士でなければ行うことができない．

解答 (1)

問2 **R4**

➡ 4 建築基準法

「建築基準法」に規定されている用語に関する記述として，誤っているものはどれか．

(1) 居室とは，居住，執務，作業，集会，娯楽その他これらに類する目的のために継続的に使用する室をいう．
(2) 建築設備とは，土地に定着する工作物のうち，屋根及び柱若しくは壁を有するもの（これに類する構造のものを含む．）をいう．
(3) 建築とは，建築物を新築し，増築し，改築し，又は移転することをいう．
(4) 建築主とは，建築物に関する工事の請負契約の注文者又は請負契約によらないで自らその工事をする者をいう．

解説 建築設備とは，建築物に設ける電気，ガス，給水，排水，換気，暖房，冷房，消火，排煙設備，昇降機，避雷針等をいう．

解答 (2)

問3　**R4**　⇒5 河川法

河川管理者の許可が必要な事項に関する記述として，「河川法」上，正しいものはどれか．

(1) 河川区域の上空に，光ファイバケーブルを横断して新設する場合は，河川管理者の許可を受ける必要はない．
(2) 河川区域内における電柱の新設について，河川管理者の許可を受けている場合はその電柱を施工するための土地の掘削に関して新たに許可を受ける必要はない．
(3) 河川区域内の民有地に一時的な仮設工作物として現場事務所を設置する場合は，河川管理者の許可を受ける必要はない．
(4) 河川区域内で河川管理者の許可を受けて設置した送電鉄塔を撤去する場合は，河川管理者の許可を受ける必要はない．

解説　(1) 光ファイバケーブルを横断して新設する場合は，河川管理者の許可を受ける．
(3) 仮設工作物を設置する場合でも，河川管理者の許可を受ける．
(4) 送電鉄塔を撤去する場合は，河川管理者の許可を受ける．

解答　(2)

問4　**R3**　⇒6 道路法

道路占用許可申請書の記載事項として，「道路法令」上，誤っているものはどれか．

(1) 道路の占用の期間
(2) 道路の復旧方法
(3) 工事の費用
(4) 道路の占用の場所

解説　工事の費用は，道路占用許可申請書の記載事項にない．　解答　(3)

Ⅳ部

関連分野

第1章 設計・契約

1 設計

重要度★★★

日本産業規格（JIS）による，情報通信関係の**図記号**は次のとおりである．

(1) 構内情報通信網装置

機　号	名　称	摘　要
RT	ルータ	ルータ以外の機器もこれに準じ□内に機器名を記入する．
	情報用アウトレット 通信コネクタ×1	通信コネクタ1個以外及び種類は，傍記による．  床面取付け用　 二重床用
	復合アウトレット	
DSU	デジタル回線終端装置	
TA	ターミナルアダプタ	
HUB	ハブ	必要に応じ，ポート数を傍記する．例 HUB$_{12}$

(2) 構内交換装置

機　号	名　称	摘　要
Ⓣ	内線電話機	
Ⓣ$_{BT}$	ボタン電話機	
	集合保安器箱	対数（実装数／容量一列数），形式は，傍記による．
	転換器	両切り転換器を示す場合は  となる．
	端子盤	対数（実装数／容量一列数），形式は，傍記による．
MDF	本配線盤	対数（実装数／容量一列数），形式は，傍記による．
ATT	局線中継台	
PBX	交換機	形式は，傍記による．  と表示してもよい．

機号	名称	摘要
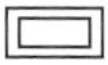	ボタン電話主装置	形式は，傍記による．
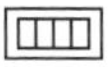	局線表示盤	局線数は，傍記による．窓数10 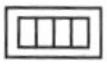 10
	床付電話用アウトレット	
	壁付電話用アウトレット	通信コネクタの種類は，傍記による．

(3) 監視カメラ装置

機号	名称
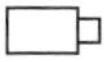	カメラ
TVM	モニタ
CCTV	監視カメラ装置架
DR	デジタルレコーダ
AVSW	映像切換器

(4) テレビ共同受信装置

機号	名称	摘要
	テレビアンテナ	種類は，傍記による．VFH20素子は  VHF 20E
	パラボラアンテナ	種類は，傍記による．  BS BS放送用
	混合（分波）器	種類は，傍記による．分波器は 
	増幅器	種類は，傍記による．
	1分岐器	
	2分岐器	
	4分岐器	
	2分配器	
	4分配器	
	6分配器	
	8分配器	

機号	名称	摘要
	1端子形テレビ端子	傍記Sは上り信号カット機能付き. 傍記Wは2,602 MHz対応を示す.
	1端子形直列ユニット F形接栓	傍記Rは終端抵抗器付き. 傍記Sは上り信号カット機能付き. 傍記Wは2,602 MHz対応を示す.
	ヘッドエンド	HE と表記してもよい.
	機器収容箱	

2 公共工事標準請負契約約款　重要度★★★

(1) 設計図書

公共工事標準請負契約約款において，**設計図書**※とは次のものをいう.

①現場説明に対する**質問回答書**

②**現場説明書**

③仕様書（特記仕様書・共通仕様書等）

④図面（基本設計図，概略設計図等も含む）

※建築基準法で定義する「設計図書」は，図面及び仕様書をいう.

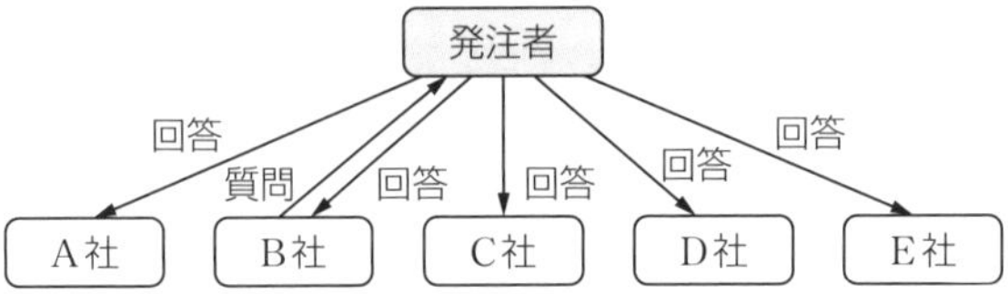

図1・1　現場説明会のモデル

point

設計図書はすべて発注者が作成するものである．したがって，見積書，請負代金内訳書，施工計画書は受注者が作成するので，設計図書ではない.
また，発注者が作成する書類であっても，入札公告に関する書類等は設計と関係ないので設計図書に含まれない.

(2) 優先順位

設計図書の優先順は，高い順に次のとおりである.

①質問回答書　②現場説明書　③特記仕様書
④図面（設計図）　⑤標準仕様書（国土交通省が定めたもの）

ただし，受注者は工事の施工にあたり，設計図書の中の文書間に**内容の不一致**を発見したとき，設計図書に優先順位の記載がない場合には**直ちに監督員に通知**し，その**確認を請求**する．設計図書に**誤謬**《ごびゅう》**または脱漏**がある場合や，設計図書の**表示が明確でない**場合も同様である．

point

後から作成するものほど優先順位が高い．

(3) 契約

①受注者は，契約により生ずる権利又は義務を，発注者の承諾なしに第三者に譲渡してはならない．
②発注者は，受注者が正当な理由なく，工事に着手すべき期日を過ぎても**工事に着手しない**ときは契約を解除できる．
③受注者は，設計図書の変更により**請負代金額が3分の2以上減少**したときは，契約を解除できる．

(4) 現場代理人

①受注者が**現場代理人**を置いたときは，発注者に**通知**する．
②工事現場の運営，取締りを行う．
③発注者が常駐を要しないと認めた場合を除き工事現場に常駐する．
④現場代理人と，監理技術者，主任技術者，専門技術者を**兼ねることができる**．
⑤請負代金の請求及び受領に係る権限を有しない．

point

現場代理人に関しては，建設業法等からの出題もある．

(5) 監督員

①発注者は，**監督員**を置いたときは，その氏名を受注者に**通知**する．

②発注者が監督員を置かないときは，公共工事標準請負契約約款に定める監督員の権限は，**発注者に帰属**する．

③監督員は，設計図書で定めるところにより，受注者が作成した詳細図等の**承諾の権限**を有する．

(6) 工事材料

①設計図書に工事材料の品質が明示されていない場合にあっては，**中等の品質を有する**ものとする．

②受注者は，設計図書において監督員の検査を受けて使用すべきものと指定された工事材料については，当該検査に**合格したものを使用**しなければならない．この場合において，当該検査に直接要する費用は，受注者の負担とする．

③受注者は，工事現場内に搬入した工事材料を監督員の承諾を受けないで**工事現場外に搬出してはならない**．

(7) 完成検査

①発注者は，工事を完成した旨の通知を受けたときは，**通知を受けた日から14日以内**に完成を確認するための検査を完了しなければならない．

ごろあわせ **いよいよ検査**

14日以内に検査

point

完成の通知を受けた日から14日以内であり，工期から14日以内ではない．

②発注者は，工事目的物に重要な契約不適合（瑕疵《かし》）があるときは，受注者に対して相当の期間を定めてその**修補を請求**できる．

(8) 支払い

①発注者は，前払金の支払の請求があったときは，請求を受けた日から**14日以内に前払金**を支払わなければならない．

②発注者は，部分払の請求があったときは，請求を受けた日から**14日以内に部分払金**を支払わなければならない．

③発注者は，完成検査に合格し，請負代金の支払の請求があったときは，請求を受けた日から**40日以内に請負代金**を支払わなければならない．

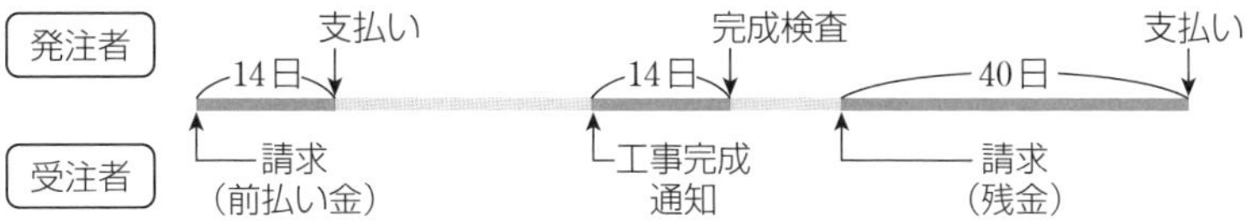

図1・2　支払い

ごろあわせ　**いよ いよ 前歯　部分 の 完成よ**
14　14　前払い　部分払い　完成払い40

（9）その他

①発注者は，必要があると認めるときは，工事の中止内容を受注者に通知して，**工事の全部又は一部の施工を一時中止**させることができる．

②発注者は，受注者に対して，下請負人の商号又は名称その他必要な事項の**通知を請求**できる．

③発注者は，必要があると認めるときは，設計図書の変更内容を受注者に通知して，**設計図書を変更**することができる．

④受注者は，工事の施工部分が設計図書に適合しない場合において，監督員がその**改造を請求**したときは，当該請求に従わなければならない．

⑤受注者は，発注者の承諾を得て，請負代金の全部又は一部の受領につき，第三者を代理人とすることができる．

⑥施工方法等については，公共工事標準請負契約約款及び設計図書に特別の定めがある場合を除き，**受注者**がその責任において定める．

point
設計図書に定めがなければ，仮設や施工方法等については，受注者の責任で定めてよい．

過去問チャレンジ（章末問題）

問1　R2　➡1 設計

下図に示す構内電話配線系統図において（ア），（イ）の日本産業規格（JIS）で定められた記号の名称の組合せとして，適当なものはどれか．

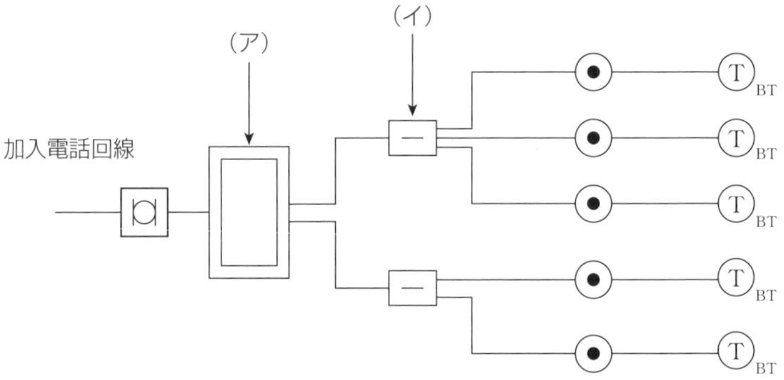

	（ア）	（イ）
(1)	交換機	本配線盤
(2)	交換機	端子盤
(3)	ボタン電話主装置	本配線盤
(4)	ボタン電話主装置	端子盤

解説　（ア）はボタン電話主装置で，（イ）は端子盤の図記号である．

解答　(4)

問2　R1　➡2 公共工事標準請負契約約款

設計図書に関する記述として，「公共工事標準請負契約約款」上，適当でないものはどれか．

(1)　設計図書でいう図面は，設計者の意思を一定の規約に基づいて図示した書面をいい，通常，設計図と呼ばれているものであり，基本設計図，概略設計図等もここにいう図面に含まれる．

(2) 現場説明書，現場説明に対する質問回答書は，契約締結前の書類であり，契約上は設計図書には含まれない．

(3) 仕様書は，工事の施工に際して要求される技術的要件を示すもので，工事を施工するために必要な工事の規準を詳細に説明した文書であり，通常は共通仕様書と特記仕様書からなる．

(4) 受注者は工事の施工にあたり，設計図書の中の文書間に内容の不一致を発見したとき，設計図書に優先順位の記載がない場合には監督員に通知し，その確認を請求しなければならない．

解説 現場説明書，現場説明に対する質問回答書は，設計図書に含まれる．

解答 (2)

問3 R4 ➡ 2 公共工事標準請負契約約款

「公共工事標準請負契約約款」に関する記述として，適当でないものはどれか．

(1) 施工方法等については，公共工事標準請負契約約款及び設計図書に特別の定めがある場合を除き，発注者がその責任において定める．

(2) 発注者が監督員を置かないときは，公共工事標準請負契約約款に定める監督員の権限は，発注者に帰属する．

(3) 受注者は，設計図書において監督員の検査（確認を含む．）を受けて使用すべきものと指定された工事材料については，当該検査に合格したものを使用しなければならない．

(4) 受注者は，工事の施工に当たり，設計図書の表示が明確でないことを発見したときは，その旨を直ちに監督員に通知し，その確認を請求しなければならない．

解説 施工方法等については，公共工事標準請負契約約款及び設計図書に特別の定めがある場合を除き，受注者がその責任において定める．

解答 (1)

第2章 電気設備関係

1 電気の流れ

重要度 ★☆☆

(1) 発電から受電まで

発電所から家庭・商店等までの電気の流れは，図のようになる．

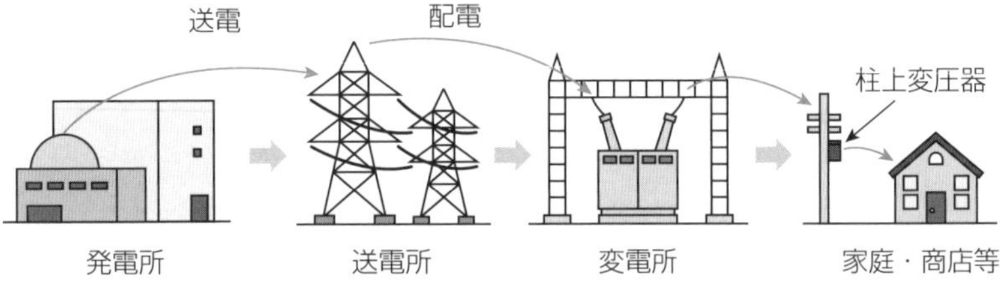

図2・1　発電から受電のフロー

(2) 発電方式

①火力発電（汽力発電）　②水力発電　③原子力発電　④風力発電
⑤太陽光発電　⑥地熱発電　⑦燃料電池発電　⑧波力発電　ほか

(3) 電圧の種別

電圧は，大きさにより3つに区分され，交流と直流で数値が異なる．

表2・1　電圧の区分

電圧の区分	交流	直流
低圧	600 V 以下	750 V 以下
高圧	600 V を超えて 7000 V 以下	750 V を超えて 7000 V 以下
特別高圧	7000 V を超える	7000 V を超える

point

交流の高圧を暗記して，残り2つの区分を覚える．

ごろあわせ **群れ を 超えてなぜいかん**

600　　超える7000以下

2　電源供給設備

重要度★★☆

(1) 高圧受変電設備

一般に，高圧受電設備は，公称電圧6600 Vで電力事業者から受電し，低圧（200 V, 100 V）に変換して使用する．

高圧受電設備の概要は図のとおりである．

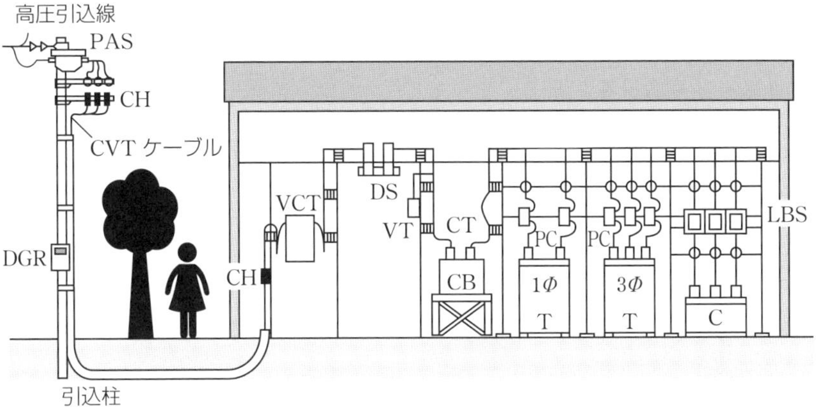

図2・2　高圧受電設備

電気の流れは次のとおりである．

①電気事業者から高圧架空電線にて**高圧の電気を引き込む**．

②引込柱には**PAS**（高圧気中負荷開閉器）とDGR（方向性地絡継電器）を設ける．

③高圧ケーブルは**CVT**※とし，地中埋設配管にて電気室へ引き込む．

※CVTは単心のCVを3つ撚りしたもの．

④VCT（電力需給用計器用変成器）は電力量を計測する元となる機器である．Wh※（電力量計）へと配線され，その指示値により電気料金が請求される．

※Whは図2.2では省略している．

⑤DS（断路器）を経て**CB（高圧遮断器）**へ．

⑥単相，三相変圧器で低圧に変圧し，負荷へ電源供給する．

その他，図中の機器は次による．

CH：ケーブルヘッド（端末処理）　VT：計器用変成器（高圧を低圧に変換）

CT：変流器（大電流を小電流に変換）　PC：高圧カットアウト

LBS：高圧交流負荷開閉器

(2) キュービクル式高圧受電設備

高圧受電設備には，室内にフレームパイプを組み立て，受変電設備機器を設置した**開放式高圧受電設備**と，金属製の箱内に機器類を設置した**キュービクル式高圧受電設備**がある．キュービクル式高圧受電設備は，金属製外箱に収納されているので感電の危険性が少ない．また，設備の占有面積を少なくできる．

(3) 主遮断装置

高圧受電設備を保護する主遮断装置は次の2通りある．

［①CB形］

CBを用いてすべての電流を遮断する．

［②PF・S形（PF＋LBS）］

PFと**LBS**を併用してすべての電流を遮断する．PFは短絡電流，LBSはその他の電流を分担する．

> **point**
>
> キュービクルは狭いので，変圧器等の大型機器の入替は簡単ではない．

3　電気機器

重要度★★★

(1) 変圧器

[①変圧比]

変圧器は，電圧を上げたり，下げたりする電気機器である．

変圧比aは次のとおりである．

$$a = E_1/E_2 = N_1/N_2 = I_2/I_1$$

E_1：1次巻線の起電力〔V〕　E_2：2次巻線の起電力〔V〕

N_1：1次巻線数　N_2：2次巻線数

I_1：1次巻線の電流〔A〕　I_2：2次巻線の電流〔A〕

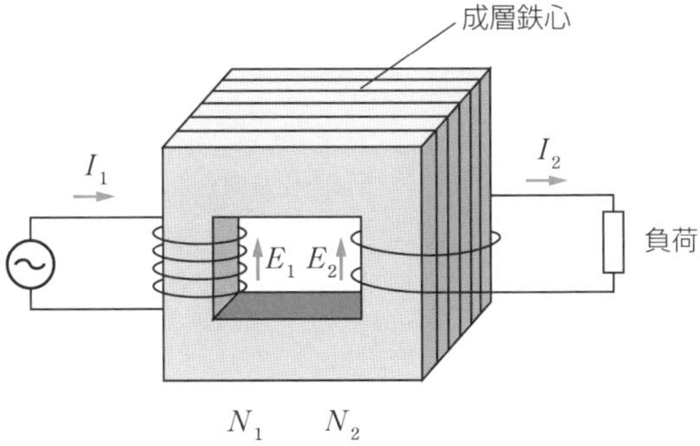

図2・3　変圧器モデル

[②損失]

変圧器の損失には次のようなものがある．

・**鉄損（無負荷損）**

変圧器に接続された負荷の有無にかかわらず生じる．**損失は一定**である．

・**銅損（負荷損）**

変圧器に接続された負荷の大きさにより，**二乗で損失が増える**．

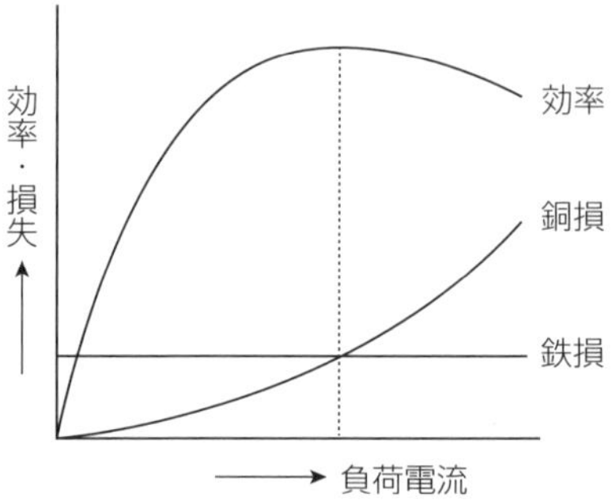

図2・4　変圧器の効率と損失

［③結線］

一般に，単相用電源は単相変圧器から三相用電源は三相変圧器を用いるが，単相の変圧器で三相電源を供給することができる．

①単相変圧器2台（**V結線**）

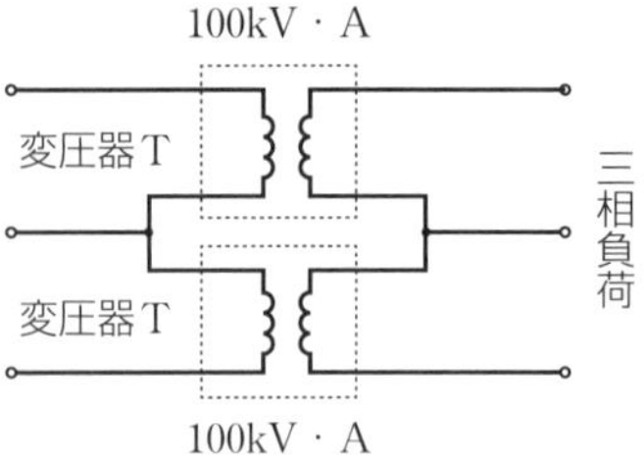

（例）

単相変圧器100kV·A2台の場合

三相出力：$\sqrt{3}\times 100$ kV·A

（**利用率**$\sqrt{3}/2 \fallingdotseq 86.7$%）

※200kV·Aで$100\sqrt{3}$kV·A利用できる

図2・5　V結線

②単相変圧器3台（**Δ結線**）

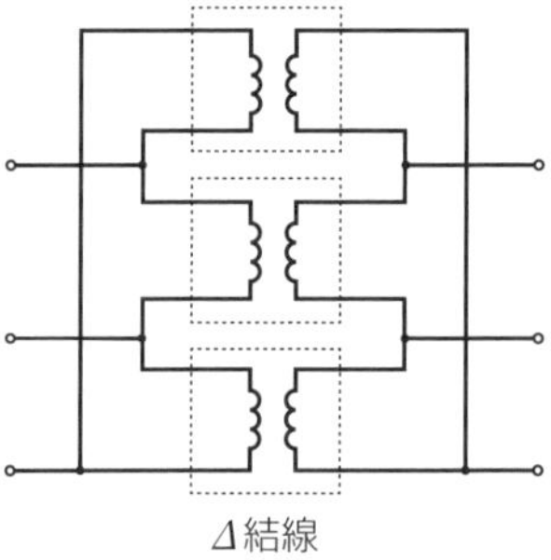

（例）

単相変圧器100kV·A3台の場合

三相出力：3×100 kV·A

（**利用率**1＝100%）

図2・6　Δ結線

(2) 誘導電動機

三相誘導電動機の始動方法は次のとおりである．

［①直《じか》入れ始動（全電圧始動）］

三相電源を電動機（モータ）に直接投入する．低容量の電動機に使用される．始動時に，定格電流の**5〜7倍の始動電流**が流れる．

［②Y《スター》－Δ《デルタ》始動］

三相電源の結線方法を，始動時はY結線とし，回転が安定してからΔ結線にして始動する方式である．中容量の電動機に使用される．

(3) 三相誘導電動機の特性

三相誘導電動機の回転数N〔min^{-1}〕は，次の式で与えられる．

$$N = \frac{120f\ (1-s)}{p}$$

f：周波数〔Hz〕　p：極数　s：すべり

電源の3線のうち2線を入れ換えると，**回転方向が逆**になる．

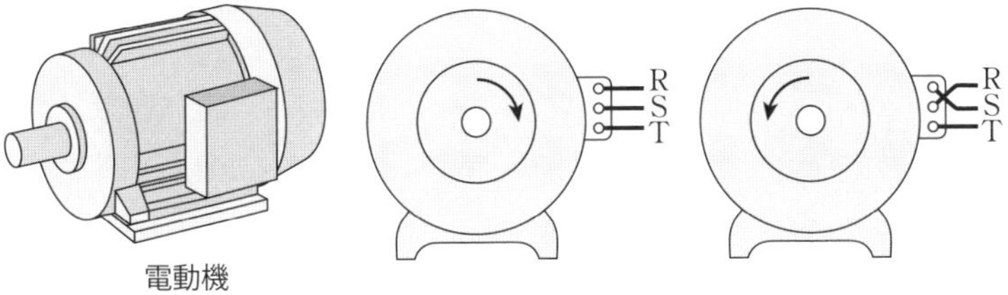

図2・7　電動機の結線

(4) 非常用照明器具

非常用照明は，**建築基準法**に規定がある．

［①予備電源］

予備電源は，常用の電源が断たれた場合に自動的に切り替えられて接続され**30分以上**点灯可能，かつ常用の電源が復旧した場合に自動的に切り替えられるものをいう．バッテリー内蔵型と別置型がある．

[②直接照明]

白熱電球は床面で1lx《ルクス》，蛍光灯，LEDは2lx以上の照度を確保する．

[③照明器具]

照明器具（照明カバーその他照明器具に付属するものを含む）のうち主要な部分は，**難燃《なんねん》材料**で造る，または覆う．

[④電気配線]

電気配線に使用する電線は，**600 V 二種ビニル絶縁電線**（HIV）その他これと同等以上の**耐熱性**を有するものとしなければならない．専用回路とし，回路の途中にコンセント，スイッチを設けない．

point

蛍光灯は，火災により高温になると光束が半減するので2lx必要である．

ごろあわせ

予備電源　見れば　非常に明るい

30分　　非常用照明

4　発電

重要度★★☆

(1) 太陽光発電

太陽からの光エネルギーを太陽光パネルで吸収し，電気エネルギーへ変換する．太陽電池の最小単位である**セル**により，太陽光は直流の電気として取り出され，**パワーコンディショナー**を通して交流の電気に変換する．発電された電気は，**系統連系**することにより，余った電気を電力会社に買い取ってもらうこともできる．

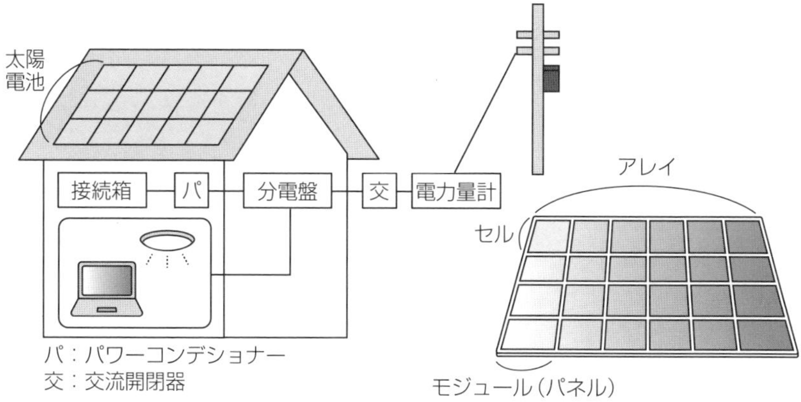

図2・8　太陽光発電

(2) 風力発電

風力により発電するもので，垂直軸形として**ダリウス形**風車，水平軸形として**プロペラ形**風車がある．

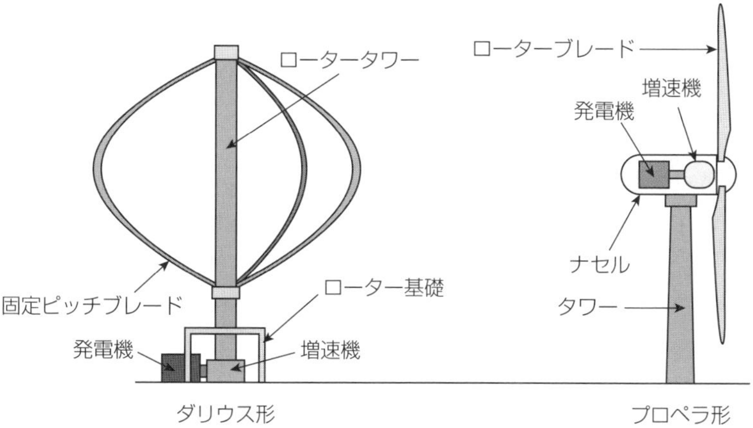

図2・9　風力発電

5　自動火災報知設備

重要度 ★★☆

(1) 機器系統

自動火災報知設備の例は図のとおりである．

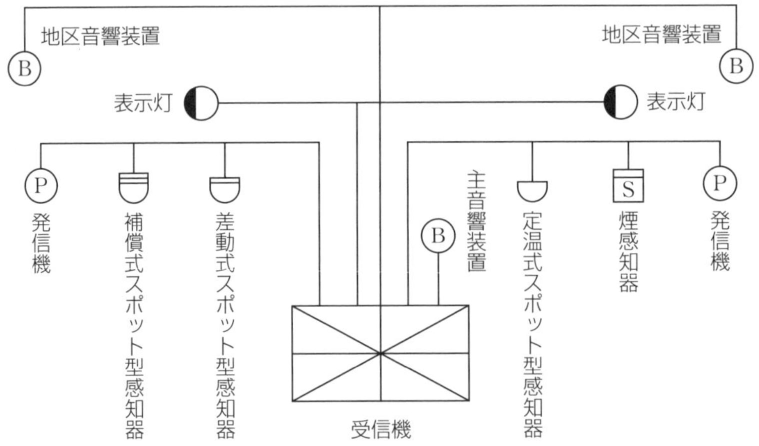

図2・10　自動火災報知設備

(2) 各種機器

［①受信機］

感知器や発信機からの信号を受信して，火災発生を報知する機器である．受信機には，P型，R型，GP型，GR型がある．Gはガス漏れ火災用で，自動火災報知設備用の受信機と一体となっている．

［②発信機］

火災の発生を**手動で受信機に発信**する．P型1級とP型2級発信機があり，P型1級発信機は受信機との間で相互に電話連絡をすることができる．

［③感知器］

火災の熱・煙・炎を**自動的に感知**し，火災発生の信号等を受信機，中継器，消火設備等に発信する．

6　屋内電気工事

重要度 ★★★

(1) 低圧屋内配線の施工場所

600 V以下の低圧における屋内電気工事は，施工場所により，区分される.

表2・2　工場の種類と施設場所

工事の種類＼施設場所の区分		展開した場所		点検できる隠ぺい場所		点検できない隠ぺい場所	
		乾燥した場所	湿気の多い場所，水気のある場所	乾燥した場所	湿気の多い場所，水気のある場所	乾燥した場所	湿気の多い場所，水気のある場所
金属管工事		◎	◎	◎	◎	◎	◎
ケーブル工事		◎	◎	◎	◎	◎	◎
合成樹脂管工事	硬質塩化ビニル電線管合成樹脂製可とう電線管(PF管)	◎	◎	◎	◎	◎	◎
	CD管	□	□	□	□	□	□
金属可とう電線管工事	1種金属製	△		△			
	2種金属製	◎	◎	◎	◎	◎	◎
がいし引き工事		◎	◎	◎	◎		
金属線ぴ工事		○		○			
金属ダクト工事		◎		◎			
バスダクト工事		◎	○(屋外用)	◎			
フロアダクト工事						○	
セルラダクト工事				○		○	
ライティングダクト工事		○		○			
平形保護層工事				○			

(注)　◎：使用電圧に制限なし (600 V以下)
　　　○：使用電圧300 V以下に限る.
　　　□：直接コンクリートに埋め込んで施設する場所を除き，専用の不燃性又は自消性のある難燃性の管等に収めて施設する.
　　　△：300 Vを超える場合は，電動機に接続する短小な部分で，可とう性を必要とする部分の配線に限る.

①展開した場所…見える場所 (露出場所)
②隠ぺい場所…見えない場所 (点検できる場所とできない場所がある)
③①，②はさらに乾燥・湿気のある場所に分類される.
上記のいずれの場所でも施工できるのは，**ケーブル工事**，**合成樹脂管工事**

(CD管除く)，**金属管工事**，**2種金属製可とう電線管工事**である．

ごろあわせ　**どこでも軽　合　金**
ケーブル　合成樹脂管　金属管

(2) 低圧屋内工事

①600Vビニル絶縁電線(IV)等の**絶縁電線は電線管に入れる**．

②電線管や線ぴ内で**電線の接続はしない**．**アウトレットボックス**等の箱内で接続する．

③金属管工事では，1つの回路の電線は**1本の金属管に入れる**．

④絶縁電線の**相互接続**については，次のとおりとする．

- 接続部分における電線の**電気抵抗は，増加させない**．
- 電線の引張強さは，**20%以上減少させない**．
- 接続部分に**接続管**(スリーブ等)を使用する．
- 接続部分をその部分の絶縁電線の絶縁物と**同等以上の絶縁効力**のあるもので十分に被覆する．

ごろあわせ　**てこ　でも　動かぬ　強い仁王**
抵抗　増やさない　強度20%

低圧ケーブル工事の留意事項は次のとおりである．

①低圧ケーブルを造営材の下面に沿《そ》って**水平に取り付ける場合**，そのケーブルの**支持点間隔は2m以下**とする．

②低圧ケーブルと通信用メタルケーブルを**同一のケーブルラック**に敷設する場合，それらを**接触させない**ように固定する．

③低圧ケーブルを垂直のケーブルラックに敷設する場合は，特定の子げたに**重量が集中しないように固定**する．

④屈曲箇所では，低圧ケーブルの**曲げ半径**(内側の半径とする)を，そのケーブルの仕上り外径の**6倍以上**とし，単心ケーブルでは**8倍以上**にする．

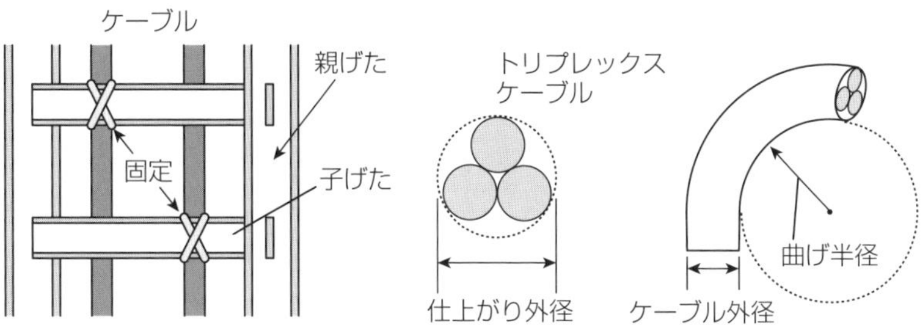

図2・11　ケーブルの固定と曲げ

ごろあわせ　**曲げがきついと狼狽，やばい**
曲げ半径　　　6倍　　8倍

(3) 分岐幹線の許容電流

低圧幹線の過電流遮断器[※1]の定格電流 I〔A〕と，分岐幹線の**許容電流**[※2]の関係は次のとおりである．

表2・3　分岐幹線の許容電流

分岐幹線の長さ	分岐幹線の許容電流
3m以下	規定なし（細い電線でもよい）
3～8m以下	0.35I 以上（35％以上）
8m～	0.55I 以上（55％以上）

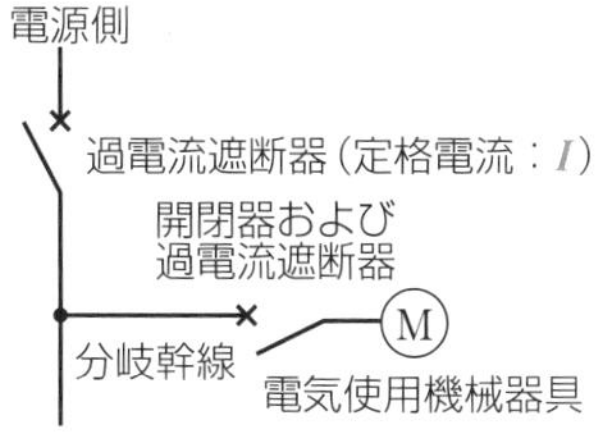

図2・12　単線図

※1過電流遮断器：流れすぎた電流を遮断する装置
※2許容電流：最大限流すことのできる電流

(4) コンセント工事

コンセント専用の低圧分岐回路に関して，「電気設備の技術基準の解釈」に次のように定められている．

表2・4　取付け可能なコンセント

配線用遮断器	軟銅線の太さ	取付け可能なコンセント
15 A以下	1.6 mm以上	15 A以下
20 A	1.6 mm以上	20 A以下
30 A	2.6 mm以上	20 A以上30 A以下
40 A	8 mm^{2}以上	30 A以上40 A以下

> point
> 過電流遮断機の定格を超えるコンセントは接続できない.

7　需要率等

重要度★★★

(1) 需要率

需要率は，設備容量のうち，最大に使用される電力の割合をいい，次の式で定義される.

$$\text{需要率} = \frac{\text{最大需要電力〔kW〕}}{\text{設備容量〔kW〕}} \times 100\%$$

(2) 負荷率

負荷率は，ある期間中の平均需要電力が，その期間中の最大電力の何%かを示すものである．次の式で定義される.

$$\text{負荷率} = \frac{\text{平均需要電力〔kW〕}}{\text{最大需要電力〔kW〕}} \times 100\%$$

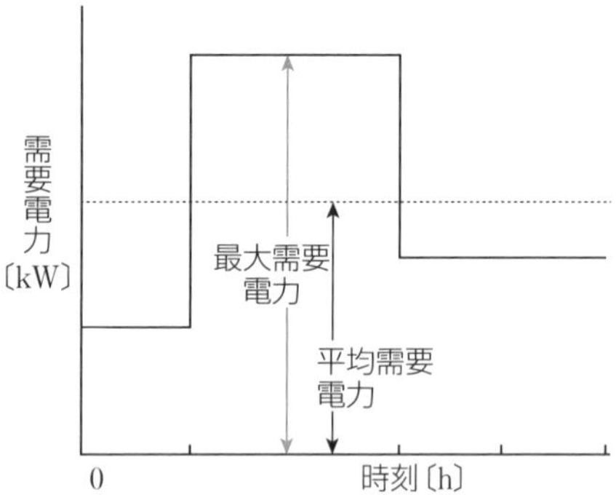

図2・13　負荷率計算のモデル

(3) 不等率

不等率は，各需要家の最大電力の合計が，合成最大需要電力の何倍かを示す．

$$\text{不等率} = \frac{\text{需要設備個々の最大需要電力の総和〔kW〕}}{\text{合成最大需要電力〔kW〕}} \times 100\%$$

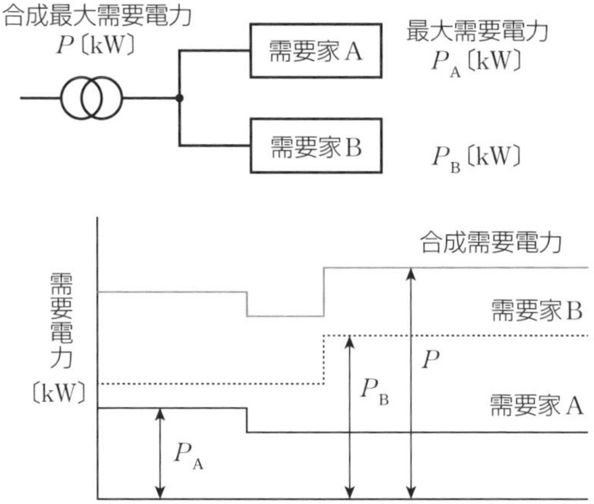

図2・14　不等率計算のモデル

$$\text{不等率} = \frac{\text{需要家の最大需要電力の和}}{\text{合成最大需要電力}}$$

$$= \frac{P_A + P_B}{P} \geqq 1$$

point

不等率は1以上である．

8 雷保護設備

重要度★☆☆

(1) 屋外変電所の雷害対策

建物やその周囲に落雷すると，電源線や通信線から雷サージ（過電流，過電圧）が侵入する．雷サージによる機器や設備の破壊を防止するため，次のような対策を施す．

①屋外鉄構の上部に，**架空地線**を設ける．

②**避雷器**を架空電線の電路の引込口及び引出口に設ける．

③避雷器，避雷針の接地は，**A種接地工事**とする．

（2）建物の雷保護

避雷針の保護角度内（一般に60°）の範囲を保護する，**保護角法**と，回転球体と地面，突針等で囲まれた範囲を保護する**回転球体法**がある．

（3）サージ防護デバイス

サージ防護デバイスは**SPD**（Surge Protective Device）といい，電源線，通信線が通信機器等と接続された状態において，それらの機器を守るために設置する．いわゆる避雷器である．

過去問チャレンジ（章末問題）

問1 R3 ➡2 電源供給設備

キュービクル式高圧受電設備の主遮断装置に関する次の記述の〔　〕に当てはまる語句の組合せとして，適当なものはどれか．

「PF・S形は，〔 ア 〕と〔 イ 〕とを組み合わせたもの，又は一体としたものである．」

	（ア）	（イ）
(1)	遮断機	限流ヒューズ
(2)	遮断機	過電流継電器
(3)	高圧交流負荷開閉器	限流ヒューズ
(4)	高圧交流負荷開閉器	過電流継電器

解説 PF・S形は，PFとLBSを組み合わせたものである．キュービクル式高圧受電設備の主遮断装置として用いられる．

解答 (3)

問2 R3 ➡6 屋内電気工事

電気設備において，低圧幹線の施設や低圧分岐回路等の施設に関する記述として，「電気設備の技術基準の解釈」上，誤っているものはどれか．

ただし，負荷には電動機又はこれに類する起動電流が大きい電気機械器具は接続されていないものとする．

(1) 低圧幹線の電線として，当該低圧幹線を通じて供給される電気使用機械器具の定格電流の合計値以上の許容電流のものを使用するが，需要率が明らかな場合には，需要率によって修正した電流値とすることができる．

(2) 低圧幹線の電源側電路に施設する過電流遮断器には，当該低圧幹線の許容電流以下の定格電流のものを使用する．

(3) 低圧分岐回路に使用する電線の許容電流が，低圧幹線を保護する過電流遮断器の定格電流の35%未満であるため，低圧幹線の分岐点からの電線の長さが3 mの箇所に低圧分岐回路を保護する過電流遮断器を施設する.

(4) 低圧分岐回路に使用する電線の許容電流が，低圧幹線を保護する過電流遮断器の定格電流の50%であるため，低圧幹線の分岐点からの電線の長さが9 mの箇所に低圧分岐回路を保護する過電流遮断器を施設する.

解説 低圧幹線の分岐点からの電線の長さが9 mの箇所に低圧分岐回路を保護する過電流遮断器を施設する場合，低圧分岐回路に使用する電線の許容電流は，過電流遮断器の定格電流の55%以上でなければならない.

解答 (4)

問3 **R4** ➡6 屋内電気工事

事務室におけるコンセント専用の低圧分岐回路に関する記述として，「電気設備の技術基準の解釈」上，誤っているものはどれか.

ただし，電線は軟銅線のものを使用し，その長さは，分岐点から配線用遮断器までは2m，配線用遮断器からコンセントまでは7 mとする.

(1) 定格電流15 Aの配線用遮断器に直径1.6 mmの電線を配線し，定格電流20 Aのコンセントを1個取り付ける.

(2) 定格電流20 Aの配線用遮断器に直径1.6 mmの電線を配線し，定格電流15 Aのコンセントを1個取り付ける.

(3) 定格電流30 Aの配線用遮断器に直径2.6 mmの電線を配線し，定格電流30 Aのコンセントを1個取り付ける.

(4) 定格電流40 Aの配線用遮断器に断面積8 mm^2の電線を配線し，定格電流30 Aのコンセントを1個取り付ける.

解説 定格電流15 Aの配線用遮断器に直径1.6 mmの電線は使用できるが，定格電流20 Aのコンセントを取り付けることはできない.

解答 (1)

第3章 機械設備関係

1 換気設備・排煙設備

重要度 ★★☆

(1) 換気方式

換気の方式には次のものがある.

表3・1 換気方式

換気方式		内 容
自然換気		風や室内外の温度差を利用する換気
機械換気	第1種機械換気方式	給気,排気とも機械設備
	第2種機械換気方式	給気を機械設備,排気は自然排気
	第3種機械換気方式	給気を自然給気,排気は機械設備

[①自然換気]

風力(通風)や**内外温度差による浮力**を利用するもので,機械設備を使わない換気方式である.この方式では,**冬期**は室内温度と外気温度の差が大きいので,**換気量が増加**する.

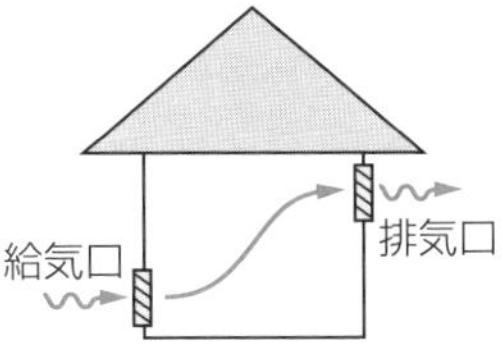

図3・1 自然換気

point

一般に,自然換気の給気口は床面に近く,排気口は天井面に近いところに設ける.

[②機械換気]

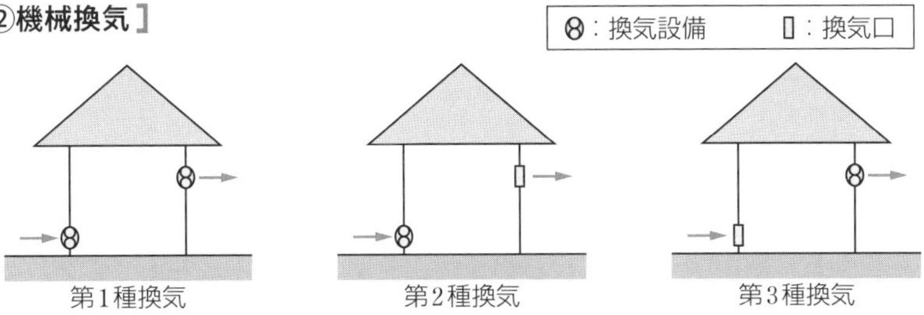

図3・2 機械換気

(2) 機械換気の特徴

[①第1種機械換気方式]

給気，排気とも機械設備による方式．室内を**正圧**（大気圧より高い圧力）にも**負圧**（大気圧より低い圧力）にもできる．

レストラン等の厨房の換気は，第1種機械換気が適している．厨房はやや負圧にして，中の空気が他に漏れないようにする．

[②第2種機械換気方式]

給気は機械設備，排気は自然排気による方式．**室内は正圧**に保たれるので，外部から塵埃《じんあい》等は入らない．

ボイラー室，発電機室等の燃焼機器を設置する室の換気には，燃焼用空気や室内冷却のために給気を十分とる必要があるので，第3種機械換気より第2種機械換気が適している．

[③第3種機械換気方式]

給気は自然給気，排気は機械設備による方式．**室内は負圧**となる．トイレ，台所等は臭いを出さないため負圧にするので，第3種機械換気方式が適している．

point

第1種機械換気方式は，最も優れた方式である．

(3) 換気回数

室内の**換気回数** N は次の式で計算する．

$N = Q/V$　　Q：換気量　　V：室の容積

換気回数は，1時間あたりの空気の入れ替わりの回数と定義され，換気回数が多いほど室内の空気の入れ替わりが多い．

(4) 排煙方式

排煙とは，火災の煙を外部に排出することをいう．その方式には次のものがある．

［①自然排煙］

煙の浮力を利用して外気に直接面している**排煙口から煙を外部へ排出**する方法である．天井が高く，排煙口を高い位置に設ければ排煙能力が上がる．

［②機械排煙］

排煙機を用いて外部に煙を排出するので，外部に面していない室でも排煙が可能である．

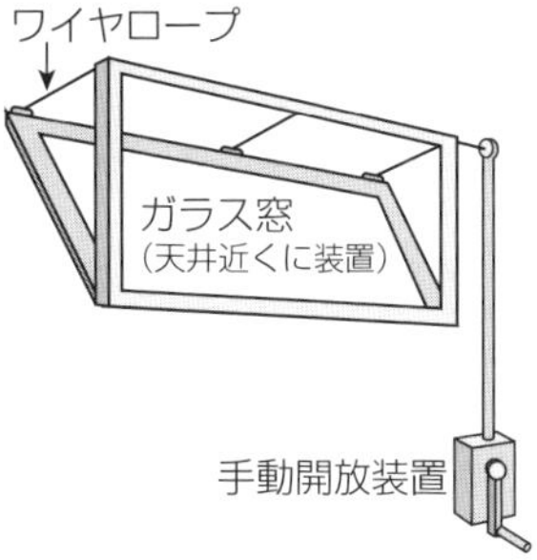

図3・3　自然排煙設備

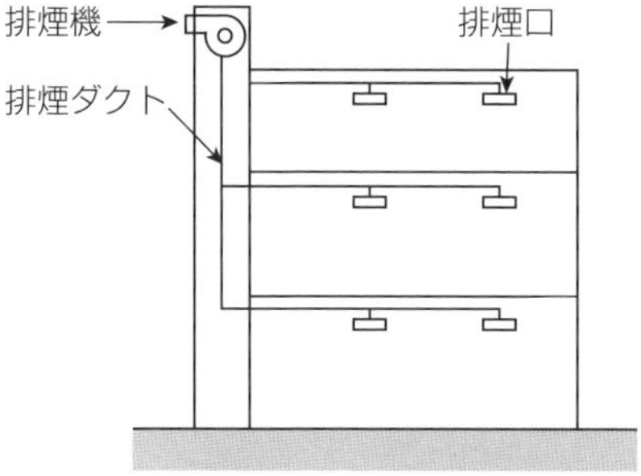

図3・4　機械排煙設備

2　空調設備

重要度★★

(1) 空気調和とは

空気調和（空調）は，快適な住空間を演出するために必要なものであり，そのコントロールすべき要素は，温度，湿度，気流，清浄度である．

空調を行う本体部分が空気調和機（略して空調機）であり，空気ろ過装置，コイル，加湿装置，送風機等を一つの箱体内に収容したものである．

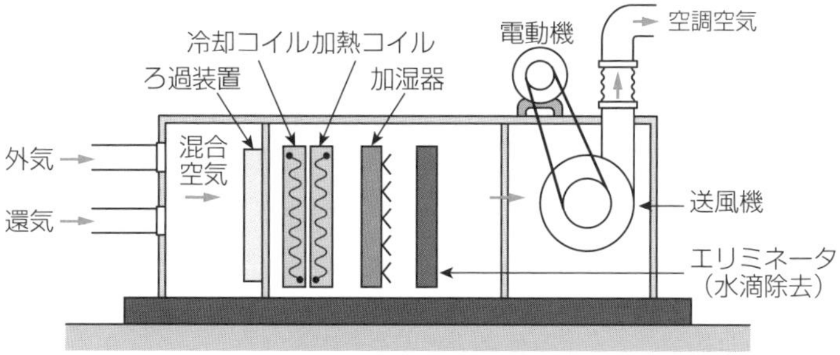

図3・5　空気調和機

(2) 空調設備の構成

空調設備は機能により次のように分けられる．

［①熱源設備］

冷凍機，ボイラー等の**冷熱**，**温熱**を発生させる機器をいう．

［②空調機設備］

空調機本体のことでAHU（エアハンドリングユニット）ともいう．

［③搬送設備］

送風機，ダクト，ポンプ等，**熱を運ぶ機器**をいう．

［④自動制御設備］

温度（サーモスタット），湿度（ヒューミディスタット）等，**自動でコントロールする機器**をいう．

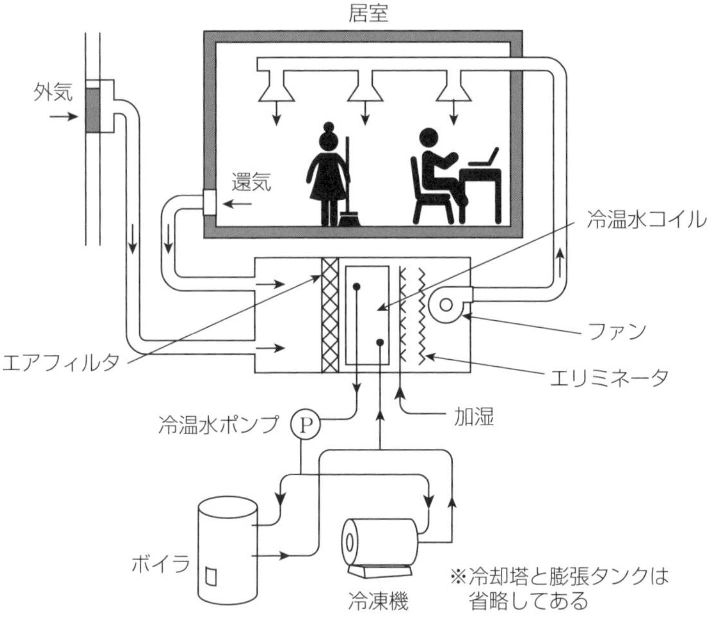

図3・6　空調設備の構成

(3) 空気調和設備の種類

[①定風量単一ダクト方式 (CAV : Constant Air Volume)]

機械室の空調機から出た，1本の主ダクトと分岐したダクトにより，常に**一定風量**で各室の空調を行う．熱負荷特性の異なる室がある場合には適さない．

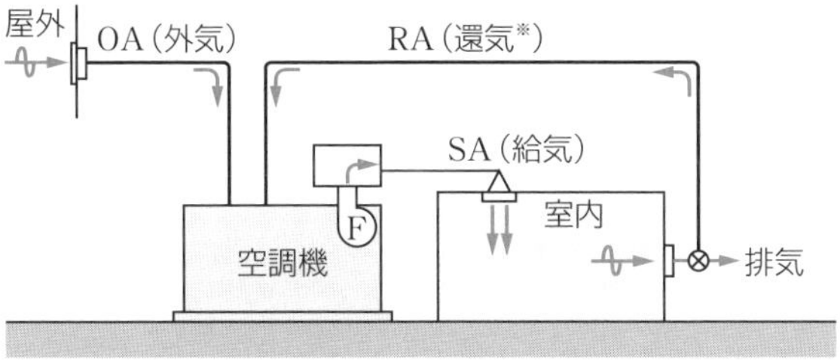

※還気の一部は排気する

図3・7　CAV方式

[②変風量単一ダクト方式 (VAV : Variable Air Volume)]

単一ダクトである点で，CAVと同じであるが，**風量を調節することができる**．また，ある程度負荷変動に対応できる．

[③パッケージユニット方式]

圧縮機・凝縮器・蒸発器その他の機器をケーシングに収納した**パッケージユニット**により空調する．一般に，暖房時の加湿対策が別に必要となる．通常は1台の屋内ユニットに対し1台の屋外ユニットだが，複数台の屋内ユニットを1台の屋外ユニットでシステム構成したものを**マルチタイプ**という．屋外機設置スペースが少なくてすむ．

[④各階ユニット方式]

各階ユニット方式（外気処理空調機付き）は，外気処理用の一次空調機と各階または各ゾーンに分散設置した二次空調機が併設される方式である．

[⑤ファンコイルユニット・ダクト併用方式]

ファンコイルユニットは，図3・8のように，冷温水コイル（コイル状の配管）に，冷水（夏期）または温水（冬期）を通して冷暖房を行う．一方，ダクトは，CAVまたはVAV方式で，ダクトにより空調空気を室内に供給する．搬送する熱媒体による分類では，「水－空気方式」に分類される．**ファンコイルユニットは水，ダクトは空気**を搬送する．

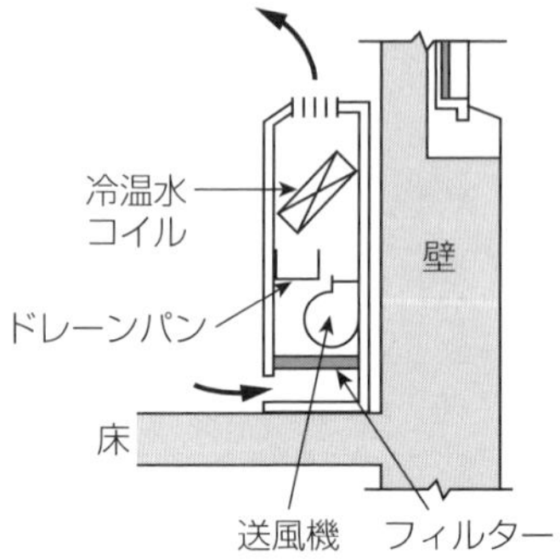

図3・8　ファンコイルユニット

一般に，ファンコイルユニットでペリメータ※（窓側）負荷を処理し，ダクトでインテリア（内部）負荷を処理する．
※ペリメータを「外皮」ともいう．ダクトは細くてよいが，その分外気冷房（外気を取り込む冷房）は行いにくい．

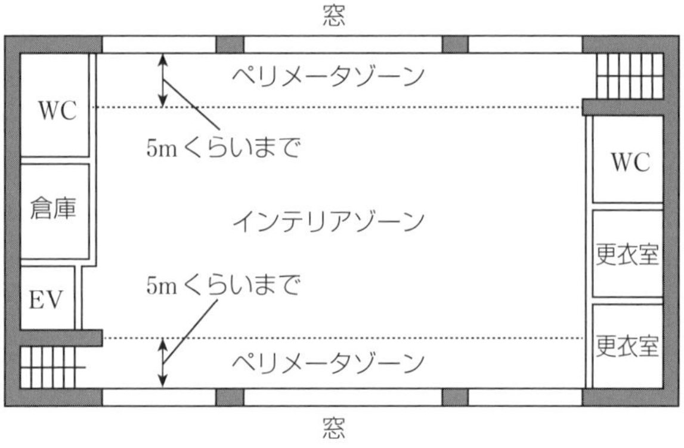

図3・9　ペリメータゾーンとインテリアゾーン

［⑥放射冷暖房方式］

放射冷暖房方式は，天井等に設置した**放射パネル**を加熱または冷却して冷暖房を行うものであり，新鮮空気を必要とするため，ダクト併用方式となる．

［⑦ヒートポンプ方式］

ヒートポンプ方式は，圧縮機（コンプレッサー）で**冷媒**を圧縮し，冷房，暖房を行うものである．冷媒とは，熱の移動を媒介する物質をいう．

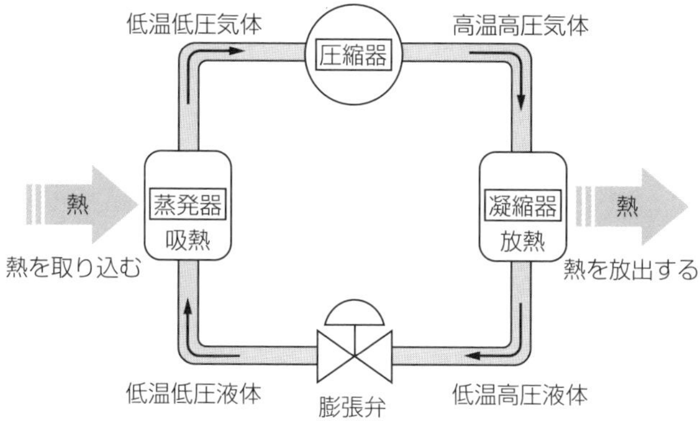

図3・10　ヒートポンプの原理図

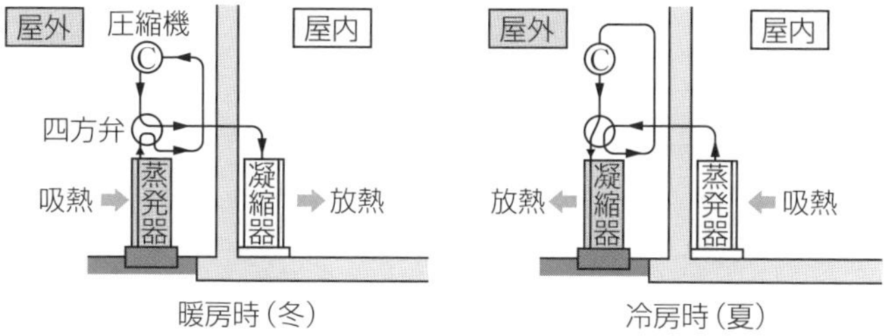

図3・11　蒸発器と凝縮器

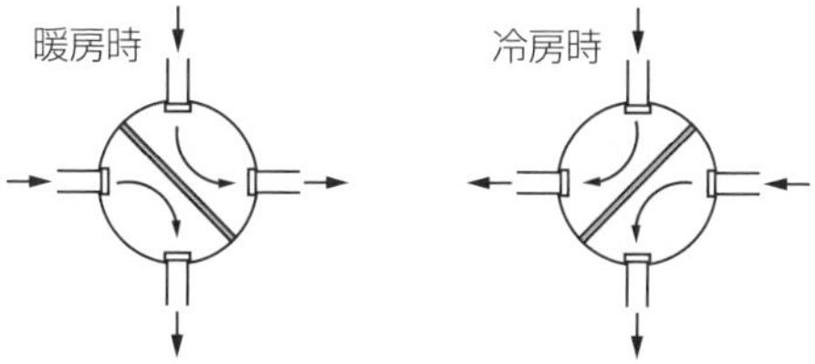

図3・12　四方弁の切換え

point

四方弁の切り替えで冷房・暖房を行う.

3　消防用設備等

重要度★★☆

(1) 消火の3要素

物が燃える3要素と消火方法は表のとおりである.

表3・2　消火の3要素と消火方法

燃えるための要素	燃えなくする要件	消火方法
①燃える物があること	物を取り除く	除去消火
②酸素があること	酸素濃度を下げる	窒息消火
③熱源があること	温度を下げる	冷却消火

3要素のいずれか1つを無くせば燃焼しない. 確実性を増すため, 消火方法を2つ組み合わせた消火もある.

(2) 消防用設備等とは

消防法の規定により, 消防用設備等は次のように定められている.

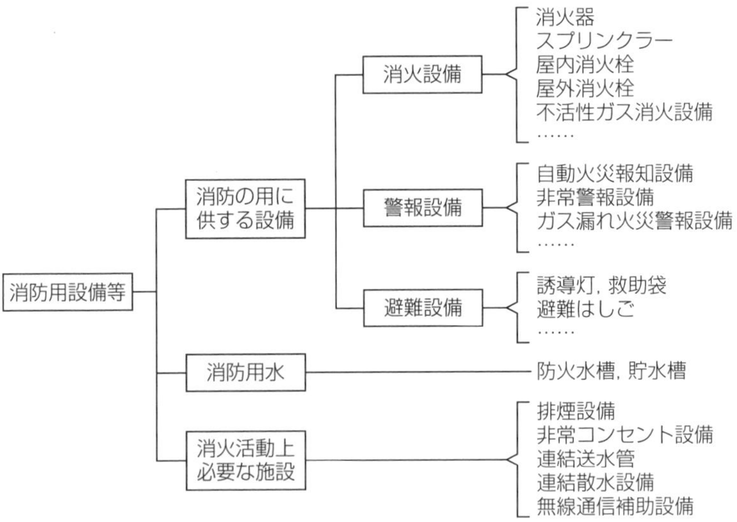

図3・13　消防用設備等の分類

消火活動上必要な設備とは，消防隊の消火活動を支援する設備をいう．たとえば，**無線通信補助設備**は，建物内に張られた通信用アンテナにより，火災時に消火活動を行う消防隊と，外部との通信を可能にする設備である．

> **point**
> 消防用設備等の分類については，「法規」の分野からも出題されている．

(3) 消火器

粉の薬剤が充填されているもので消火能力が高く，普通火災（A火災）油火災（B火災）電気火災（C火災）に対応している．一般に**ABC消火器**といわれている．

(4) スプリンクラー設備

初期消火を目的とし，火災を感知すると天井面に設置されたスプリンクラーから水がシャワー状に散水噴射される．

［①閉鎖型］

放水口が閉じており，感熱体が溶けると散水する．**湿式**（放水口まで水が充満している）と**乾式**（放水口まで空気が充満している）がある．寒冷地で凍結のおそれのある場合は，乾式を使用する．

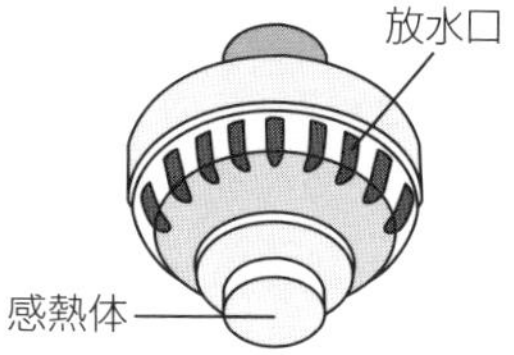

図3・14　スプリンクラーヘッド

［②開放型］

感熱体はなく，放水口が開口している．火災報知器との連動等により，弁が開放されて散水する．**劇場の舞台**に使用される．

図3・15　閉鎖型スプリンクラー

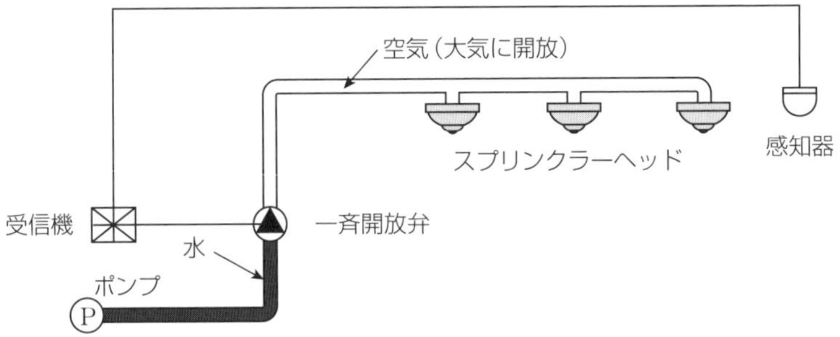

図3・16　開放型スプリンクラー

［③予作動式］

感知器の作動と閉鎖型スプリンクラーヘッドの作動の**2つの作動**により散水する方式であり，閉鎖型スプリンクラーヘッドの破損等の**誤作動による散水で甚大な被害**が予想されるコンピュータ室や通信機械室等で使われる．

（5）屋内消火栓設備

屋内消火栓設備は，火災を初期段階で消火することを目的とし，停電時でも一定時間使用できる**非常電源を附置**する．また，屋内消火栓箱の上部には，設置箇所の標示のために**赤色の灯火**を設ける．

［①1号消火栓］

放水量が多く，操作は2人以上で行う．

［②2号消火栓］

放水量は少ないが，操作は1人でできる．

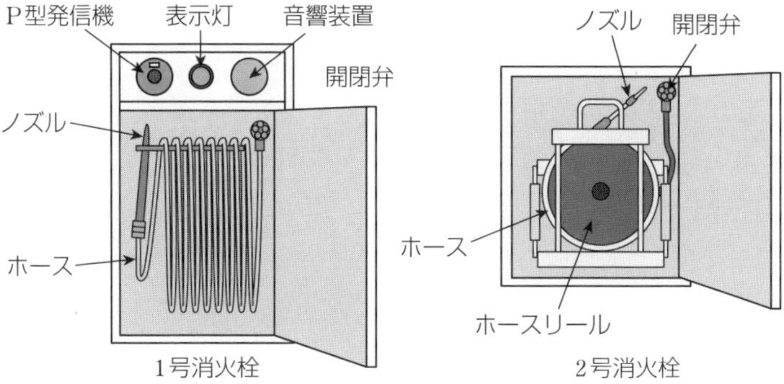

図3・17　屋内消火栓

表3・3　消火栓の種類と特徴

消火栓の種類	水平距離※	口径	放水量	放水圧力
1号消火栓	25m以下	40mm	130L/min	0.17～0.7MPa
2号消火栓	15m以下	25mm	60L/min	0.25～0.7MPa

※水平距離は，各階各部から消火栓までの水平距離をいう．

消火栓は，建物の各階をカバーする必要がある．

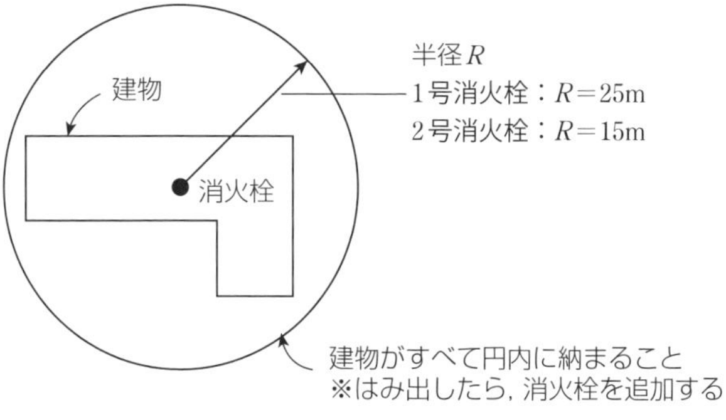

図3・18　消火栓の有効半径

(6) 水噴霧消火設備

水を散水する点ではスプリンクラー設備と同様であるが，違いは，散水される**水の粒が非常に細かい**という点である．火災時の熱によって急激に蒸発するときに熱を奪う**冷却効果**と，燃焼面を蒸気で覆い**酸素を遮断する窒息効果**で消火する．

(7) 泡消火設備

消火用の水に泡消火薬剤，空気を混合して燃焼面を覆う．泡が燃焼物の表面を覆うことによる**窒息効果と，水による冷却効果**で消火する．普通火災や油火災に適用する．

(8) 不活性ガス消火設備

不活性ガス消火設備の消火剤は**二酸化炭素や窒素**等があり，防護区画内に消火剤を放出し，酸素濃度を下げて消火する．水を使用することが不適切な**電気火災や油火災**等に使用される．消火剤による汚損が少なく，早急に復旧することが必要な施設で使用される．なお，消火剤としてハロゲン化物を用いたものを，ハロゲン化物消火設備という．

point

二酸化炭素消火は，普通火災には適用しない．

(9) 粉末消火設備

粉末消火設備は，噴射ヘッドまたはノズルから**粉末消火剤を放出**し，火炎の熱により，粉末消火剤が分解して発生する二酸化炭素による窒息効果により消火する．

point

通信機械室の消火には，不活性ガス消火や粉末消火設備等を使用する．

過去問チャレンジ（章末問題）

問1　**R2**　➡1 換気設備・排煙設備

換気方式に関する記述として，適当でないものはどれか．

(1)　第1種機械換気は，吸気用送風機のみ設置され，室内が正圧となるので，外部から室内に汚染物質が侵入するのを防ぐことができる．

(2)　温度差による自然換気では，屋内外の圧力差が0（ゼロ）となる中性帯の位置に換気口を設けてもほとんど空気の出入りはない．

(3)　換気回数は，1時間あたりの空気の入れ替わりの回数と定義され，換気回数が多いほど室内の空気の入れ替わりが多い．

(4)　自然換気は，動力がいらない反面，自然環境に左右されるので，換気量が一定でないという欠点がある．

解説　第1種機械換気は，吸気用送風機と排気用送風機が設置され，室内を正圧にも負圧にも調節できる．なお，「吸気」を「給気」と表現することもある．

解答　(1)

問2　**R3**　➡2 空調設備

空気調和設備の空気調和方式に関する記述として，適当でないものはどれか．

(1)　定風量単一ダクト方式は，空調機でつくり出された調和空気をダクトを通して各室へ一定風量で送風する方式である．

(2)　各階ユニット方式（外気処理空調機付き）は，外気処理用の一次空調機と各階または各ゾーンに分散設置した二次空調機が併設される方式である．

(3)　ファンコイルユニット方式は，冷却兼加熱コイル及び送風機等を内蔵したファンコイルユニットと呼ばれる室内用小型空調機を各室に設置して，それに中央機械室より冷水または温水を供給し，送風機で室内空気を循環させる方式である．

(4) 放射冷暖房方式（ダクト併用）は，圧縮機・凝縮器・蒸発機などの冷凍サイクル系機器及び送風機・エアフィルタ・自動制御機器などをケーシングに収納した工場生産のパッケージ型空調機を単独または多数設置する方式である．

解説 放射冷暖房方式は，天井等に設置した放射パネルを加熱または冷却して冷暖房を行うものであり，新鮮空気を必要とするため，ダクト併用方式となる．

解答 (4)

問3 **R3** ➡3 消防用設備等

スプリンクラー設備に関する記述として，適当でないものはどれか．

(1) 閉鎖型スプリンクラーヘッドは，火災時に発生する熱が一定温度になるとヘッドのシール機構が分解され放水口が開放されることで散水する．

(2) 予作動式スプリンクラー設備は，閉鎖型スプリンクラーヘッドまでの配管系統に常時消火水を加圧充水しておく方式である．

(3) 乾式スプリンクラー設備は，流水検知装置の2次側から閉鎖型スプリンクラーヘッドまでの配管系統に常時空気を加圧充填しておく方式である．

(4) 開放式スプリンクラ―設備は，開放型スプリンクラーヘッドを使用し，感知器と連動するかあるいは手動起動装置によって一斉開放弁を開放することで散水する方式である．

解説 予作動式スプリンクラー設備は，閉鎖型スプリンクラーヘッドまでの配管系統には水ではなく，空気が充満している．

解答 (2)

第4章 土木・建築関係

1 通信土木工事

重要度 ★★☆

(1) 建設機械

建設作業とそれに用いられる建設機械は次のとおりである.

表4・1　建設機械

建設作業	建設機械
削岩《さくがん》	ハンドブレーカ, ドリフタ
掘削《くっさく》	バックホウ, ブルドーザ, クラムシェル
杭打《くいう》ち	振動パイルハンマ, 油圧ハンマ
締固《しめかた》め (土)	ランマ, タンパ, タイヤローラ, コンパクタ
締固め (コンクリート)	棒形振動機
整地《せいち》	モータグレーダ, ブルドーザ
鉄骨建て方	タワークレーン

point

バックホウは, 機械位置より低い場所を掘削するのに適する.

(2) 地中電線路

地中埋設の電線路には, 次の方式がある.

表4・2　埋設方式と特徴

埋設方式	特徴
直接埋設式	車両その他の重量物の圧力を受けるおそれがある場合, 土冠は1.2m以上で他は0.6m以上. 保守点検は不向きである
管路式	直接埋設式に比べてケーブルに外傷を受けにくく, ケーブルの引替えが容易. 土冠は0.3m以上
暗渠《あんきょ》式	多条数を布設する大規模な工事に用いられることが多い

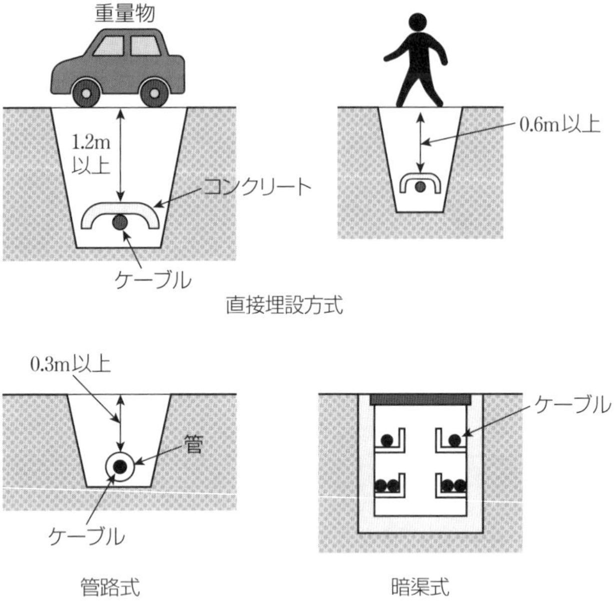

図4・1　埋設方式の図

ごろあわせ　**土を 一気に 下ろす おっさん**

1.2　0.6　0.3

(3) 地中配線工事の留意点

①根切りに先立ち，ケーブル等の**地中埋設物がないこと**を確認する．

②掘削した**底部は，均《なら》して**管を敷《ふ》設《せつ》する．

③ケーブルの敷設に支障が生じる**曲げ，蛇行等がないように**管を敷設する．

④埋戻しには，小石，砕石等を含まない**土砂で埋め戻す**．

※根切り土の中の良質土を使用するか，砂質土を使用するのがよい．

⑤ケーブルの上部に，**標識シート**（埋設シート）を施設する．

⑥管路周辺部の埋め戻し土砂は，すき間がないように**十分に突き固める**．

⑦管路の両端に高低差がある場合，**高い方のマンホールから**ケーブルを引入れる．　※引入れ張力を小さくするためである．

(4) 土の粒子

粒径の大きい順に並べると，次のようになる．

礫《れき》 ＞ 砂 ＞ シルト ＞ 粘土

ごろあわせ

土の 歴 史 さ 知ると ねん

礫 砂 シルト 粘土

(5) 地盤

地山《じやま》（現地盤）を加工すると図のようになる．

①切土《きりど》…現地盤を**切り崩す**こと．

②盛土《もりど》…現地盤上に土砂等を**盛る**こと．

③法面《のりめん》…切土や盛土によりできた**傾斜面**のこと．

④法肩《のりかた》…法面の**最上部**をいう．

⑤法尻《のりじり》…法面の**最下部**をいう．

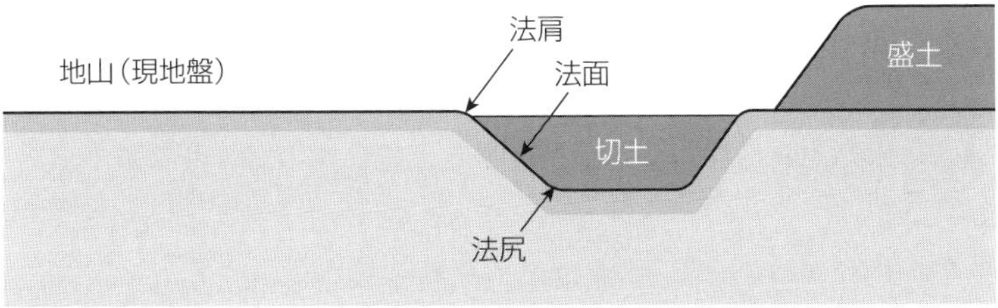

図4・2　地盤の名称

［①ヒービング※］

軟弱**粘土質地盤**の掘削時，土止め壁を回り込んで**地盤を盛り上げる**現象をいう．　※heave《ヒーブ》＝押し上げる

［②ボイリング※］

砂質地盤の掘削時，地下水位が高い場合に，水圧によって水と**砂が吹き上がる**現象をいう．　※boil《ボイル》＝沸く

［③パイピング］

砂質地盤で，ボイリングにより地盤に空隙《くうげき》ができ（水道《みずみち》ができ），水が噴き出す現象をいう．

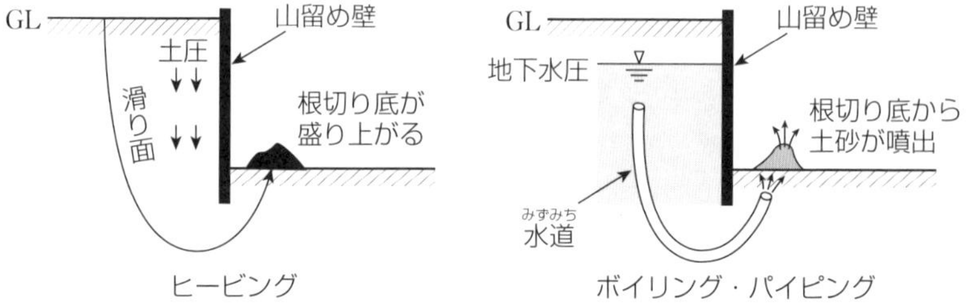

図4・3　根切り底における現象

point

ヒービングは粘性土で，ボイリングは砂質土で起こる現象.

ごろあわせ

日々	**粘る**
ヒービング	粘性土

(6) 排水

根切底に水が溜まらないように排水する工法は次のとおりである．

［①釜場《かまば》工法］

掘削平面内にピット（窪み）を設け，これに湧水を集めてポンプ等により外部へ排水する．

［②ウェルポイント工法］

地盤面下に多数の集水管を埋め，地下水を吸い上げる．

［③ディープウェル工法］

深い井戸を掘り，ポンプで地下水をくみ上げる．

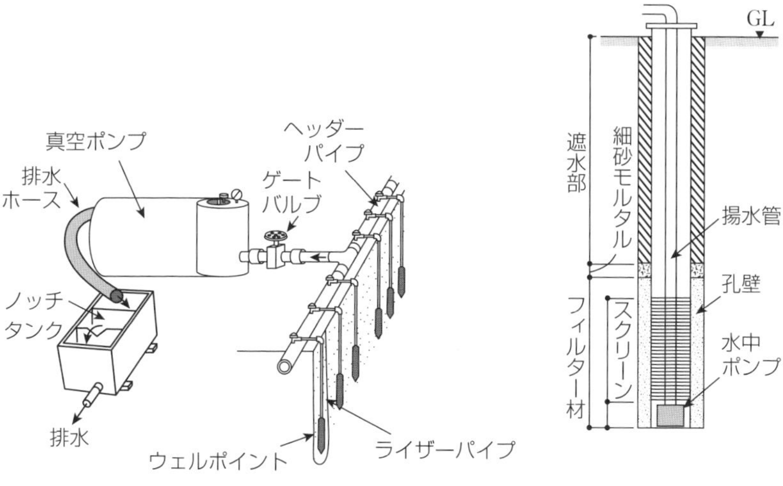

ウェルポイント工法　　ディープウェル工法

図4・4　排水工法

(7) 山留め壁

山留《ど》め壁(土留め壁)とは，掘削した土砂が崩落しないように，また，遮水(止水)目的で**掘削面を囲う壁**をいう．

山留め壁には，次の種類がある．

①親杭《おやぐい》横《よこ》矢板《やいた》壁

②鋼《こう》矢板《やいた》壁(シートパイル)

③ソイルセメント壁

④場所打ち鉄筋コンクリート壁

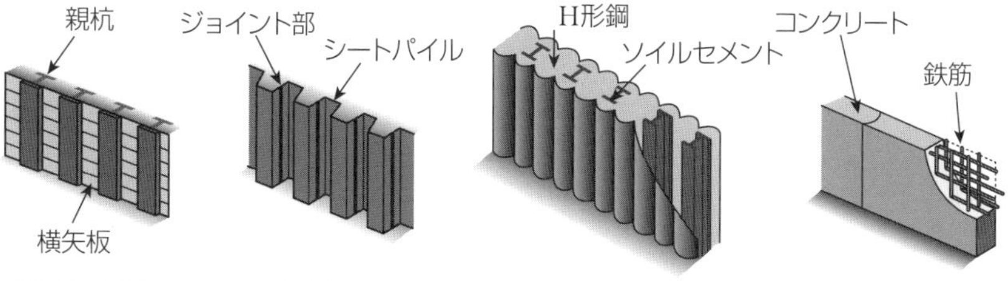

親杭横矢板壁　　鋼矢板壁　　ソイルセメント壁　　場所打ち鉄筋コンクリート壁

図4・5　山留め壁の種類

point

親杭横矢板壁は，横矢板間に隙間があるため遮水性は最も低い．

(8) 山留め支保工

山留め支保工とは，山留壁が倒壊しないように支えるものをいう．図は，**水平切梁工法**といわれる工法の一例である．

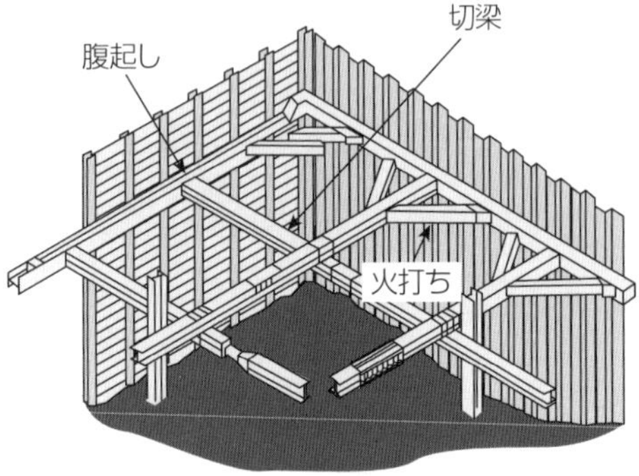

図4・6　水平切梁工法

(9) 基礎

基礎には次の種類がある．

［①直接基礎］

地表から比較的浅いところに**基礎地盤**がある場合，直接その基礎地盤の上につくる基礎である．**フーチング基礎**と**べた基礎**がある．基礎地盤と基礎底面を密着させるため基礎地盤の掘削完了後は，基礎地盤面をならしコンクリート等で覆い，基礎地盤面の乱れやゆるみを防止する．

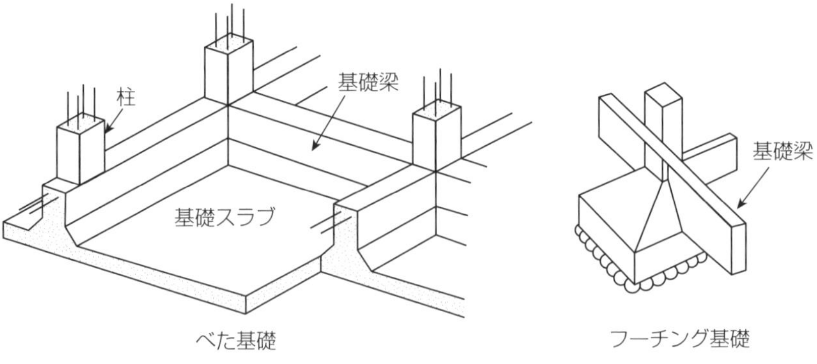

図4・7　直接基礎

［②杭基礎］

杭基礎の工法には，**工場製品の杭**を用いる既製杭工法と現地に杭孔を掘削してコンクリートを打設する**場所打ち杭工法**がある．杭の種類には支持地盤まで届く**支持杭**と，周辺地盤の摩擦力で支持する**摩擦杭**がある．建物に支持杭と摩擦杭を併用すると不同沈下を起こすので避ける．

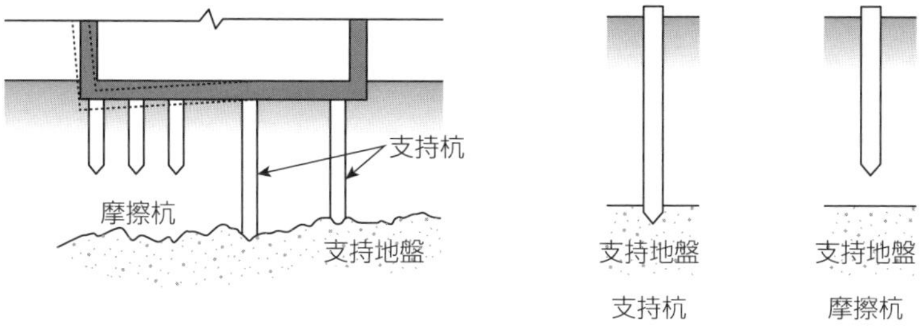

図4・8　杭基礎

既製杭の代表的な工法に，**プレボーリング工法**がある．あらかじめアースオーガ（地面に孔をあける錐《きり》）で削孔し，セメントミルク（セメントを水に溶かしたもの）を入れて杭を沈設する方法である．

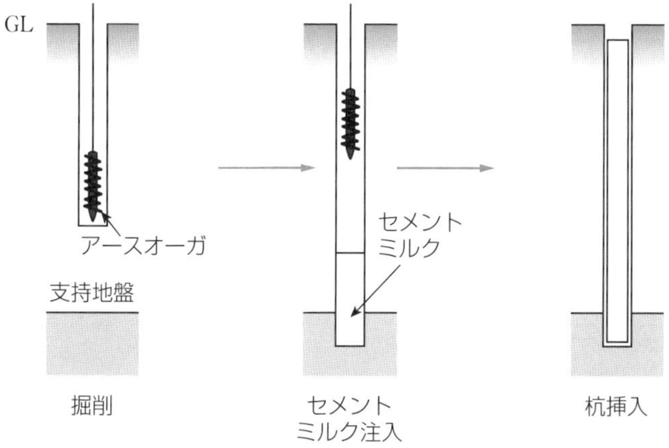

図4・9　プレボーリング工法

(10) 送電線鉄塔

送電線鉄塔の**基礎**は次のとおりである．

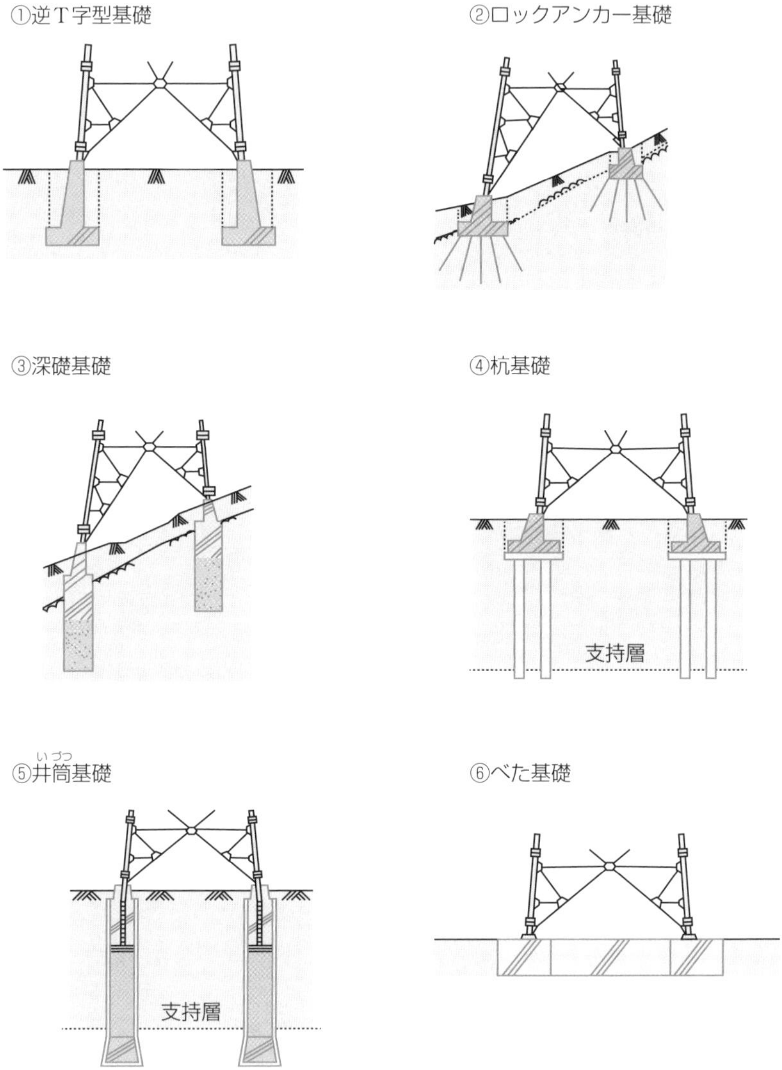

図4・10　送電線鉄塔の基礎

(11) アスファルト舗装

加熱アスファルト混合物を用いて舗装する．特徴は次のとおりである．

①**路盤**は，**表層**および**基層**から伝達される交通荷重を支え，均等に分散して**路床**に伝える役割をもっている．一般に下層路盤と上層路盤の二層で構成される．

②**着色舗装**は，街並との調和，美観，景観や交通安全対策等を考慮して用いられる．

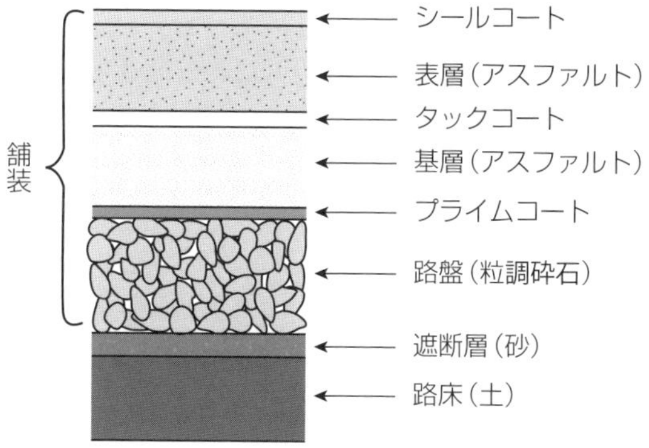

図4・11　アスファルト舗装

(12) コンクリート舗装

コンクリートと鉄筋，鉄網を用いて舗装する．特徴は次のとおりである．

①施工後の**養生期間が長い**．

②部分的な補修が困難である．

③膨張や収縮によるひび割れを防ぐため，目地が必要である．

④せん断力，曲げ応力に強く沈下しにくい．

point

アスファルト舗装は軟らかい．コンクリート舗装は固い．

2　建築工事

重要度 ★★☆

(1) 建築構造

各種構造は図のとおりである.

［①ラーメン構造］

柱を鉛直方向，梁を水平方向に配置し，**接合部を強く固めた構造**である.

［②壁式構造］

板状の**壁と床を箱形に組み**，建築物とした構造である.

［③ブレース構造］

柱や梁等で構成された四角形の対角線上に，**ブレース**（斜め部材）を入れた構造である.

［④トラス構造］

三角形を基本にした構造である.

［⑤シェル構造］

大きな屋根等を，**薄い局面板**（シェル：貝殻）で作った構造である.

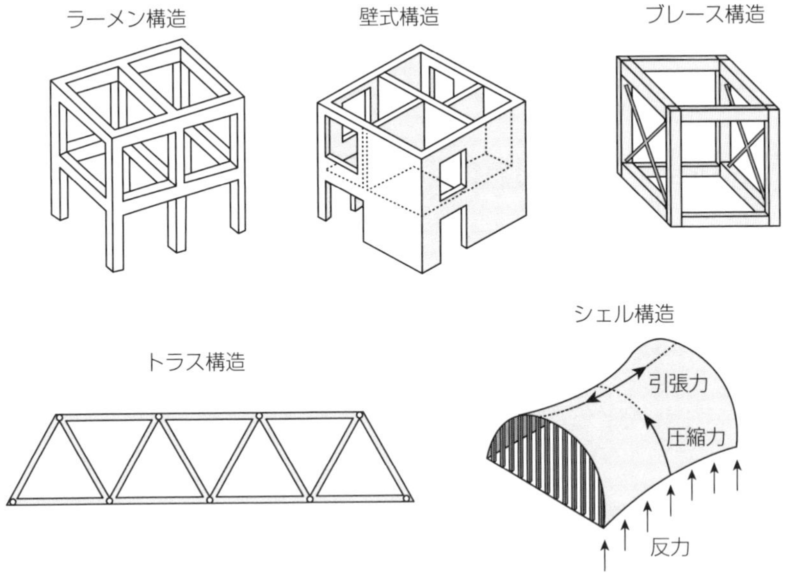

図4・12　各種構造

(2) コンクリート

セメントは，粘土と石灰が1：4の割合でできた粉末状のもので，これに水を加えるとセメントペーストになり，さらに細骨材（砂）を混ぜると**モルタル**になる．モルタルに粗骨材（砂利）を混ぜたものが**コンクリート**である．使用骨材によって普通コンクリートと軽量コンクリート等に分かれる．コンクリートの圧縮強度は強いが，引張強度は弱い（圧縮強度の約1/10）．

コンクリートの組成は以下のとおりである．

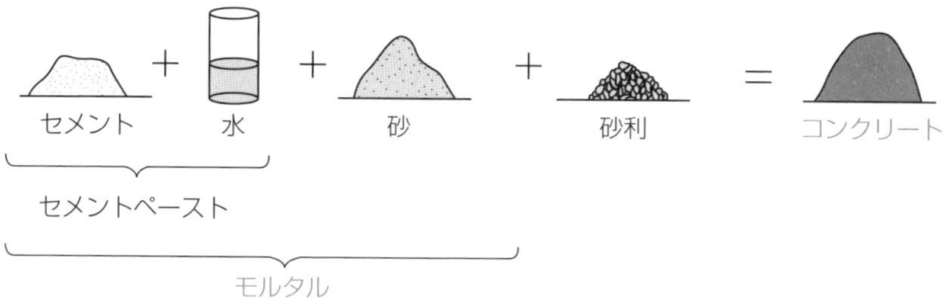

図4・13　コンクリートの組成

一般的に使用される**普通ポルトランドセメント**を使用し，砂と砂利を混ぜたコンクリートの重さは，およそ2,300 kg/m^{3}であるが，軽量骨材を使用した2,000 kg/m^{3}以下の軽量コンクリートもある．

(3) コンクリートの用語

［①水セメント比］

水の重さ÷セメントの重さ ×100％

普通セメントは水セメント比を65％以下とし，大きいと強度がでない．

ごろあわせ

水攻めで	**弱る**
水セメント比大	弱い

［②スランプ］

スランプ値は生コンクリートの**軟らかさ**を表すもので，数値が大きいほど軟らかく施工性が良い．これを，「**ワーカビリティ**が良い」と表現する．

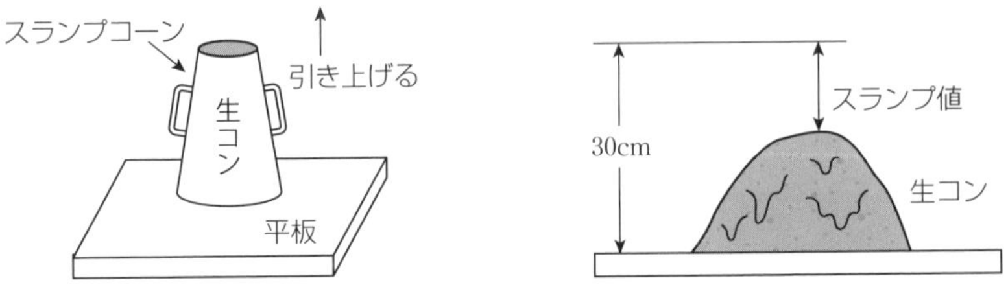

図4・14　スランプ値

［③コンシステンシー］

フレッシュコンクリートの変形や流動に対する**抵抗性**のことをいう．

［④ポンパビリティー］

コンクリート打設時の**圧送ポンプの難易性**をいう．

［⑤ワーカビリティー］

練混ぜ，運搬，打込み，締固め，仕上げ等の作業のしやすさをいう．

［⑥フィニッシャビリティー］

仕上げのしやすさを表す性質をいう．

［⑦コンクリートの中性化］

空気中の**二酸化炭素**により，コンクリートは表面から次第に中性化する．コンクリートは強い**アルカリ性**で，鉄筋の**防錆効果**があるが，中性化が進むと内部の鉄筋が保護できなくなる．

(4) 鉄筋コンクリート

コンクリートの**圧縮強度は強い**が**引張強度は弱い**ので，引張力に強い鉄筋を組み合わせたものが鉄筋コンクリートである．その構造を鉄筋コンクリート構造といい，**RC※造**ともいう．

※RC：Reinforced Concrete（補強されたコンクリート）

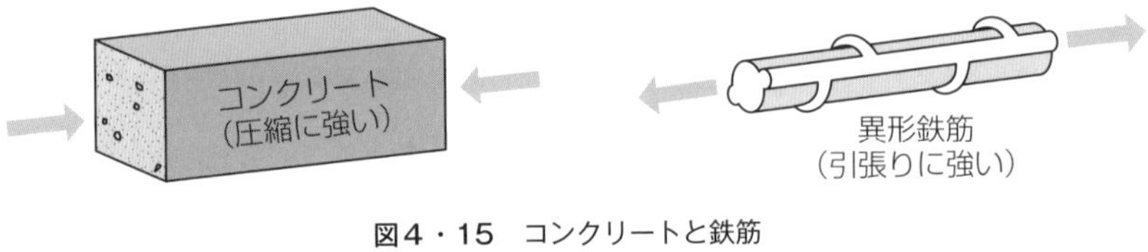

図4・15　コンクリートと鉄筋

RC造の特徴は次のとおりである．

- コンクリートと鉄筋は**熱膨張率がほぼ同じ**で相性がよい．
- コンクリートはアルカリ性で，中の**鉄筋が錆びない**．

鉄筋は，その形状により次のものがある．

①丸鋼　②異形鉄筋

異形鉄筋は，丸鋼の表面にリブや節等の**突起**を付けた鉄筋をいう．**コンクリートとの付着強度が高い**ので多く用いられる．

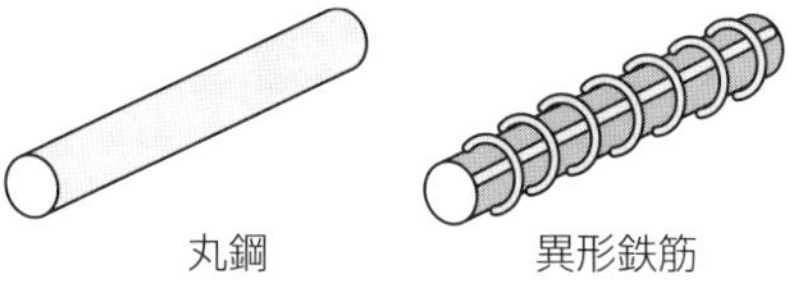

図4・16　丸鋼と異形鉄筋

> point
>
> 異形鉄筋は表面に凹凸があるので，コンクリートとの付着性に優れる．

鉄筋の**かぶり厚さ**とは，**一番外側にある鉄筋の表面から**コンクリート外面までの距離※をいう．十分なかぶり厚さがあれば，耐久性及び耐火性が大きい．

※主筋からの寸法ではない．

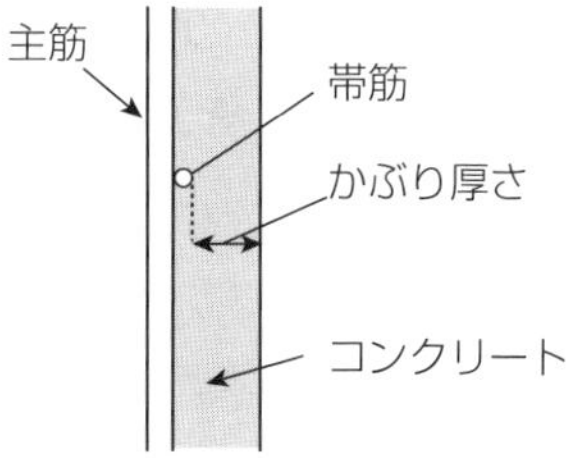

図4・17　柱のかぶり厚さ

(5) 柱と梁《はり》

主筋を取り巻く鉄筋として次のものがある．

［①帯筋（フープ）］

柱の主筋を水平方向に巻いた鉄筋．せん断力に耐え，**柱を補強**する．

［②あばら筋（スターラップ）］

梁の主筋と垂直方向に巻いた鉄筋．せん断力に耐え，**梁を補強**する．

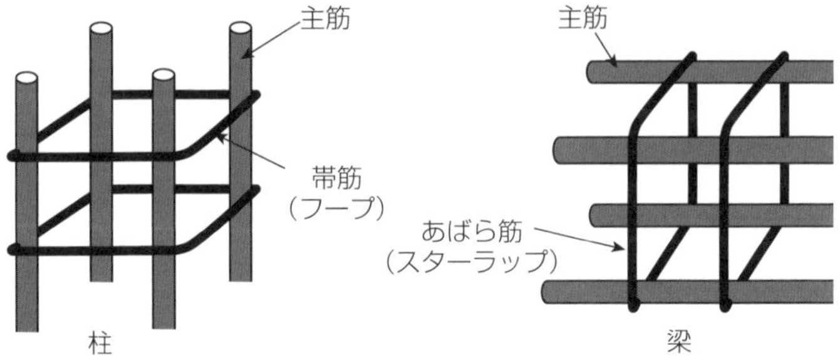

図4・18　柱と梁

(6) 養生

コンクリートを打《だ》設《せつ》したら，表面を湿潤状態に保つ必要がある．これを**湿潤養生**という．

①**適当な温度**（10～25℃）に保つ．

②直射日光に晒《さら》さない．

③振動及び荷重を加えない．

> point
> コンクリートの表面を乾燥状態にしない．

(7) 鉄骨構造

鋼材を用いた建物を**鉄骨造**（S造：Steel）という．

鋼材の特徴は次のとおりである．

①部材は工場で加工されるので，木造，RC造に比べて**工期は短い**．

②小さな断面で大きな**荷重に耐えられる**．

③骨組の部材断面が自由に製作でき，任意に接合できるので，さまざまな**デザインに対応しやすい**．

④**火災時は，耐力が大きく損なわれ**，変形，倒壊の危険があるので，鉄骨を**耐《たい》火《か》被《ひ》覆《ふく》**する必要がある※．

※鉄骨は不燃材だが，そのままでは耐火構造とならない．

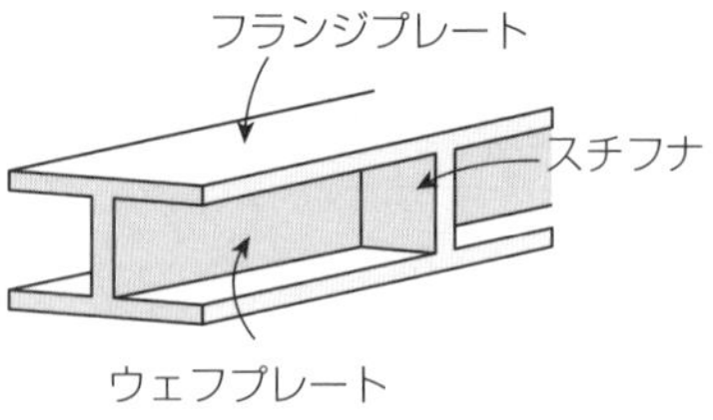

図4・19　H形鋼

過去問チャレンジ（章末問題）

問1 R1 ➡1 通信土木工事

土留め壁に関する次の記述に該当する土留め壁の名称として，適当なものはどれか．

「連続して地中に構築し，継ぎ手部のかみ合わせにより止水性が確保されるが，たわみ性の壁体であるため壁体の変形が大きくなる．」

(1) 親杭横矢板壁
(2) 鋼矢板壁
(3) 鋼管矢板壁
(4) 地中連続壁

解説 継ぎ手部のかみ合わせにより止水性が確保されるのは，鋼矢板壁である．

解答 (2)

問2 R4 ➡1 通信土木工事

土木構造物の基礎に関する記述として，適当でないものはどれか．

(1) 直接基礎では，基礎地盤と基礎底面を密着させるため基礎地盤の掘削完了後は，基礎地盤面をならしコンクリートなどでおおい，基礎地盤面の乱れやゆるみを防止する．
(2) 杭基礎の工法には，工場製品の杭を用いる既製杭工法と現地に杭穴を掘削してコンクリートを打設する場所打ち杭工法がある．
(3) 直接基礎は，地表から比較的浅いところに基礎地盤がある場合，直接その基礎地盤の上につくる基礎である．
(4) アースオーガは，既製杭を打ち込むために使われる杭打ち機であり，振動機を杭頭にとりつけ，その振動と振動機の重量，杭の重量によって杭を地盤に押し込むものである．

解説 アースオーガは，地面を掘削する錐のような機械であり，杭径より大きめの円柱形の穴を開けてその中に既製杭を入れる．

解答 (4)

問3 R3 ⇒2 建築工事

フレッシュコンクリートの性質に関する記述として，適当なものはどれか．

(1) コンシステンシーは，フレッシュコンクリートの変形あるいは流動に対する抵抗性のことである．
(2) ポンパビリティーは，仕上げのしやすさを表す性質である．
(3) ワーカビリティーは，型に詰めやすく，粘りがあり，くずれたり，材料が分離したりすることがないような性質である．
(4) フィニッシャビリティーは，練混ぜ，運搬，打込み，締固め，仕上げなどの作業のしやすさのことである．

解説 (2)ポンパビリティーは，コンクリート打設時の圧送ポンプの難易性をいう．
(3)ワーカビリティーは，練混ぜ，運搬，打込み，締固め，仕上げ等の作業のしやすさのことである．
(4)フィニッシャビリティーは，仕上げのしやすさを表す性質である．

解答 (1)

V部

施工管理法

第1章

工事施工

1 有線電気通信設備

重要度 ★★☆

有線電気設備の施工方法は次のとおりである．

①河川を横断する架空電線は，**舟行に支障を及ぼすおそれがない高さ**とする．

②**横断歩道橋**の上に設置する架空電線は，その路面から**3m以上**の高さとする．

③屋内電線（通信線）が低圧の屋内強電流**電線と交差**する場合，離隔距離を**10cm以上**とする．

④屋内電線（通信線）が低圧の屋内強電流ケーブルと接近する場合，強電流**ケーブルに接触しない**ように設置する．

⑤ケーブルを使用した地中電線と高圧の地中強電流電線との離隔距離が10cm未満となる場合，その間に**堅ろうかつ耐火性の隔壁**を設ける．

⑥電柱の昇降に使用するねじ込み式の**足場金具**は，地表上**1.8m以上**の高さとする．

⑦電話設備における屋内電線（光ファイバを除く）と大地との間および屋内電線相互間は，直流100Vの電圧で測定した絶縁抵抗値**1MΩ以上**とする．

2 通信用メタルケーブル

重要度 ★★★

メタル通信ケーブル（通信用メタルケーブル）は，銅やアルミニウム等の導体を合成樹脂等で絶縁した通信線を集合させ，シースを施したものをいう．撚り線を集合した**平衡型ケーブル**や2本の対になった電線を撚った**ツイストペアケーブル**等は，LAN配線等に使用され，絶縁体で被覆された内部導体の周囲を外部導体で巻いた構造の**同軸ケーブル**はテレビ受信や放送に使用される．

床上配線で，ワイヤープロテクタ等を使用してケーブルを敷設する場合は，室内のレイアウトを考慮し，ケーブルが損傷しないよう保護して敷設する．

(1) UTPケーブルの配線

UTPケーブルの配線工事は次の点に留意して施工する．

①導通試験器等の試験器を使って，**ワイヤマップ**※**を確認**する．

※ワイヤマップとは，ケーブルの先端をコネクタに接続する際の配置をいう．

②UTPケーブルの**結束**は，外被が変形するほど強く締め付けない．

③水平配線の配線後の許容曲げ半径は，ケーブル外径の**4倍以上**とする．

④水平配線の長さは，パッチコード※等も含め**100m以内**とする．

※パッチコードは両端がコネクタになっており，機器を接続する短いコードをいう．

(2) 成端

成端についての留意点は次のとおりである．

①端子盤，機器収納ラック等の端末処理はすべての対を成端する．

②UTPケーブルの成端作業時の対の**撚《よ》り戻し長は，最小**とする．UTPはUnshielded Twisted Pairであり，その名のとおり，2本が撚ってあり，その撚りをもどす長さが長いと漏話が発生しやすい．

③UTPケーブルの成端には，**8P8C (RJ-45) 規格のコネクタ**を使用する．

3 光ファイバケーブルの施工

重要度★★★

光ファイバケーブルは次の点に留意して施工する．

①ケーブルドラムは**平坦な場所**に設置する．

②ケーブルを引き出す方向は，ドラム側面の**矢印と反対方向**とし，ドラムの**上側**から繰り出す．

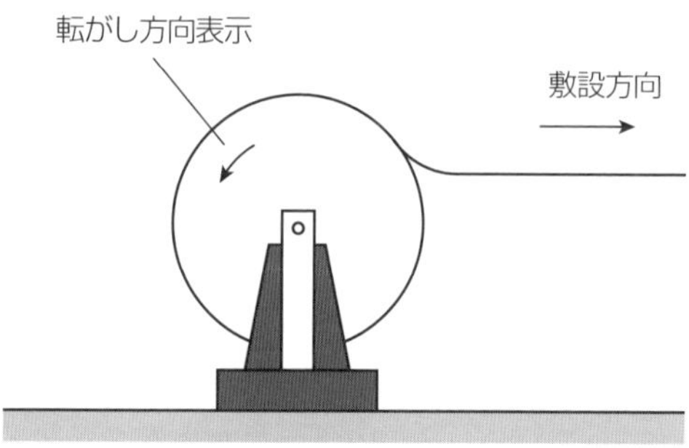

図1・1　ケーブルドラム

③けん引ロープを光ファイバケーブルに取り付けるときは，**撚り返し金物**を介する．

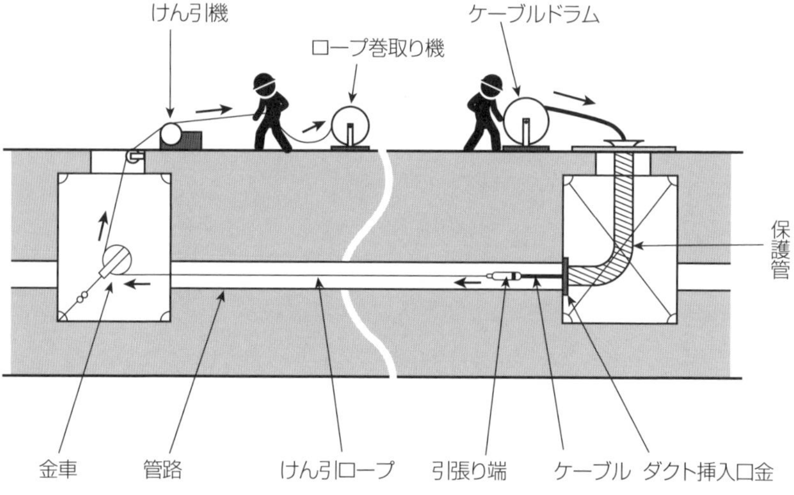

図1・2　管路引入れ

④架空配線で，一定方向への延線が困難な場合や敷設張力が光ファイバケーブルの許容張力を超える恐れがある場合には，敷設ルートの中間で光ファイバケーブルの**8の字取り**※を行う．

※8の字取りを行うとケーブルが撚れない．

⑤ノンメタリック形のテンションメンバには接地を施す必要はないが，鋼

線のテンションメンバには，**接地を施す**.

⑥**融着接続**は，2つの心線を一体化する方法であり，加熱溶融には，**アーク放電**による方法が一般的に使われている.

⑦屋外での接続には**メカニカルクロージャ**（単にクロージャともいう）を用いる作業性・信頼性・保守性等に優れているため一般的に用いられている.

⑧マンホール等の地下環境においては，**水密性を重視したクロージャ**を使用し，水密性が確保されているかどうかの**気密試験**を行う.

⑨**敷設時**（延線時）許容曲げ半径は，仕上がり外径の**20倍以内**とする.

⑩**固定時**の許容曲げ半径は，仕上がり外径の**10倍以内**とする.

ごろあわせ 風雪　忍従
敷設　20倍

ごろあわせ コテコテのとうちゃんが行け
固定　10倍　外径

point
けん引用ロープは，光ファイバケーブルに直接取り付けない.

4 導波管の施工　重要度★★

(1) 種類

周波数が高い**マイクロ波帯**では，同軸ケーブルではなく，減衰の少ない**導波管**と呼ばれる金属製（一般に銅）のパイプが用いられる．断面形状は長方形または円形で，電波は導波管の**壁内の空間を伝搬**する.

[①気密窓導波管]

導波管内の防湿のため，乾燥空気充填用及び気密試験用として，通信機械室内の**引込口付近**に使用する.

[②フレキシブル導波管（可とう導波管）]

空中線の振動吸収，温度膨張による収縮及び角度補正のために使用する．空中線から気密窓導波管までの区間に**長尺可とう導波管**を使用し，直線部だけでなく曲がり部にも使用する.

[③テーパー導波管]

サイズの異なる導波管を接続する時に使用する.

(2) 施工

施工上の留意点は次のとおりである.

①導波管を通信機械室に引き込む際は，適合する引込口金具を使用し，室内に雨水が浸入しないように**防水処置**を施す.

②導波管のフランジには，無線機から気密窓導波管までは**非気密形**を使い，気密窓導波管から空中線までは**気密形**を使用する.

③導波管のフランジ接続は，**ノックピン**（2つの部品の穴に打ち込むピン）を使用してズレが起こらないように正確に接続し，その結合用ねじには，**ステンレス製か真鍮《しんちゅう》製**を使用する.

5 アンカーボルト

重要度 ★★☆

(1) 施工方法

アンカーボルトは，機器を基礎コンクリート上に設置するときに使用するボルトである.

表1・1　アンカーボルトの施工

種　類		施工上の留意点
埋込アンカー		基礎コンクリート**打設と同時**に行う.
箱抜きアンカー		基礎コンクリート打設時は**箱抜き**し，位置決定後にモルタルで詰める
後《あと》施工アンカー	金属拡張系	基礎コンクリート打設後，**ドリルで穴をあけて**設置する.
	接着系	

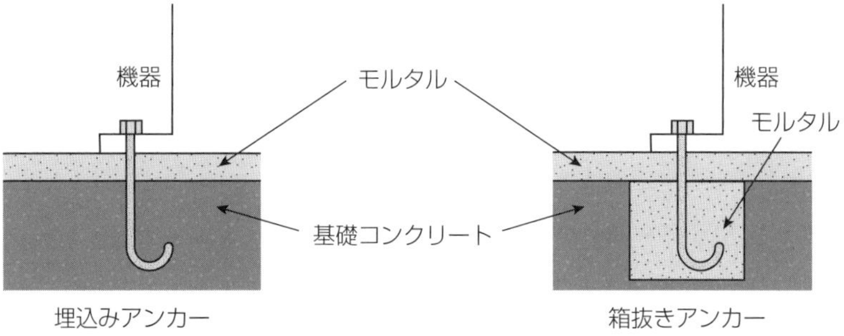

図1・3　埋込みアンカーと箱抜きアンカー

(2) 後施工アンカーの施工

施工手順は次のとおりである．

- **墨出し**は，施工図に基づき，鉄筋等の干渉物がないことを確認したうえで，母材に満足する厚みがあることを確認したのちに穿孔《せんこう》を行う．
- 母材の**穿孔**は，墨出し位置に，施工面に対し垂直方向になるよう仕様に合った適正な**ドリルで穴あけ**を行う．
- **金属拡張アンカー**と母材との固着は，**打ち込み方式**の場合は専用打ち込み棒を用いて拡張部を拡張し，**締め付け方式**の場合は適切な締め付け工具（トルクレンチ等）で拡張部を拡張する．

図は，打ち込み方式で①→②→③の順の施工となる．

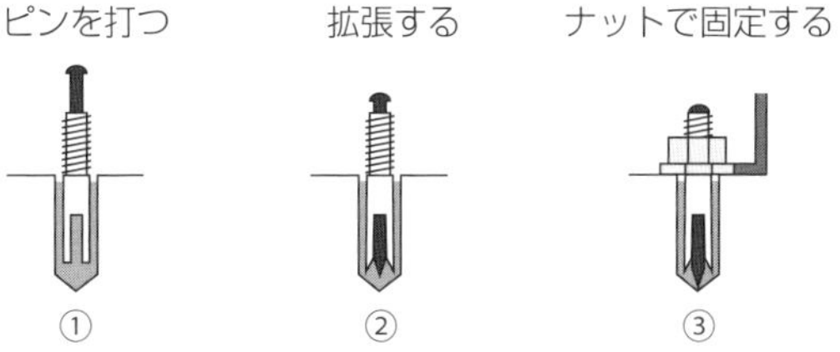

図1・4　金属拡張アンカーの施工手順

- カプセル方式の**接着系アンカー**の打込み型は，カプセルを孔内に挿入し，その上からアンカー筋をハンマー等で打込んで埋め込む．また，埋め込み後は，接着剤が硬化するまでアンカー筋が動かないように養生する．

6　地中工事

重要度 ★☆☆

(1) ハンドホール工事

①掘削幅は，ハンドホールの施工が可能な**最小幅**とする．

②舗装の切り取りは，**コンクリートカッタ**により，周囲に損傷を与えないようにする．

③所定の深さまで掘削した後，石や突起物を取り除き，**底を突き固める**．

④掘削土を全て埋め戻すのではなく，**30 cm 程度ずつ**埋め戻して締め固める．

point

掘削土はすべてを一度に埋め戻さない．

(2) 地中埋設管路

FEP（波付硬質ポリエチレン管）の地中埋設管路の施工の留意点は次のとおりである．

①地中配管終了後，管路径に合った**マンドリル**を取り付けたテストケーブルにより**通過試験**を行い，管路の状態を確認する．

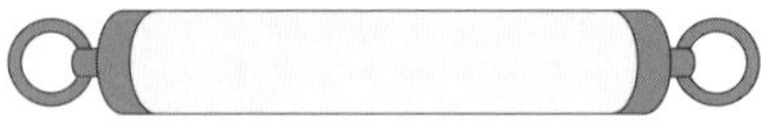

図1・5　マンドリル

②FEPの接続部では，FEP管に挿入されている双方の**パイロットワイヤ**（呼び線）を接続する．

③ハンドホールの壁面にFEPを取り付ける場合は，壁面の孔とFEPとの隙間に**モルタル**を充填する．

管路には，管頂と地表面（舗装がある場合は舗装下面）のほぼ中間に**埋設表示シート**を連続して施設する．　　※防食テープではないので注意．

7 防火区画貫通の施工

重要度 ★★☆

電線等が防火区画を貫通する場合，次の点に留意して施工する．

①金属管配線において**金属管が防火区画を貫通**するときは，金属管と壁との隙間に**ロックウール保温材**を充てんし，標準厚さ**1.6 mm以上の鋼板**で押さえる．

②合成樹脂管配線において**PF管が防火区画を貫通**するときは，貫通する区画からそれぞれ**両側1 m以上**の距離まで金属製の管でカバーし，管と壁との隙間にモルタルを充てんする．

③**金属ダクトが防火区画を貫通**するときは，金属ダクトと壁との隙間にモルタル等の不燃材料を充てんし，金属ダクト内部にロックウール保温材や耐熱シール材等の充てんを行う．

④**ケーブルラックが防火区画を貫通**するときは，**国土交通大臣認定を受けた工法**の一連の材料を使用し，充てん材の密度，耐熱シール材の厚み等，認定の基準を遵守して施工する．

point

合成樹脂製の配管が防火区画を貫通するときは，合成樹脂管でカバーできない．

8 耐震施工

重要度 ★★☆

(1) 設置場所

機器の設置は，可能な限り**床置き**とし，天井つり及び壁掛けは極力さける．据付面の大きさに比べて高さの高い機器は，壁，柱等から**頂部揺れ止め**が容易な場所に設置する．

(2) 固定

建物内での電気通信機器等の**耐震施工**については，一般に，**機器の4隅**をアンカーボルトで床に固定する．アンカーボルトは地震時の引抜力やせん断力に対して働くものであり，通信機器の重量や大きさを考慮して，ボルトの長さ，形状，口径等を決定する．

一般的に地震の揺れは下層階より上層階の方が大きいため，**上層階ほど強度の高いもの**を使う．

機器の頂部を固定する**頂部支持材**は，軽量間仕切壁のようなものでなく，鉄筋コンクリートの壁等，強固なものに固定する．

また，卓上装置は，地震時に水平移動または卓上から落下しないように，耐震用品で固定する．

> point
> 上層階ほど強度の高いアンカーボルトを使う．

9 測定

重要度★★

(1) 絶縁抵抗測定

絶縁抵抗とは，電線を被覆する絶縁材（塩化ビニル等）の抵抗のことで，この値が大きいほど絶縁性能がよい．絶縁抵抗値は，**電気設備技術基準**に次のように定められている．

表1・2　絶縁抵抗値

使用電圧		絶縁抵抗値
300V以下	対地電圧150V以下	0.1MΩ以上
	その他	0.2MΩ以上
300Vを超える		0.4MΩ以上

> point
> 電気通信設備令によれば，光ファイバを除く屋内配線の絶縁抵抗は，1MΩ以上でなければならない．

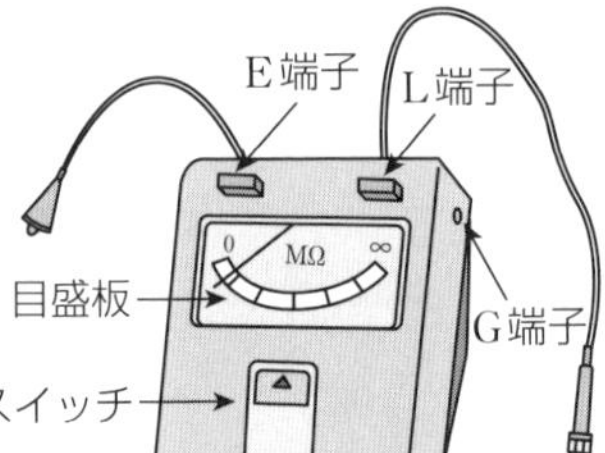

図1・6　絶縁抵抗計

測定手順は次のとおりである．

①測定前に，**電池チェック**を行い，有効表示であることを確認する．

②測定前に接地端子（E）と線路端子（L）を**短絡**し，スイッチを入れて指

針が0であることを確認する．

③測定回路に，半導体等測定電圧をかけることにより破壊されるような機器が接続されていないことを確認する．

④電路の電圧と絶縁抵抗計の電圧（直流）が適正か確認する．

表1・3　電路の電圧と絶縁抵抗計

電　路	絶縁抵抗計
60 V以下の弱電設備の電路と大地間	125 V
100 Vの電灯の電路と大地間	250 V
200 V電動機用の電路と大地間	500 V

⑤対地静電容量が大きい回路では，絶縁抵抗計の指針が安定してからの値を測定値とする．

point

「接地端子（E）と線路端子（L）を短絡し，スイッチを入れて指針が無限大（∞）」ではない．絶縁抵抗値は大きいほどよい．

ごろあわせ

大い なる 鬼 の お嫁が バイバイ

0.1　0.2　0.4M　2倍2倍

（2）接地抵抗の測定

表1・4　接地工事の種類

種類	接地抵抗値
A種	10 Ω以下
B種	$R=K/I$　K：一般にK＝150　I：変圧器の高圧，特別高圧側の1線地絡電流（Kは高圧遮断する装置の動作時間により，300,600）
C種	10 Ω以下（低圧電路において，地気を生じた場合，0.5秒以内に自動的に遮断する装置を施設したときは，500 Ω以下）
D種	100 Ω以下（低圧電路において，地気を生じた場合，0.5秒以内に自動的に遮断する装置を施設したときは，500 Ω以下）

接地抵抗は，電気設備の技術基準に次のように定められている．

また，接地抵抗の測定は図1・7のようにする．

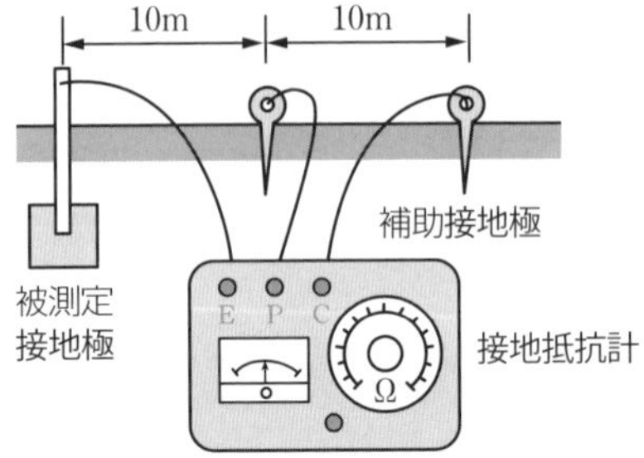

図1・7　接地抵抗の測定

①測定前に，接地抵抗計の**電池の電圧**を確認する．

②測定前に，接地端子箱内で機器側と接地極側の端子を切り離す．

③測定用補助接地棒（P，C）と，被測定接地極（E）は，**E－P－Cの順**に配置する．

④検流計の指針が0（ゼロ）目盛りを指示したときのダイヤルの目盛りを読む．

point

E－P－Cの順に配置することが重要．

ごろあわせ　**順番は，いいPC　順で**

EPC

point

接地線の地表立ち上げ部分は，金属管でなく合成樹脂管とする．ただし，CD管は不可→CD管はコンクリート埋込みしか施工できないため．

（3）接地箇所

［①A種接地工事］

高圧，特別高圧の機器の鉄台，金属製外箱，金属管等　**避雷器**，特別高圧用の計器変成器の2次側電路に施す接地工事をいう．

［②B種接地工事］

高圧電路と低圧電路とを結合する変圧器の低圧側の中性点に施す接地工事をいう．

［③C種接地工事］

300 V を超える低圧用の機器の鉄台，金属製外箱，金属管等に施す接地工事をいう．

［④D種接地工事］

300 V 以下の機器の鉄台，金属製外箱，金属管等，高圧用の計器変成器の2次側電路に施す接地工事をいう．

電柱に沿わせる場合の，**A種，B種接地工事**の接地線の施設方法は下図のようになる．

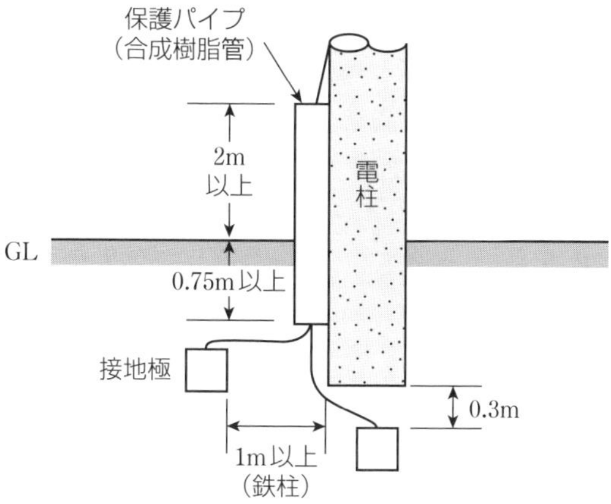

図1・8　A・B種接地工事の例

point

300 V を超えたらC種．300 V 以下はD種接地工事である．

過去問チャレンジ（章末問題）

問1 R2 ➡3 光ファイバケーブルの施工

光ファイバケーブルの架空配線に関する記述として，適当でないものはどれか．

(1) 光ファイバケーブルの敷設作業中は，屈曲部では光ファイバケーブルの許容曲げ半径を下回らないよう屈曲部用の金車を取り付けて施工する．

(2) けん引用ロープは，撚り返し金物を介さずに光ファイバケーブルに直接取り付けて，光ファイバケーブルをけん引する．

(3) 光ファイバケーブルの繰り出し地点では，電柱間で光ファイバケーブルが大きく弛まないようにケーブルドラムの回転を調整する．

(4) 一定方向への延線が困難な場合や敷設張力が光ファイバケーブルの許容張力を超える恐れがある場合には，敷設ルートの中間で光ファイバケーブルの8の字取りを行う方法がある．

解説 けん引用ロープは，より返し金物を介して光ファイバケーブルをけん引する．

解答 (2)

問2 R4 ➡3 光ファイバケーブルの施工

光ファイバケーブルの施工に関する記述として，適当でないものはどれか．

(1) 一定方向への延線が困難な場合や敷設張力が光ファイバケーブルの許容張力を超える恐れがある場合には，敷設ルートの中間で光ファイバケーブルの8の字取りを行う．

(2) 光ファイバケーブルの引張り端は，テンションメンバに張力がかかるようにし，ケーブル端面から浸水しないように防水処置を施す．

(3) ノンメタリック光ファイバケーブルを使用する場合は，誘導雷サージ対策として，テンションメンバを接地する．

(4) 光ファイバケーブルの許容曲げ半径を超えて曲げないように敷設する.

解説 ノンメタリック光ファイバケーブルのテンションメンバはFRP（強化プラスチック）を使用しており，接地する必要はない.

解答 (3)

問3 R4 ➡4 導波管の施工

マイクロ波多重無線設備で使用される導波管の施工に関する記述として，適当でないものはどれか.

(1) 導波管内の防湿のため，乾燥空気充填用及び気密試験用として，通信機械室内の引込口付近にテーパー導波管を使用する.
(2) 導波管のフランジ接続は，ノックピンを使用してズレが起こらないように正確に接続し，その結合用ねじには，ステンレス製を使用する.
(3) 空中線の振動吸収，温度膨張による収縮及び角度補正のために可とう導波管やフレキシブル導波管を使用する.
(4) 導波管を通信機械室に引き込むため，適合する引込口金具を使用し，室内に雨水が浸入しないように防水処置を施す.

解説 通信機械室内の引込口付近に使用する導波管は，気密窓導波管である．テーパー導波管は，口径の異なる導波管を接続するときに使用する.

解答 (1)

問4 R3 ➡5 アンカーボルト

後施工アンカーの施工に関する記述として，適当でないものはどれか.

(1) 締付け方式の金属拡張アンカーは，アンカーのサイズに適合した重さの専用ハンマーと専用打込み棒を用いて拡張部を拡張する.
(2) 打込み方式の金属拡張アンカーは，施工終了後に目視又は打音でアンカーが固着されていることを確認する.

(3) カプセル方式の接着系アンカーの打込み型は，カプセルを孔内に挿入し，その上からアンカー筋をハンマーなどで打ち込んで埋め込む．

(4) カプセル方式の接着系アンカーは，アンカー筋の埋め込み後は，接着剤が硬化するまで，アンカー筋が動かないように養生する．

解説 締付け方式の場合は適切な締め付け工具（トルクレンチ等）で拡張部を拡張する．専用ハンマーと専用打込み棒を用いて拡張部を拡張するのは，打ち込み式である．

解答 (1)

問5 **R4**

➡8 耐震施工

建物内での電気通信機器等の耐震施工に関する記述として，適当でないものはどれか．

(1) 機器を建築物の床に固定するアンカーボルトは，一般的に地震の揺れが下層階より上層階の方が大きいため，上層階ほど強度の高いものを使う．

(2) 機器の設置は，可能な限り床置きとし，天井つり及び壁掛けは極力さける．

(3) 機器の頂部を固定する頂部支持材は，軽量間仕切壁に固定する．

(4) 卓上装置は，地震時に水平移動または卓上から落下しないように，耐震用品で固定する．

解説 機器の頂部を固定する頂部支持材は，軽量間仕切壁ではなく，強固なコンクリート壁等に固定する．

解答 (3)

第2章 施工計画

1 事前調査　重要度★★★

施工計画立案時の**事前調査**には次のものがある．

［①契約条件の確認］

工事内容や契約条件を把握するための**契約条件の確認**をいう．請負代金の変更の取扱い，不可抗力による損害の取扱いや工事代金の支払条件の確認等である．

［②現場条件の確認］

現場の諸条件を把握する．地形，地盤，気象のほか，道路付け，建物密集度等周辺環境の調査を行う．調査の精度を高めるためには，**複数人で調査**すること，調査回数を重ねること等により，個人的偶発的な要因による錯誤や調査漏れを取り除くことが必要である．

point

現場条件の調査は，調査項目が多いので，脱落がないようにするためチェックリストを作成しておくのがよい．

2 施工計画書　重要度★★★

施工計画とは，受注した工事に対して適正な品質管理，安全管理等を行い，**工期内に完成**させるための計画をいう．

施工計画書は，工事着手前に工事目的物を完成するために必要な手順や工法等について記載したものである．

(1) 施工計画書の種類

施工計画書は，大別すると**総合施工計画書**と**工種別施工計画書**がある．

［①総合施工計画書］

工事の着手に先立ち，**工事全体の計画**をまとめたものである．仮設工事から，検査，引き渡し，火災予防計画，安全管理等**工事にかかわる全般を記載**する．他業種との**詳細な取り合い等の記載は不要である**．

具体的な記載事項として，次のものがある．

- 工事施工体制表
- 総合仮設計画
- 計画工程表
- 施工管理計画
- 官公庁届出書類の一覧表
- 主要資材
- メーカの一覧表　ほか

機器承認図，機器製作図は着工後に必要となるものであり，施工計画書に記載すべき内容ではない．

また，原価管理を行うために作成する**実行予算書**は会社の内部資料であり，施工計画書には**記載しない**．

> point
>
> 工事の内容に応じた安全教育及び安全訓練等の具体的な計画も記載する．

［②工種別施工計画書］

工事の**工種ごとに詳しく記載**したものであるが，すべての工種について記載しなくともよい．

(2) 計画の手順

施工計画は次の手順で作成する．

［①契約条件の確認］

施工計画書作成前に，契約書（設計図，仕様書等）に目を通し，**工事内容を把握**する．

公共工事では，**現場説明書**や**質問回答書**も設計図書であり，その確認も非常に重要である．

[②現場条件の確認]

施工計画を立てる上で，現場条件は重要な要素であり，このため必ず**現地調査**を行い，諸条件をチェックするものとする．

地勢，地質や気象等の自然条件や現場周辺状況等について，できるだけ工事経験豊富な複数人で**現地調査**を行う．

point

施工計画書は工事着工前に発注者に提出し，承諾を得る．変更した場合も同様である．

公共工事において，監督員（監督職員）から指示された事項については，**さらに詳細な施工計画書**を提出する．

(3) 計画上の留意点

①工事の目的・内容・契約条件，現場条件，全体工法，施工方法といった**基本方針を考慮**する．

②基本方針を十分に把握し**施工性**を検討することはもちろん，**生産性**の向上，**環境保全**に関しても検討を行う．

③他の現場でも使用できる共通的な内容としない．**その現場に即した**仮設計画，資機材の搬入計画，施工方法，安全管理，養生等を検討する．

④発注者から示された工程が，最適であるとは限らないので，経済性や安全性，品質の確保を考慮して検討する．

⑤発注者の要求品質を確保するとともに，**安全を最優先**にした施工を基本とする施工計画を作成する．請負者の利益を最優先にした計画としない．

⑥過去の実績や経験だけに頼らず，**新工法**，**新技術**，特殊な工法等を調査し，積極的に取り組む．

⑦個人の考えや技術水準だけで計画せず，企業内の関係組織を活用して**全社的な技術水準**で検討する．

⑧複数の**代替案を作成**し，それらを比較検討のうえ**最適案を採用**する．

⑨**発注者側と十分協議**してその意図を理解して計画する．

3　仮設・搬入計画

重要度 ★★☆

仮設計画，搬入計画とも総合的な施工計画書に記載すべき事項である．

(1) 仮設計画

仮設計画の良否は，工程その他の計画に影響を及ぼし，工事の品質に影響を与える．仮設計画は，契約書及び設計図書に特別の定めがある場合を除き，請負者（受注者）がその責任において定める．

仮設物は，設置，維持管理，撤去，後片付けまで含み，**労働安全衛生法**に基づき強度計算，安全率等を考慮して設置する．仮設物の材料は，使用後は他の工事に**転用してもよい**．

記載する主な内容は次のとおりである．

①仮囲い，現場小屋，資材置場等の**仮設物の配置と大きさ**

②資材加工，機材搬入**スペース等**

③電力，電話，給水，ガスの**引き込み**

④**火災予防**，**盗難防止**

仮設建物は，工事の進捗に伴う移転の多い場所には配置しない．

point

仮設計画には，火災予防や盗難予防の対策を含む．

(2) 搬入計画

資機材の品質を損なうことなく，また，公衆災害等を発生させないよう**安全に運び入れる**計画である．

次の点に留意する．

①機器の大きさと重量

②搬入揚重機《ようじゅうき》の選定

③搬入口の位置と大きさ

④運搬車両の駐車位置と待機場所

⑤作業に必要な有資格者

4 書類の届出

重要度★★★

(1) 届出書類と提出先

おもな届出書類，報告書類等の提出先は表のとおりである．

表2・1　届出書類と提出先

届出及び報告書類等	提出先
道路使用許可申請書	所轄警察署長
道路占用許可申請書 道路掘削許可申請書 特殊車両通行許可申請書	道路管理者
高層建築物等予定工事届（電波法） 無線局免許申請書	総務大臣
航空障害灯設置届（60m以上）	国土交通大臣（航空局長）
労働者死傷病報告 機械等設置届（足場等※1）	労働基準監督署長
確認申請書	建築主事又は指定確認検査機関
自家用電気工作物使用開始届書・保安規程	経済産業大臣又は経済産業局長
工事整備対象設備等着工届※2 消防用設備等設置届	消防長または消防署長
特定建設作業※3	市町村長

※1吊り足場，張り出し足場，その他足場は高さ10m以上のもので，組み立てから解体まで60日以上となるものが該当する．

※2消防用設備等の着工届のこと．

※3騒音規制法及び振動規制法に定める，著しい騒音・振動を発生する作業．

【例】①通信アンテナを道路内に設置

道路掘削のため作業車が道路を一時使用する　→　所轄の警察署長

アンテナ柱が道路の一部を占用する　→　道路管理者

②地上または水面上から60m以上となるアンテナを設置　→　航空障害灯の設置が必要となるため，国土交通大臣（航空局長）へ届出

point

誘導灯，消火器，防火水槽，無線通信補助設備等は，甲種消防設備士でなくても設置できるので，着工届は不要である．

過去問チャレンジ（章末問題）

問1　R4　　　⇒1 事前調査

施工計画立案時の事前調査に関する記述として，適当でないものはどれか．

(1) 事前調査には，工事内容や契約条件を把握するための契約条件の確認と現場の諸条件を把握するための現場条件の調査がある．
(2) 資材費，労務費の変動に基づく請負代金の変更の取扱いの確認は，現場条件の調査に該当する．
(3) 現場条件の調査は，調査項目が多いので，脱落がないようにするためチェックリストを作成しておくのがよい．
(4) 現場条件の調査の精度を高めるためには，複数の人で調査したり，調査回数を重ねるなどにより，個人的偶発的な要因による錯誤や調査漏れを取り除くことが必要である．

解説　資材費，労務費の変動に基づく請負代金の変更の取扱いの確認は，現場条件の調査ではなく，契約条件の確認に該当する．

解答　(2)

問2　R3　　　⇒2 施工計画書

施工計画の作成にあたっての留意事項に関する記述として，適当でないものはどれか．

(1) 個人の考えや技術水準だけで計画せず，企業内の関係組織を活用して，全社的な技術水準で検討する．
(2) 発注者の要求品質や施工上の安全よりも，請負者の利益を最優先にした計画を策定する．
(3) 施工計画は，1つの計画のみでなく，いくつかの代替案を作り比較検討のうえ最適案を採用する．
(4) 発注者から示された工程が，最適であるとは限らないので，経済性や安全性，品質の確保を考慮して検討する．

解説 発注者の要求品質を満たすことはもとより，施工上の安全を最優先する．

解答 (2)

問3 R2

➡4 書類の届出

法令に基づく申請書等とその提出先に関する記述として，適当でないものはどれか．

(1) 道路において工事を行うため，道路使用許可申請書を所轄警察署長に提出する．
(2) 航空障害灯の設置後に遅滞なく，航空障害灯の設置について（届出）を地方整備局長に届け出る．
(3) つり足場を90日間設置するため，機械等設置届を所轄労働基準監督署長に届け出る．
(4) 騒音規制法の指定地域内で，特定建設作業を伴う建設工事を施工するため，特定建設作業実施届出書を市町村長に届け出る．

解説 航空障害灯を設置後は，航空障害灯の設置について（届出）を地方整備局長ではなく，国土交通大臣（航空局長）に届け出る．

解答 (2)

問4 R1

➡4 書類の届出

法令に基づく申請書等とその提出先に関する記述として，適当でないものはどれか．

(1) 道路において工事を行うため，道路使用許可申請書を所轄警察署長に提出する．
(2) 騒音規制法の指定地域内で，特定建設作業を伴う建設工事を施工するため，特定建設作業実施届出書を都道府県知事に届け出る．
(3) 国定公園の特別地域内に，木を伐採して工事用の資材置き場を確保するため，特別地域内木竹の伐採許可申請書を都道府県知事に提出する．
(4) 一定期間以上つり足場を設置するため，機械等設置届を所轄労働基準監督署長に届け出る．

解説 特定建設作業実施届出書は，市町村長に届け出る．

解答 (2)

第3章 工程管理

1 工程管理の目的と方法

重要度★★★

工程管理とは，初めに計画した工程と実際に進行している工程を比較検討し，差があるときは，その原因を追及，工程の改善を行い，工事が工程計画どおりに進むように**調整を図る**ことである．工程計画と実施工程の間に生じた差は，労務・機械・資材及び作業日数等，あらゆる方面から検討する必要がある．つまり，工程管理の目的は，工期を守るための単なる時間的管理にとどまらず，労働力や機械設備，資材，施工方法等の**生産手段を最も効率的に活用**させることにある．

工程の進行状況は作業員に周知徹底させ，作業能率を高めるように努力させることも重要である．作業の手順，作業の進度，作業の期間等の要素を図表化して，用途に応じて**各種の工程表を作成**し実施とその検討のための基準として使用する．

(1) 手　順

①一般的に，全体工程計画をもとに月間工程が最初に計画され，その月の週間工程が順次計画される．**全体計画→月間計画→週間計画**（P：Plan）

②作業の**実施**（D：Do）

③計画した工程と**進捗の比較**（C：Check）

④工程計画の**是正処置**（A：Act）

このP→D→C→Aを**デミングサークル**といい，AからPに戻って繰りかえす．

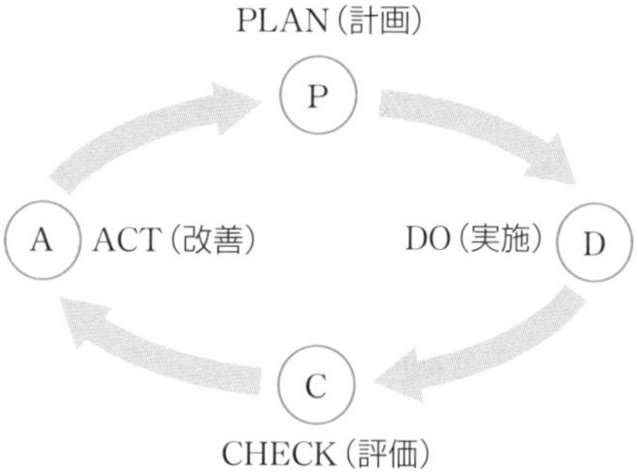

図3・1　PDCA

なお，計画にあたっては，主

要機器の製作承認期間，製作期間を十分考慮し，屋外工事の工程は，天候不順等を考慮して**余裕をもたせる**.

> point
>
> 工程管理は，その他の管理（品質管理，原価管理等）と関連を持たせながら行う.

(2) 進捗《しんちょく》度曲線

進捗度曲線は，工期と出来高の関係を示した図である.

一般に，作業の進捗（進み具合）は，横軸に工期，縦軸に出来高をとると**S字曲線**になる．工期初めと終盤は出来高が上がらない．また，S字曲線が上方許容限界曲線と下方許容限界曲線の中に入るように工程管理する必要がある．この2本の曲線は**バナナ曲線**という.

時間経過率に応じた当該工事の出来高比率をプロットし，その出来高比率が，上方許容限界曲線と下方許容限界曲線の間にあれば良く，下方許容限界曲線の下にある場合は工程の進捗が遅れており，上方許容限界曲線の上にある場合は人員や機械の配置が多過ぎる等計画に誤りがあることが考えられる.

常に進捗状況を把握して，計画と実施とのずれを早期に発見し，是正する必要がある.

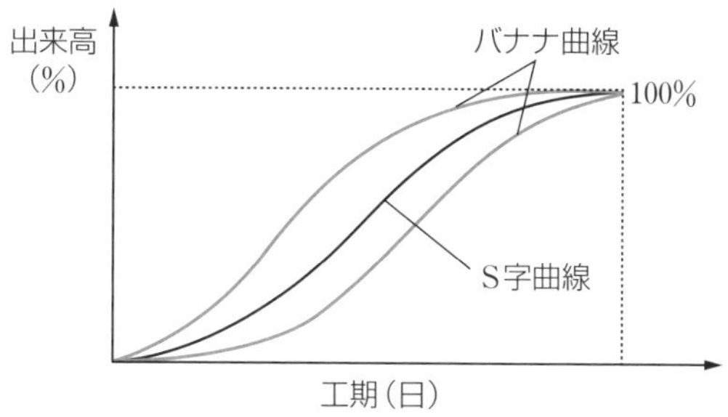

図3・2　S字曲線とバナナ曲線

> point
>
> バナナ曲線は工事着工前に想定した曲線である.

(3) 経済速度

工程速度を上げると出来高が増え，原価は安くなるが，極端に速めると**突貫工事**の状態となり，原価は逆に高くなる．それに移行する境目あたりが最も経済的な速度となる.

直接費（機械器具費，材料費，労務費等）と**間接費**（共通仮設費，経費等）は，一般的に図のような曲線で，両者を合計したものが**総費用**である．これが**最小となる施工速度を経済速度（最適工期）**という.

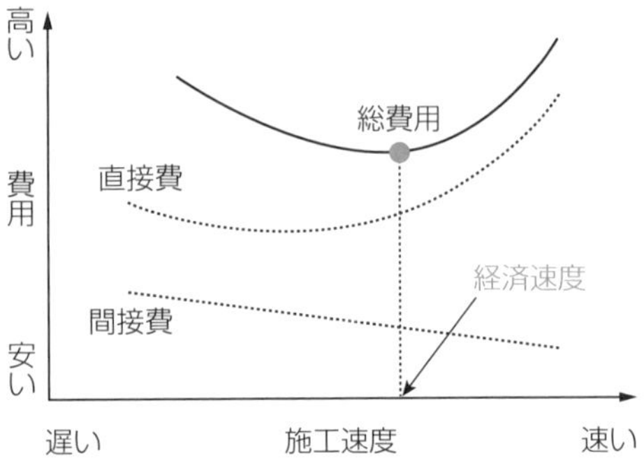

図3・3　経済速度

point

施工速度を上げすぎると突貫工事となり費用はかさむ.

(4) 採算速度と利益図表

［①固定原価］

現場事務所経費，足場損料，建設用機械等，施工出来高の大小によらずかかる費用をいう.

［②変動原価］

材料費，**労務費**等，施工出来高にほぼ比例してかかる費用をいう.

［③工事原価］

①固定原価＋②変動原価＝工事原価となる.

図においては，$y=x$の直線と工事原価の直線が交わった点が**損益分岐点**である.

それより出来高が増えると利益となり，その分岐点が**採算速度**となる.

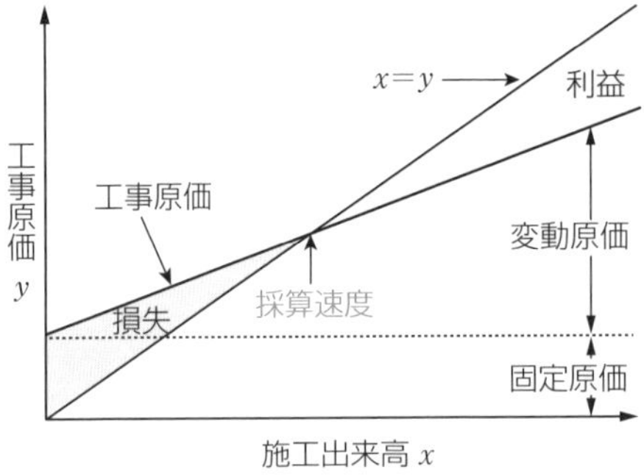

図3・4　採算速度

point

施工出来高が損益分岐点を超えると利益が出る.

(5) 留意点

電気通信工事の工程管理に関する留意点は，次のとおりである．

①**月間工程表**で工事の進捗を管理し，**週間工程表**で詳細に検討及び調整を行う．

②常に**クリティカルな工程**（遅れの許されない工程）を把握し，重点的に管理する．

③施工速度を上げるほど，一般に品質は低下しやすい．

point

クリティカルな工程のみを管理するのではない．

2 工程表の種類

重要度★★★

(1) バーチャート

縦軸に作業名，横軸に月日をとった工程表で**横線工程表**ともいう．

【特徴】

- 作成，修正が**簡単**である．
- 所要**日数と作業の関係**がわかりやすい．
- **計画と実績**が比較しやすい．
  ※計画の下に赤線で実績を記入する．
- **作業間の関連性**がつかみにくい．

表3・1　バーチャート

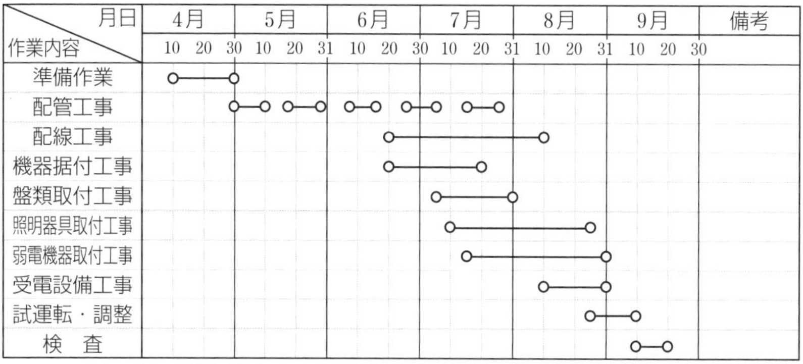

(2) ガントチャート

縦軸に作業名，横軸に達成度（出来高）をとった工程表である．進行状態を棒グラフで表す．

【特徴】

- 各作業の**現時点での達成度**がわかる．
- 工事全体からみて，進捗状況がわからない．
- 全体の所要時間がつかめない．

表3・2　ガントチャート

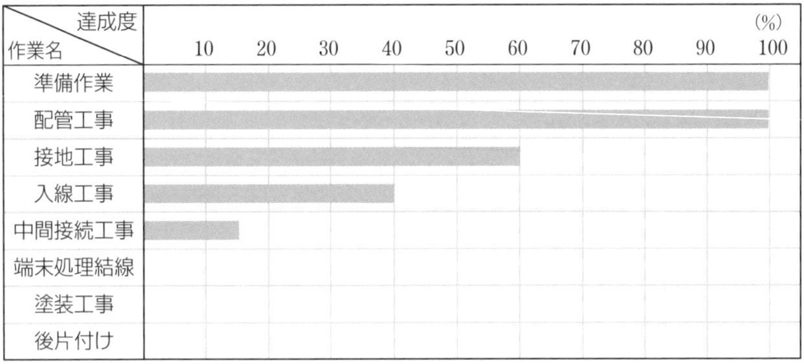

(3) ネットワーク工程表

全体工事のなかで，各作業の相互関係を表したものである．

→と○等を使ったフロー（流れ）の工程表．**アロー形ネットワーク**が代表的である．

①**クリティカルパス**（最長時間）を求めることができ，重点管理項目の予測ができる．

②作成，修正が難しく，熟練を要する．

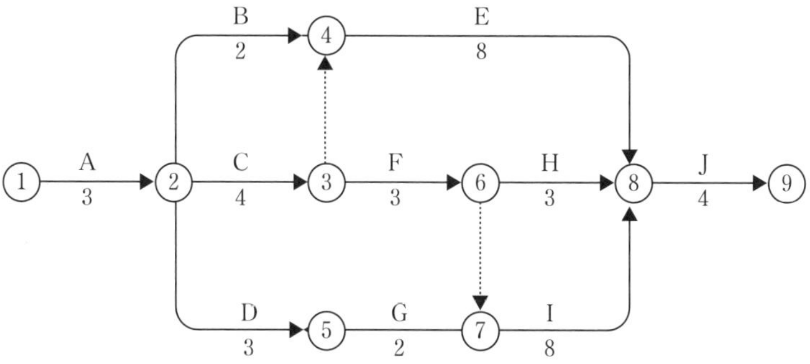

図3・5　ネットワーク工程表

(4) タクト工程表

フローチャートを階段状に積上げた工程表をいう．

①共同住宅，高層事務所ビル等，**各階繰り返しの間取りの建物**に適している．

②ほかの作業との関連性がわかりやすい．

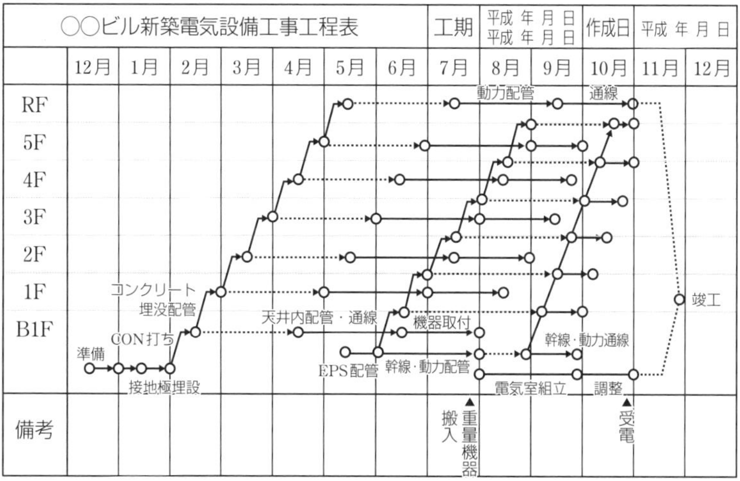

図3・6　タクト工程表

(5) グラフ式工程表

グラフ式工程表は，工種ごとの工程を**斜線で表した**ものである．

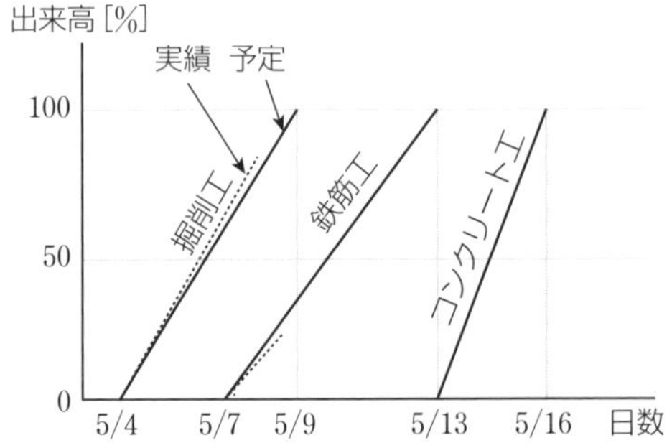

図３・７　グラフ式工程表

(6) 工程表の比較

おもな工程表の比較表は次のとおりである．

表３・３　工程表の比較

項目	バーチャート	ガントチャート	ネットワーク
作業手順	△	×	○
作業日数	○	×	○
進行状況	△	△	○
作成の難易	○	○	×

×：不明，困難　△：漠然　○：判明，容易

point

ガントチャートの進行状況は，工種ごとにはわかるが全体は不明．

3　アローネットワーク工程表　重要度★★★

(1) 基本用語

［①作業（アクティビティ）］

作業の流れを表す**矢印**のことをいう．作業内容は矢印の上に表示し，作業

時間（日数）は矢印の下に表示する．矢印の方向は進行方向を表す．

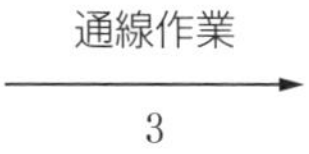

［②結合点（イベント）］

作業の**開始点**，**終了点**を表す．

○の中に番号を入れる（イベント番号）

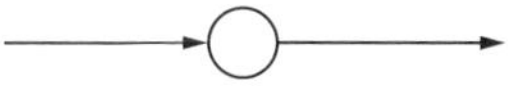

［③ダミー］

点線の矢印で表記する．実際に作業はなく，**作業の前後関係のみ**表す．

【例】A及びBが終わらないとCが開始できない．

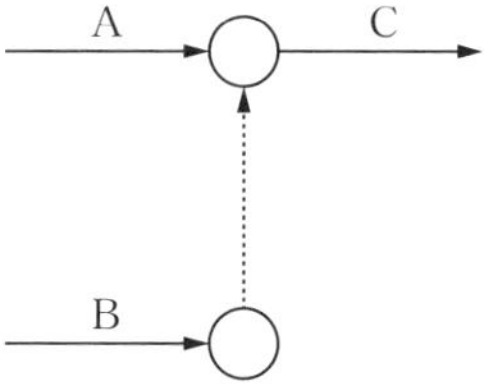

［④時　刻］

- 最遅《さいち》開始時刻（LST：Latest《遅くとも》　Start《開始する》　Time《時刻》）

  A作業を，遅くとも開始しなければならない時刻．LFT − Aの作業日数．

- 最遅完了時刻（**LFT**：Latest《遅くとも》　Finish《終わる》　Time《時刻》）

  A作業を，遅くとも完了しなければならない時刻．

- 最早《さいそう》開始時刻（**EST**：Earliest《最も早く》　Start《開始する》　Time《時刻》）

  B作業を，最も早く開始できる時刻．

- 最早完了時刻（EFT：Earliest《最も早く》　Finish《終わる》　Time《時刻》）

  B作業を，最も早く完了できる時刻．　EST + Bの作業日数．

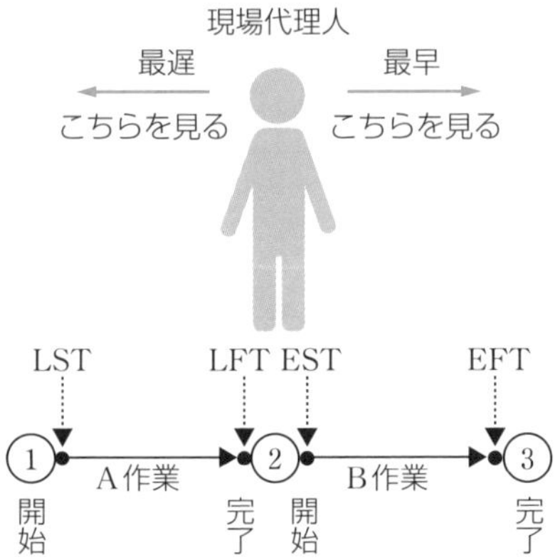

図3・8　時刻の表し方

point

現場代理人の足元の時刻（ESTとLFTが重要）について，
「最早○○」は，次の作業に視点をおく．「最遅○○」は，前の作業に視点をおく．

［⑤フロート（余裕時間）］

- フリーフロート

ある作業内で**自由に使える**余裕時間をいう．後続する作業の最早開始時刻に影響しない．つまり，すべて使い切っても**後続作業を最早開始時刻で開始できる**．

- ディペンデントフロート

後続作業の最早開始時刻に影響を及ぼすフロートをいう．使用すると後続作業を最早開始時刻では開始できないが，**最遅開始時刻には間に合う**．

- トータルフロート

フリーとディペンデントの**合計**で，最大余裕時間をいう．

［⑥クリティカルパス］

余裕時間がまったくない作業をつなげたものをいう．それら作業を合計したものが所要工期となる．**最も長くかかる工程**である．

point

クリティカルパスは，1本以上ある．

(2) 基本ルール

①結合点間の矢印は1本

はよい.

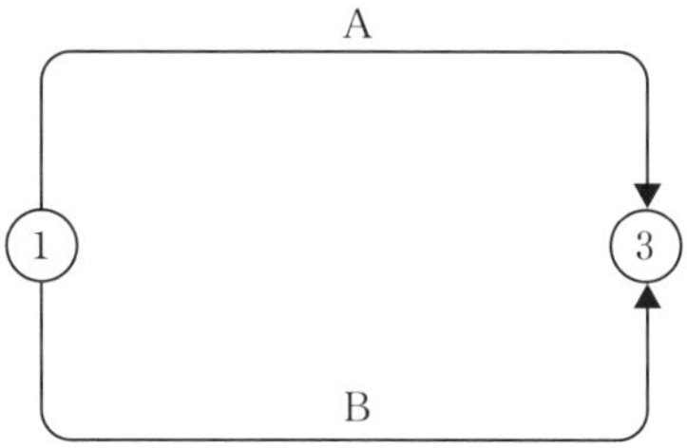

は結合点間に2本の矢印（作業）があるので不可.

この場合，次のようにダミーを用いて表記する.
4つのどのパターンでもよい.

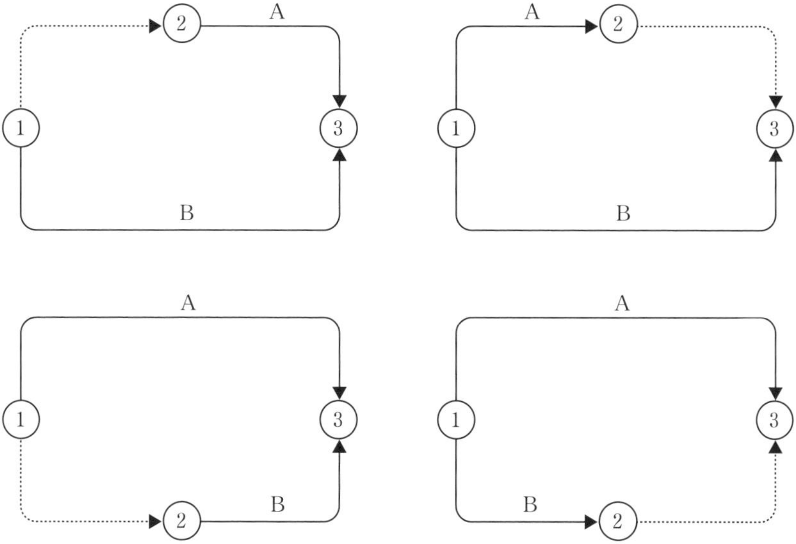

②1つの結合点に始まり，1つの結合点で終わる．

③先行作業と後続作業

先行作業が終われば後続作業ができる．

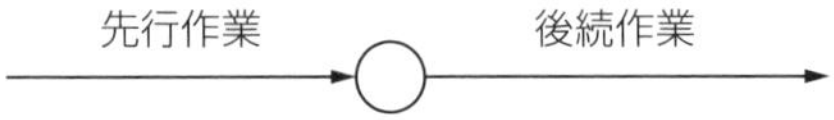

【例】A，B，Cが終わればDが開始できる．

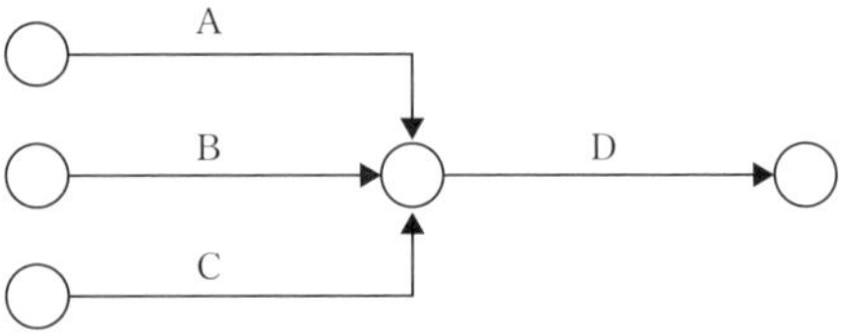

【例】開始の条件に注意．

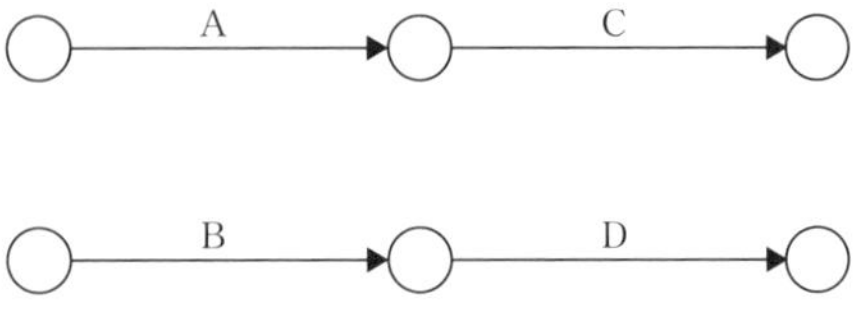

Aが終わればCは開始できる．Bが終わればDは開始できる．

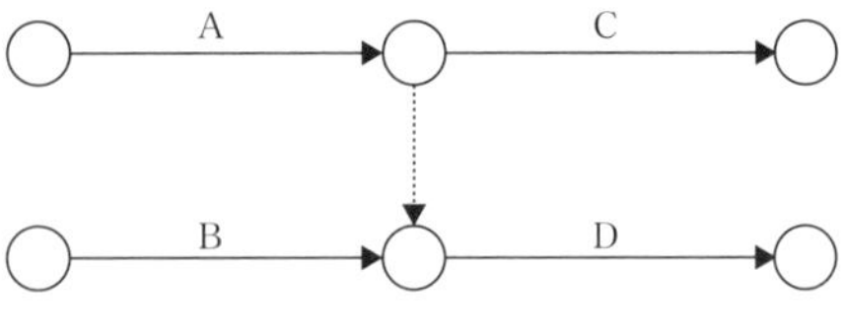

Aが終わればCは開始できる．Bが終わっているだけでは，Dは開始できない．AとBが終わってから，Dが開始できる．

(3) 最早開始時刻 (EST) の求め方

EST とは，後続する作業を**最も早く開始できる時刻**のことをいう．
図のようなネットワークの場合，EST はイベント番号の上に記入する．

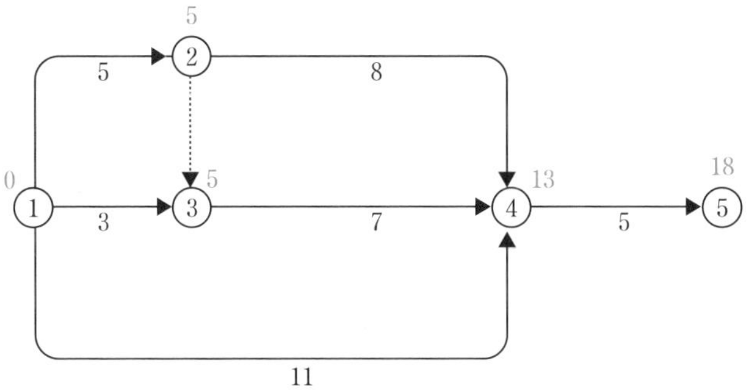

図3・9　最早開始時刻

【手順】

- スタートは0なので，①の上に0を記入する．
- ②については，①→②に5日かかるので，②の上に5を記入する．
- ③へは，①→③と②→③（①→②→③）の2通りあり，それぞれについて日数を計算する．
  ①→③は3日，②→③はダミーで0だが，③に移るには①→②→③の日数を必要とするので，5日かかる．5＞3で，**大きい方の数を記入**．
  (3日では①→②の作業が終わらず，次の作業に移ることができない)
- ④については，流入する矢印が3本あり，②→④，③→④，①→④のそれぞれについて考える．
  ②→④は　5＋8＝13
  ③→④は　5＋7＝12
  ①→④は　　　　11
  従って，④の上に13を記入．
- ⑤については，入る矢印が1本で，13 + 5 = 18を記入．
  18がこの工程の所要日数である．**クリティカルパスは①→②→④→⑤**．
  EST を求めるとき，採用したルートに○印を付け，それをつないでいったものがクリティカルパスである．

point

ESTは，イベントに流入する矢印が複数あるとき，最も大きい数をとる．

ごろあわせ　**エステ は 大入り**

EST　　大きい数 流入

(4) 最遅完了時刻（LFT）の求め方

LFTは，遅くとも完了していなくてはならない時刻である．

ESTを記入したネットワークにおいて，**ESTの上に□で囲んだLFTを記入**する．

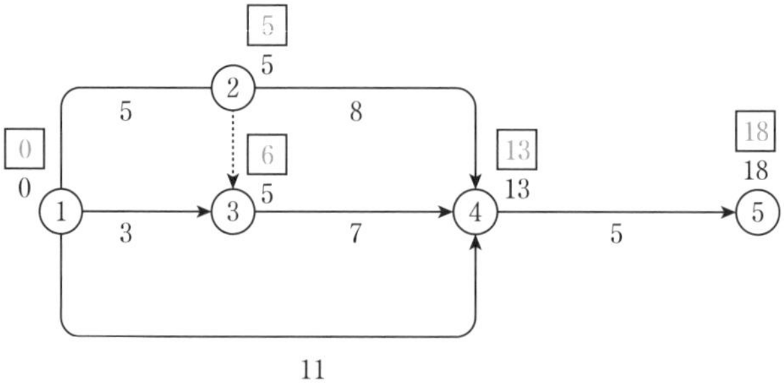

図3・10　最遅完了時刻

【手順】

- ESTとは逆に，⑤からイベント番号の若い方に進んで考える．
  ⑤の上に[18]を記入する．（以下，LFTはすべて□で囲む）
- ④のLFTは，[18]−5＝13　（遅くも13日までに④が終わっていること）
  であるため13を記入．
- ③は，[13]−7 ＝ 6
- ②は，矢印が2本出ており，②→④と②→③について考える．
  ②→④は，[13]−8＝5
  ②→③は，[6]−0＝6
  5＜6で，小さい数を記入する．
  (6日では，②→④の作業が1日ずれ込む)
- ①の上には0を記入．

point
LFTは，イベントから流出する矢印が複数あるとき，最も小さい数をとる．

ごろあわせ

ロフト から 小出し
LFT　　　小さい数 流出

(5) クリティカルパスの求め方

クリティカルパスとは，各ルートのうち最も日数を要するルートをいう．ESTを求めた段階で，クリティカルパスとなる作業のルートを求めることもできるが，ここで，LFTを求めた意味は，クリティカルパスを容易に探し出すためである．

つまり，**EST＝LFTとなっているイベント**（クリティカルイベント）をすべて太線でつないでいけばすべてのクリティカルパスが求められる．ただし，複数本あるときは，すべてがクリティカルパスとは限らないので，必ず比較する．

(6) フロートの計算方法

3つのフロートは，次のように求める．

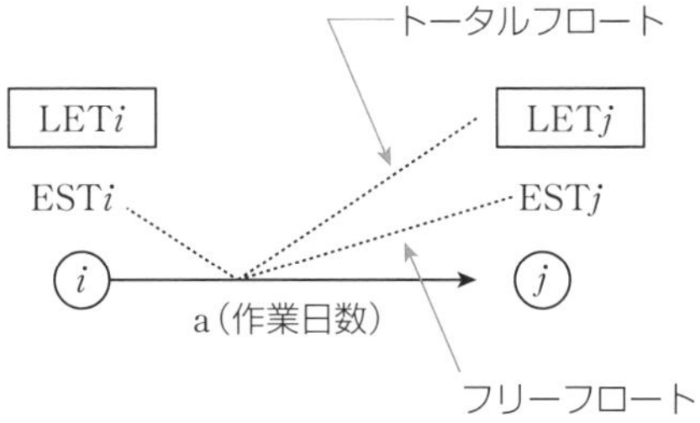

図3・11　フロートの計算

①フリーフロート＝$\mathrm{EST}j-\mathrm{a}-\mathrm{EST}i$
②トータルフロート＝$\mathrm{LFT}j-\mathrm{a}-\mathrm{EST}i$
③ディペンデントフロート＝$\mathrm{LFT}j-\mathrm{EST}j$

point

フリーとトータルの違いは，引き算の最初の数字が異なり，あとは同じである．

4　山積み・山崩し

重要度★★

作業人員等の**平準化を図る**目的で，山積み図，山崩し図を作成する．

(1) 山積み図

各作業に必要な人員，機械，資材の量を作業日ごとに集計した図である．

(2) 山崩し図

工事計画における作業日ごとの人員や機械，資材の不均衡を是正，**平準化**するために，山積図の**凸凹をほぼ平ら**にして，できる限り一定となるようにした図である．

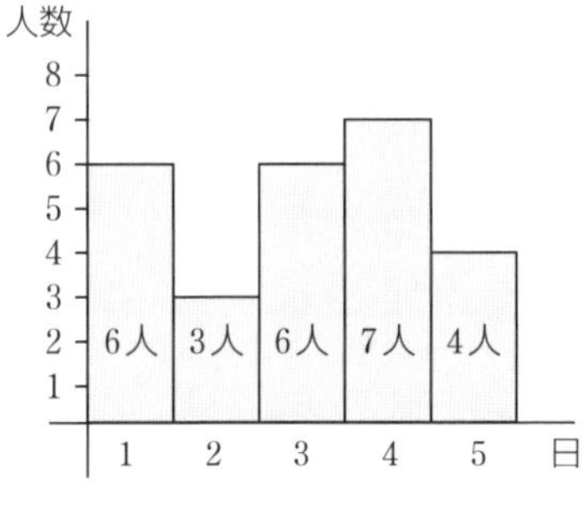

図3・12　山積み図

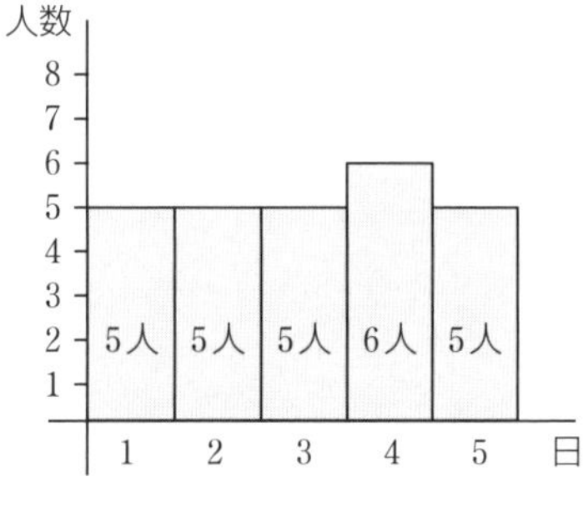

図3・13　山崩し図

過去問チャレンジ（章末問題）

問1　**R4**　➡1 工程管理の目的と方法

工程管理に関する記述として，適当でないものはどれか．

(1)　工程管理では，作業の手順，作業の進度，作業の期間などの要素を図表化して，用途に応じて各種の工程表を作成し実施とその検討のための基準として使用する．

(2)　工程管理では，経済性の確保，品質の確保や安全の確保よりも施工速度を優先し，機械の使用台数や作業員の動員数を増やしてでも最も短い工期で施工が行える工程計画を作成する．

(3)　工程管理とは，初めに計画した工程と実際に進行している工程を比較検討して，差があるときは，その原因を追及，改善し工事が工程計画どおりに進むように調整を図ることである．

(4)　最適工期とは，直接工事費と間接工事費の合計額が最小となる工期である．

解説　工程管理の目的は，工期を守るための単なる時間的管理にとどまらず，労働力や機械設備，資材，施工方法等の生産手段を最も効率的に活用させることにある．

解答　(2)

問2　**R4**　➡2 工程表の種類

工程管理で使われる工程表に関する次の記述（ア）～（ウ）の名称の組合せとして，適当なものはどれか．

（ア）縦軸に出来高比率をとり，横軸に日数をとって，工種ごとの工程を斜線で表した図表である．

（イ）縦軸に部分工事をとり，横軸に各部分工事に必要な日数を棒線で記入した図表である．

（ウ）縦軸に出来高比率をとり，横軸に工期をとって，工事全体の出来高比率の累計を曲線で表した図表である.

	(ア)	(イ)	(ウ)
(1)	出来高累計曲線	バーチャート	グラフ式工程表
(2)	出来高累計曲線	グラフ式工程表	バーチャート
(3)	グラフ式工程表	バーチャート	出来高累計曲線
(4)	バーチャート	グラフ式工程表	出来高累計曲線

解説 (ア) 縦軸に出来高比率をとり，横軸に日数をとって，工種ごとの工程を斜線で表したものはグラフ式工程表である.
(イ) 縦軸に部分工事をとり，横軸に各部分工事に必要な日数を棒線で記入したものは，バーチャートである.
(ウ) 縦軸に出来高比率をとり，横軸に工期をとって，工事全体の出来高比率の累計を曲線で表したものは出来高累計曲線である.

解答 (3)

問3 R2

⇒3 アローネットワーク工程表

ネットワーク工程表に関する記述として，適当でないものはどれか.

(1) アクティビティは，トータルフロートが0の作業の結合点を結んだ一連の経路である.
(2) フリーフロートは，作業を最早開始時刻で始めてから完了した後，後続作業を最早開始時刻で始めるまでの余裕日数である.
(3) ダミーは，実際に遂行しなければならない作業を表すものではなく，作業の相互関係を示すために使用される所要時間が0の矢線である.
(4) 先行作業でトータルフロートを消費すると，後続作業のトータルフロートは，その消費した日数分少なくなる.

解説 アクティビティは，作業をいう.

解答 (1)

第4章 品質管理

1 用語

重要度 ★☆☆

(1) 品質管理の基本用語

表4・1　品質管理の基本用語

用語	意味
品質管理	要求水準に達した製品を経済的に作り上げる手段の体系.
設計品質	製造の目標としてねらった品質. ねらいの品質.
製造品質	製品の実際の品質. 出来映えの品質.
保証品質	保証された水準をもつ品質.
使用品質	使用者が要求する品質.
品質水準	品質の良さの程度.
品質特性	品質評価の対象となる性質, 性能.
生産者危険	合格としたいある特定の良い品質の検査ロットが, 抜取検査で不合格となる確率(生産者にとって不安).
消費者危険	不合格としたいある品種の検査ロットが抜取検査で合格となる確率(消費者にとって不安).
標準	関係する人々の間で, 利益や便益が公正に得られるように統一, 単純化を図る目的で定めた取り決め.
誤差	測定値－真値
公差	許容最大値－許容最小値
許容差	基準値－限界値(許容最大値または許容最小値)
VE	Value Engineeringの略. 価値工学. 製品の機能や性能を落とすことなく, コストを押さえる手法.

(2) ISOの規格

ISO(国際標準化機構)は, 製品の品質や環境等の国際的な標準を定めたものである. **ISO9000シリーズ**は品質マネジメントに関するもので, その規格を日本産業規格(JIS)で日本語に翻訳し, 整合をとっている. 用語と意味は次のとおりである.

表4・2　ISO規格の用語

用　語	意　味
予防処置	**起こりうる不適合**又はその他の望ましくない起こり得る状況の原因を除去するための措置.
是正処置	**検出された不適合**又はその他の検出された望ましくない状況の原因を除去するための措置.
手直し	要求事項に適合させるための，**不適合製品にとる処置**.
再格付け	当初の要求とは異なる要求事項に適合するように，不適合製品の**等級を変更**すること.
継続的改善	要求事項を満たす能力を高めるために，**繰り返し**行われる活動.
特別採用	規程要求事項に適合していない製品の使用又は**リリースを認める**こと．リリースとは，プロセスの次の段階に進めること.
トレーサビリティ	考慮の対象となっているものの履歴，適用または所在を**追跡**出来ること.
レビュー	設定された目標を達成するための検討対象の適切性，妥当性及び**有効性を判定**するために行われる活動.
プロセス	**インプットをアウトプットに変換**する，相互に関連又は作用する一連の活動.
プロジェクト	**開始日及び終了日をもち**，調整され，管理された一連の活動からなり，時間，コスト及び資源の制約を含む特定の要求事項に適合する目標を達成するために実施される**特有のプロセス**.
特性	特徴付けている性質.
計量特性	測定結果に影響を与え得る特性.
品質	対象に本来備わっている特性の集まりが，要求事項を満たす程度.
品質特性	要求事項に関連する，対象に本来備わっている特性.

2　品質マネジメント

重要度 ★★

(1) 品質マネジメントの７原則

品質マネジメントの原則は，次の7項目をいう.

①顧客重視　②リーダーシップ　③人々の積極的参加
④プロセスアプローチ　⑤改善　⑥客観的事実に基づく意思決定
⑦関係性管理

(2) 建設工事における品質管理

工事における**品質管理**とは，契約図書に示された品質の工事目的物を**経済的**につくり出すための手段の体系である.

十分満足するような品質を実現するために，設計値は，ばらつきの度合いを考慮して**余裕を持った品質**を目標とする．目標とする品質を実現するために，どのような作業方法および作業順序で行うかを決め，各段階での作業で**具体的な管理方法や試験方法**を決める．

一般的な進め方は，工程管理同様，P（PLAN：計画）→　D（DO：実行）→　C（CHECK：評価）→　A（ACT：改善）である．

3　検査の種類

重要度 ★☆☆

（1）全数検査

全数検査は，すべてのものについて行う品質，性能等の検査をいう．次に該当する場合は，全数検査を行う．

①不良品の混入が，人身事故等**重大な損失をまねくおそれ**があるとき．

②品質水準に達しておらず，**不良品が多い**とき．

③安い検査費で**大きな成果**が得られるとき．

（2）抜取検査

抜取検査は，製品の中から**一定数を抜き取って行う検査**をいう．次に該当する場合は，抜取検査を行う．

①製品の数量が非常に多いとき．

②合格ロットの中にある程度の不良品が含まれても許容されるとき．

③連続体（電線，紙等）や嵩《かさ》物（石炭，石油等）のとき．

point

本来，全数検査が望ましいものでも，破壊検査となる場合は抜取検査とする．

4　品質管理の手法　重要度★★★

品質管理を効果的に行う主な道具（ツール）は次のとおりである.

(1) 管理図

データをプロットした点を直線で結んだ**折れ線グラフ**に，異常を知るための中心線や上方，下方管理限界線を記入したものをいう.

①異常な**バラツキの早期発見**が可能.

②**データの時間的変化**がわかる.

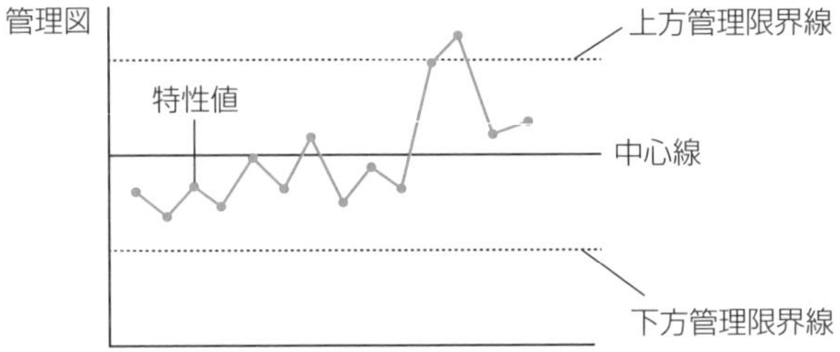

図4・1　管理図

point

管理状態（＝安定状態）にあるといえる条件は次のとおりである.

① 点がすべて上・下の管理限界線の中にあること.

② 点の並び方にくせがないこと.

(2) 特性要因図

特性（結果）と，それに影響を与える**要因（原因）**との関係を一目でわかるように，体系的に整理した図で，「**魚の骨**」と呼ばれている.

①要因同士の**結びつき**がわかる.

②**ブレーンストーミング**の形をとりやすい.

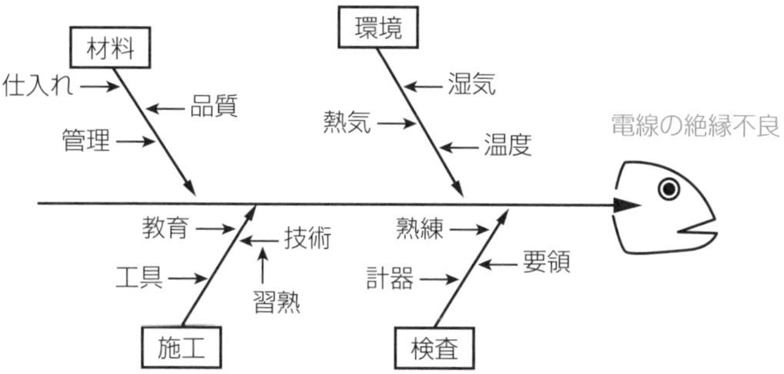

図4・2　特性要因図

(3) ヒストグラム

データをいくつかの区間に分け，その中の度数を縦軸にとった**柱状図**をいう．

①データの**分布状態**がわかる．

②規格や**標準値からのずれ**がわかる．

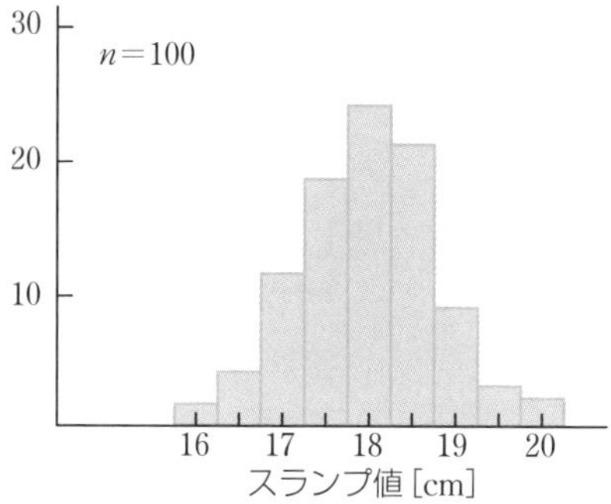

図4・3　ヒストグラム

(4) パレート図

不良品，故障等の発生個数を原因別に分類し，**大きい順に並べて**その大きさを**棒グラフ**とし，さらに順次累積した**折れ線グラフ**で表した図である．

①**不良項目の順位**がわかる．

②対策前，後のパレート図を比較し，効果を確認できる．

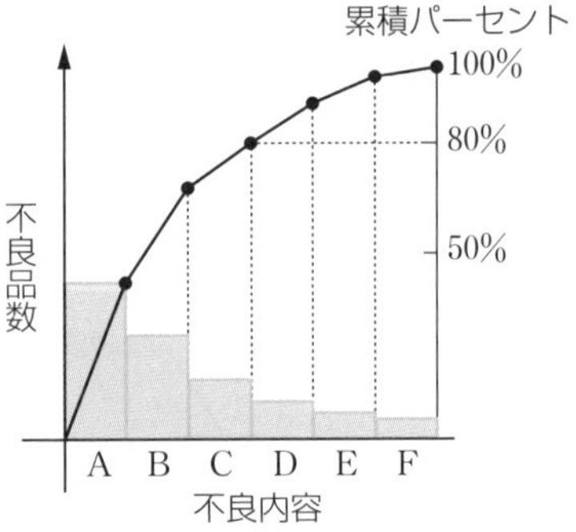

図4・4　パレート図

(5) 散布図

2つの対になったデータを縦軸と横軸にとり，点をグラフにプロットした図である．

①対応する2つのデータの関連性の有無がわかる．

②関連がある場合，片方のデータの処理対策がわかる．

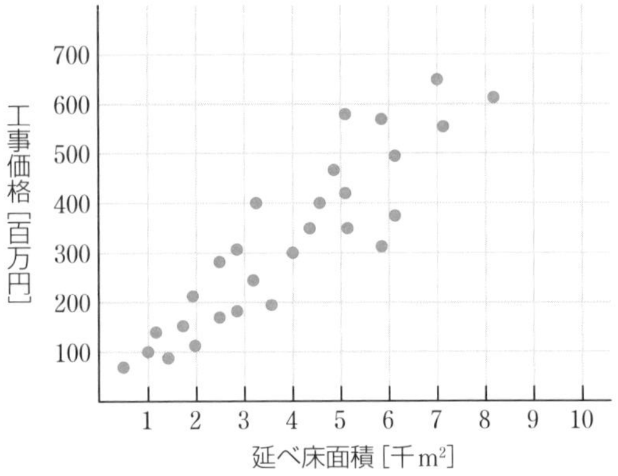

図4・5　散布図

5　施工後の試験と検査

重要度★★★

(1) 測定器

電気通信工事の完成検査で使用する測定器と使用目的は表のとおりである．

表4・3　測定器

測定器	使用目的
絶縁抵抗計	回路の絶縁状態の確認
接地抵抗計	接地抵抗値の測定
回路計（テスタ・デジタルマルチメータ）	低圧回路の電圧値の測定　ほか
検相器	三相動力回路の相順の確認
検電器	充電の有無の確認
クランプメータ	電流の測定
BER※1測定器・符号誤り率測定器	受信ビットとエラーのビットを計測
SWR※2計	伝送線路の定在波比測定
スペクトラムアナライザ	周波数成分の大きさの分布を調べる
オシロスコープ	電気信号の時間的変化を観測する
周波数カウンタ	交流信号の周波数測定
OTDR	光パルスの試験に使用される

※1 BER：Bit Error Ratio

※2 SWR：Standing Wave Ratio

(2) ツイストペアケーブルの試験

UTP，STPについては次の試験を行う．

［①伝搬遅延試験］

信号が一端から他端へ伝搬するために要する**時間を測定**する．

［②ワイヤマップ試験］

ツイストペアケーブルの各心線について，正しい対組み合わせ，対反転や対交差等，ケーブル両端の**接続状態を確認**する．

［③近端漏話減衰量試験］

2つの対間で，一方の対の送信信号が他の対に漏れて送端側に現れる漏れ信号を測定し，送信信号と漏れ信号の大きさの比から**影響度を判定**する．

［④挿入損失試験］

送信端に信号を入力し，受信端で信号の**減衰量を測定**する．

(3) 光ファイバの試験

［①OTDR法］

光ファイバの片端から光パルスを入射し，そのパルスが光ファイバ中で反射して返ってくる光の強度から**光損失を測定**する．

［②カットバック法］

被測定光ファイバを切断する必要があるが光損失を**精度良く測定**できる．

［③挿入損失法］

被測定光ファイバ及び両端に固定される端子に対して**非破壊**で光損失を測定できる．

［④ツインパルス法］

光ファイバに波長が異なる2つの光パルスを同時に入射し，光ファイバを伝搬した後の到達時間差により**波長分散**を測定する．

(4) 工場立会検査

工場立会検査は，発注者が，設計図書で要求される機器の品質・性能を満足していることを確認するために行う．

特注品の工場立会検査には，**基本的には現場代理人が立ち会い**，次のような方法で検査をする．

なお，**メーカの標準品**については，工場立会検査を実施しなくてもよい．

①検査員は，検査の実施に先立ち**関係者と協議**し，検査項目，検査方法及び判定基準を決定する．

②製作者が事前に行った社内検査の**試験成績書をもとに検査**を行ってよい．

③検査に使用する測定機器は，校正成績書等により**トレーサビリティ※がとれたもの**を使用する．

※トレーサビリティとは，測定機器の校正記録をいう．

④**検査員**は，指摘事項（手直し改善事項）がある場合は，改善個所，内容，手直し期日，確認の方法等を記載した**書類を作成する**．検査結果がすべて合格の場合には，検査記録に「指摘事項なし」等と記録する．

point

手直し期間については，工事全体工程を考慮して決定する．

過去問チャレンジ（章末問題）

問1　**R5**　➡2 品質マネジメント

建設工事の品質管理に関する記述として，適当でないものはどれか．

(1)　品質管理の一般的な手順では，初めに品質の目標を決め，工事を実施してデータをとり，そのデータから品質の目標を満足するよう品質特性を選定する．

(2)　設計値を十分満足するような品質を実現するために，ばらつきの度合いを考慮して余裕を持った品質を目標とする．

(3)　工事における品質管理とは，契約図書に示された品質の工事目的物を経済的につくり出すための手段の体系である．

(4)　目標とする品質を実現するために，どのような作業方法および作業順序で行うかを決め，各段階での作業で具体的な管理方法や試験方法を決める．

解説　品質管理の一般的な手順は，P（計画）→ D（実施）→ C（検討）→ A（処置）である．品質特性は，工事実施前に計画の段階で決めておく．

解答　(1)

問2　**R2**　➡3 検査の種類

製品の全数を検査し良品と不良品に分け，良品だけを合格とする方法である全数検査が有効な場合として，適当なものはどれか．

(1)　製品の破壊検査が必要な場合

(2)　製品の数量が非常に多い場合

(3)　わずかな不良品の混入も許されない場合

(4)　製品が連続体の場合

解説　(1)製品の破壊検査が必要な場合，(2)製品の数量が非常に多い場合，(4)製品が連続体の場合は，抜取検査が適する．

解答　(3)

問3　R3 ➡4 品質管理の手法

品質管理で使用される「特性要因図」に関する記述として，適当なものはどれか.

(1) データの存在する範囲をいくつかの区間に分け，それぞれの区間に入るデータの数を度数として高さに表した図である.

(2) 不良，クレーム，故障，事故などの問題の解決にあたり，原因別，結果別に分類し，大きい順に並べ，棒グラフと累計曲線で表した図である.

(3) 問題とする特性と，それに影響を及ぼしていると思われる要因との関連を整理して，魚の骨のような図に体系的にまとめたものである.

(4) 2つの対になったデータをグラフ用紙の上に点で表した図であり，対になったデータの関係がわかる.

解説　(1)はヒストグラムの説明である.(2)はパレート図の説明である.(4)は散布図の説明である.

解答　(3)

問4　R4 ➡5 施工後の試験と検査

ツイストペアケーブルの測定試験項目である挿入損失に関する記述として，適当でないものはどれか.

(1) 挿入損失は，ツイストペアケーブルが長くなるほど大きくなる.

(2) 挿入損失は，送信信号レベルと反射信号レベルの比をデシベルで表したものである.

(3) 挿入損失は，ツイストペアケーブルの温度が高くなるほど大きくなる.

(4) 挿入損失は，電気信号の周波数が高くなるほど大きくなる.

解説　挿入損失は，送信信号レベルと受信信号レベルの比をデシベルで表したものである.(2)は反射減衰量の記述である.

解答　(2)

第5章

安全管理

1　安全衛生活動

重要度★★☆

全産業のうち，建設業の労働人口は1割に満たないが，労働災害による死亡者数は約1/3を占める．このうち，**高所作業による墜落災害**が最も多く，他に建設機械，クレーン等による事故，建設材料等の落下事故等がある．

これらの事故を防止するため，**安全管理が重要**となる．

(1) 安全の用語

[①安全施工サイクル]

安全朝礼から始まり，安全ミーティング，安全巡回，工程打合せ，片付けまでの**1日の活動サイクル**のことをいう．

[②リスクアセスメント]

現場に潜在する危険性又は有害性を洗い出し，それによるリスクを見積もり，その**大きいものから優先してリスクを除去，低減**する手法をいう．

[③OJT]

On The Job Trainingの略．訓練センター等での訓練でなく，日常の職場内での教育をいう．

[④全員リーダー制度]

グループの全員が何らかの役割を分担し，その役割についてリーダーとしての自覚と責任を持たせ，他人に頼りがちな精神をなくす．

[⑤指差呼称]

対象を指で差し，声に出して確認する行動のことをいう．

[⑥重大災害]

一度に3人以上の労働者が業務上死傷した災害をいう．事業者は，重大災害として，**労働基準監督署**に速やかに報告しなければならない．

(2) 安全衛生の活動

[①ヒヤリ・ハット運動]

建設現場で怪我にならずにすんだが，ひやりとした，はっとしたことを取り上げて，その原因を取り除く活動をいう．

また，**ハインリッヒの法則**によれば，1人の重傷災害が発生する陰には，29人の軽傷災害があり，さらに表に出ない300の**潜在災害**がある．

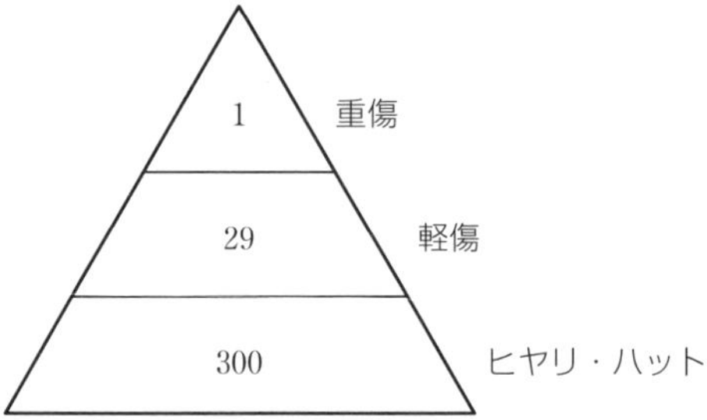

図5・1　ハインリッヒの法則

[②オアシス運動]

「オハヨウ」，「アリガトウ」，「シツレイシマス」，「スミマセン」の頭文字をとって名付けられた．声掛けをし，**コミュニケーションを図る**ことによって，現場の安全活動に役立てる運動をいう．

[③TBM（ツール・ボックス・ミーディング）：Tool Box Meeting]

作業開始前の短い時間を使って，道具箱（ツールボックス）のそばに集まった仕事仲間が，**安全作業について話し合い**（ミーティング）をすることをいう．アメリカの風習を取り入れたもので，安全常会ともいう．

[④KYTとKYK]

- KYT＝危険予知トレーニング.
- KYK＝危険予知活動.

職場や**作業の中にひそむ危険要因**や，自ら作り出そうとしている危険要因を，イラストや実際に作業をして見せながら，職場小集団で話し合う安全についての訓練がKYT，それを作業に活かすのがKYKである．

[⑤4S運動]

安全の基本となる，**「整理」**，**「整頓」**，**「清潔」**，**「清掃」**の頭文字をとったものである．作業場所を常にこの4つの状態に保ち，快適で安全な職場環境を作る活動をいう．

2　安全衛生教育

重要度★★★

(1) 雇い入れ時の教育

事業者は，次の場合，当該労働者に**安全衛生教育**を行わなければならない．

①労働者を**雇い入れ**たとき

②労働者の**作業内容を変更**したとき

③**有害な業務**につかせるとき

危険または有害な業務に就かせるときは，**特別の教育**を行う．また，**雇い入れ時の教育内容**は次のとおりである．

- 作業開始時の**点検**に関すること．
- **作業手順**に関すること．
- **整理，整頓**および**清潔の保持**に関すること．
- 事故時等における**応急措置及び退避**に関すること．

(2) 職長教育

事業者は，新たに職務に就く**職長に対し**，次の安全衛生教育を行わなければならない．

①作業方法の決定及び**労働者の配置**に関すること．

②労働者に対する**指導又は監督**の方法に関すること．

③**異常時等における措置**に関すること．

point

災害補償，福利厚生，就業規則の作成等の教育はない．

3　作業の安全

重要度★★★

(1) 停電作業

作業開始前に指揮者は，作業員に**停電作業の方法を周知**させ，危険予知活動を行う．準備作業の留意点は次のとおりである．

①電気機械器具の操作部分は，操作の際に，感電の危険を防止するため，必要な**照度を保持**する．

②移動電線に接続する手持型の電灯は，感電の危険を防止するため**ガード付き**とする．

③仮設の配線を通路面で使用する場合，配線の上を車両等が通過することによる**絶縁被覆の損傷のおそれのない状態**で敷設する．

④作業中に感電のおそれのある電気機械器具に，感電注意の表示をしても，その充電部分の感電を防止するための囲い及び絶縁覆いを省略しない．

⑤電気室は電気取扱者以外の者の立入りを禁止すれば，充電部分の感電を防止するための囲い及び絶縁覆いを省略してよい．

●手順

①電路が**無負荷**であることを確認したのち，高圧の電路の**断路器**を開路する．

②開路した電路に電力コンデンサが接続されている場合，**残留電荷を放電する**．

③開路した高圧電路の**短絡接地を施す**．

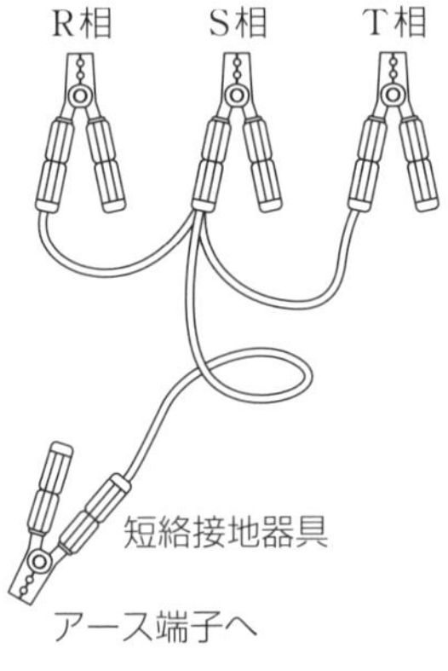

図5・2　短絡接地器具

④開路した開閉器に通電禁止の表示をする※.

※表示をすれば監視人の配置を省略できる.

> **point**
> 検電器具で停電を確認しても，高圧電路の短絡接地は省略しない.

(2) 充電電路に近接する作業

架空電線の充電電路に近接する場所で，工作物の建設の作業に従事する労働者の感電防止のための措置として次のものがある.

①当該充電**電路を移設**すること.

②感電の危険を防止するための**囲いを設ける**こと.

③当該充電電路に**絶縁用防護具**を装着すること.

④上記①～③の措置を講ずることが著しく困難なときは，**監視人**を置き，作業を監視させる.

(3) 高所作業

高さ2m以上の高所作業においては次の点に留意する.

①**作業床**を設ける．**幅は40cm以上**とし，床材の**隙間は3cm以下**とする．ただし，**つり足場**，張出し足場では，作業床に**隙間がない**ようにする.

> **ごろあわせ** 愉快 が 始終 好きさ
> 床　40cm　すき間3cm

②床材と**建地《たてじ》**※との**隙間は12cm未満**とする.

※建地とは，足場で使用される垂直材（柱）をいう.

③床材は，転移，脱落しないように，2以上の支持物に取り付ける※.

※吊り足場を除く.

④作業床の**手すりの高さは85cm以上**とし，中間部に**中さん**を設ける.

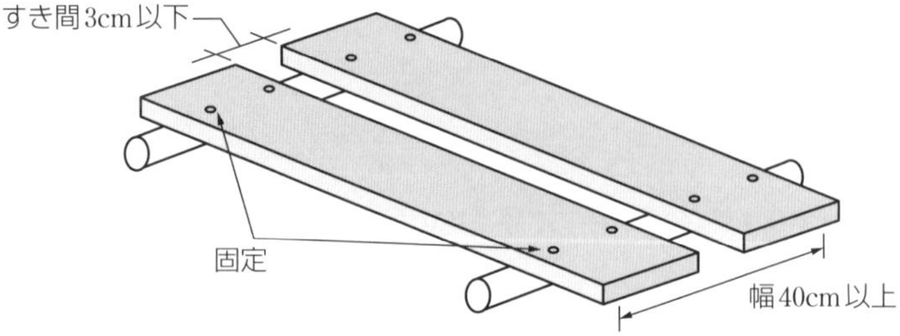

図5・3　作業床

ごろあわせ　その高さの手すりは 発光手すり

85cm

⑤安全に作業を行うことができる**照度を確保**する.

⑥**墜落制止用器具**を安全に取り付けるための設備等を設ける.

⑦強風，大雨，大雪等**悪天候**により危険が予想される時は**作業を中止**する.

point

強風，大雨，大雪等の悪天候により危険が予想される時は，要求性能墜落制止用器具を取り付けても不可である.

(4) クレーン作業

事業者は，**移動式クレーン**の作業を行わせる場合，あらかじめ，作業場所の広さ，地形及び地質の状態，荷の重量，移動式クレーンの種類及び能力等を考慮し，次の事項を定める.

①移動式クレーンによる**作業の方法**

②移動式クレーンの**転倒を防止**するための方法

③移動式クレーンによる作業に係る労働者の**配置及び指揮の系統**

また，おもな禁止事項は次のとおりである.

- 荷を吊り上げるときは，外れ止め装置を用い，**吊り荷の下に労働者を立ち入らせない**.

- 荷を吊った状態のまま運転席から降りない．
- クレーンの定格荷重をこえる荷重をかけて作業を行わない．

条件付きで次の作業は行うことができる．

- 狭あいな現場のため移動式クレーンの**アウトリガー**※を最大限張り出すことができない場合は，クレーンにかかる荷重がアウトリガーの張り出し幅に応じた定格荷重を確実に下回ることを確認して作業を行う．
  ※アウトリガーとは，建設機械の転倒を防止するため，車両から張り出して地面に対して突っ張る装置である．
- 作業の性質上やむを得ないため移動式クレーンのつり具に専用のとう乗設備を設け，作業者を乗せて作業を行う．

(5) 玉掛け作業

巻上げの際，ワイヤロープが十分張ったときに**一度停め**，吊り荷のバランス等の安全を確かめる．

玉掛け用ワイヤロープの留意点は次のとおりである．

①玉掛け用ワイヤロープは，**フック**や両端に**アイ**（輪）を備えているものを使用する．

②クレーンのフック部で，玉掛け用**ワイヤロープが重ならない**ようにする．

③使用する日の**作業前**に，玉掛け用ワイヤロープの異常の有無について点検する．

④ワイヤロープが**キンク**（よじれ）しているものは使用しない．

(6) 酸素欠乏危険作業

酸素欠乏とは，空気中の酸素濃度が**18%未満**の状態をいう．なお，空気中には約21%の酸素があるので，作業環境としては，極力，この数値に近づけるようにする．

酸素濃度が低い場所での作業の留意点は次のとおりである．

①酸素欠乏危険場所における作業では，事業者は**酸素欠乏危険作業主任者**を選任する．

②酸素欠乏のおそれがないことを確認するまでの間，その場所に特に指名

した者以外の者が**立ち入ることを禁止**し，かつ，その旨を見やすい箇所に表示する．

③酸素欠乏危険場所における空気中の**酸素濃度測定は，作業開始前**に行う．

④酸素欠乏危険作業を行う場所において酸素欠乏のおそれが生じたときは，直ちに**作業を中止**し，労働者をその場所から**退避**させなければならない．

point

地下に設置されたマンホール内での通信ケーブル敷設作業は，酸素欠乏危険場所に該当する．

4 安全設備

重要度★★★

（1）昇降設備

高さまたは深さが**1.5mをこえる箇所**で作業を行うときは，安全に昇降するための設備を設ける．

ごろあわせ

人ごみは昇降が大変

1.5m　昇降

（2）投下設備

3m以上の高さから物体を投下するときには，**投下設備**を設け，**監視人**を置く等の措置を講じる．

ごろあわせ

落下傘《らっかさん》

落下 3m

(3) 架設通路

①通路面から高さが**1.8m以内**に障害物を置かない.

ごろあわせ **頭ぶつけるといてーや**

1.8m

②**架設通路**の勾配は，原則として**30°以下**とする．ただし，階段を設けたもの，または，高さが2m未満で丈夫な手掛けを設けたものは除く.

③勾配が**15°を超える**ものには，**踏**《ふみ》**さん**その他の**滑り止め**を設ける.

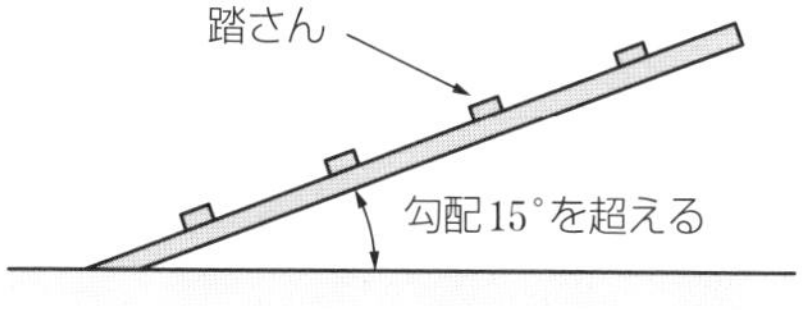

図5・4　架設通路

ごろあわせ **されば フミさん 行こう**

30　踏さん　15

④**高さ8m以上**の登りさん橋には**7m以内ごとに踊場**を設ける.

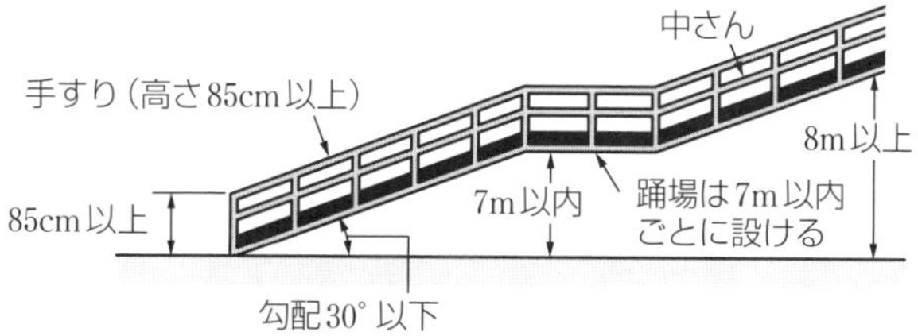

図5・5　登りさん橋

ごろあわせ **やめろ なめ た踊り**

8m　7m

(4) 脚立

①脚立と水平面との角度は，75°以下とする．

②折りたたみ式のものは，角度を保つための金具を備える．

③脚立の天板に立ってはいけない．

④吊り足場の上で脚立を用いない．

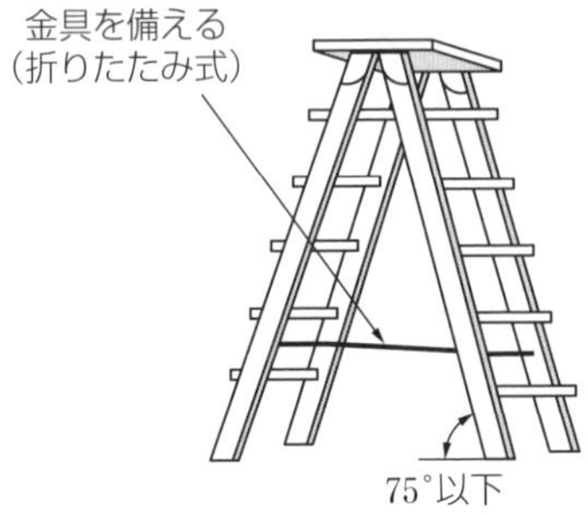

図5・6　脚立

ごろあわせ
際立つ仲人
脚立　75度

(5) 移動はしご

①移動はしごは，幅を30cm以上とし，滑り止め装置を設ける．

②はしごを立て掛ける場合，先端は60cm以上突き出す．

図5・7　移動はしご

(6) 歩《あゆ》み板

歩み板とは，仮設用の通路や作業床に架け渡す道板のことをいう．

踏み抜きの危険がある屋根の上で作業を行うため，幅が30cm以上必要である．

point

移動はしごも歩み板も幅30cm以上必要である.

(7) 移動式足場

移動式足場はローリングタワーともいい，設置に関して次の留意点がある.

①作業床は**すき間が3cm以下**となるように敷き並べて固定する.

②作業床の周囲には，床面より**90cm以上の高さに手すり**を設け，中さんと幅木を取り付ける.

③作業床上では，**脚立の使用を禁止**する.

④作業員が**乗ったまま足場を移動させない**.

⑤枠組構造部の外側空間を昇降路とするローリングタワーでは，同一面より同時に2人以上昇降させない.

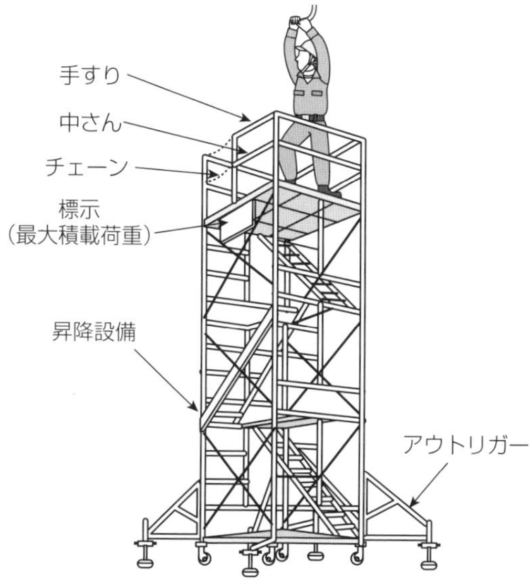

図5・8　ローリングタワー

point

一般の手すりの高さは85cm以上であるが，ローリングタワーは90cm以上である.

point

要求性能墜落制止用器具を使用しても，乗ったままの移動は不可である.

(8) 高所作業車

事業者は，**高所作業車**を用いて作業を行うときは，次の点に留意する.

①転倒又は転落による危険を防止するため，**アウトリガーを張り出す**.

②作業前に，制動装置，操作装置及び作業装置の**機能について点検**を行う.

③**積載荷重**その他の能力を超えて使用しない.

④乗車席及び作業床以外の箇所に労働者を乗せない.

5 計画の届け出等

重要度★★★

次のものは，**労働基準監督署長あて**の届け出が必要である.

表5・1 計画届と設置届

届け出	規 模	提出期限
建設工事計画届	高さ**31m を超える**建築物，工作物の建設や解体.	工事開始の14日前まで
	掘削の深さが**10m 以上**となる地山の掘削.	
建築物・機械等設置届	高さ10m以上の足場で**60日以上**設置するもの.	工事開始の30日前まで
	つり足場，張出し足場で**60日以上**設置するもの※.	

※高さに無関係.

過去問チャレンジ（章末問題）

問1 R4 ➡2 安全衛生教育

建設業を営む事業者が，新たに職務につくこととなった職長に対して行う安全又は衛生のための教育の内容に関する記述として，「労働安全衛生法令」上，誤っているものはどれか．

(1) 作業方法の決定及び労働者の配置に関すること．
(2) 異常時等における措置に関すること．
(3) 現場監督者として行うべき災害補償に関すること．
(4) 労働者に対する指導又は監督の方法に関すること．

解説 災害補償に関することは教育事項にない．

解答 (3)

問2 R4 ➡5 計画の届け出等

工事開始前に労働基準監督署長に対して計画の届出が必要なものとして，「労働安全衛生法令」上，誤っているものはどれか．

(1) 組立から解体までの期間が80日間で，高さ20 m，長さ10 mの架設通路を設置する場合．
(2) 高さ30 mの工作物（橋りょうを除く．）の建設の仕事を開始しようとする場合．
(3) 組立から解体までの期間が90日間で，つり足場を設置する場合．
(4) 組立から解体までの期間が70日間で，高さが10 mの構造の足場を設置する場合．

解説 高さ31 mを超える建築物や工作物（橋りょうを除く．）の建設の仕事を開始しようとする場合に計画の届け出が必要となる．

解答 (2)

問3　R3　➡4 安全設備

移動式足場の安全確保に関する記述として，「労働安全衛生法令」上，誤っているものはどれか．

(1)　わく組構造部の外側空間を昇降路とする構造の移動式足場では，同一面より同時に2名以上の者が昇降しないようにする．
(2)　凹凸が著しい場所で移動式足場を使用するときは，ジャッキにより作業床の水平を保持する．
(3)　移動式足場の上では，移動はしごや脚立を使用しない．
(4)　労働者を乗せた状態で移動式足場を移動させる．

解説　労働者を乗せた状態で移動式足場を移動させることはできない．

解答　(4)

問4　R4　➡4 安全設備

飛来・落下防止対策に関する記述として，「労働安全衛生法令」上，誤っているものはどれか．

(1)　作業のため物体が落下することにより労働者に危険を及ぼすおそれがあるため，防網の設備を設け立入区域を設定する．
(2)　他の労働者がその上方で作業を行っているところで作業を行うときは，物体の飛来又は落下による労働者の危険を防止するため，労働者に保護帽を着用させる．
(3)　作業のため物体が飛来することにより労働者に危険を及ぼすおそれがあるため，飛来防止の設備を設け労働者に保護具を使用させる．
(4)　2 mの高所から物体を投下するときは，投下設備を設け，監視人を置かなければならない．

解説　3 m以上の高所から物体を投下するときは，投下設備を設け，監視人を置かなければならない．

解答　(4)

第6章

能力問題

「基礎的な能力」という位置付けである．多少，出題形式が他の問題と異なるが，内容は「施工管理法」の過去問題と同じといってよい．従って，1章～5章の施工管理法を十分理解していただきたい．

1　施工管理者の業務　重要度★★★

(1) 工事監理・施工管理

工事監理者とは，設計図書に合致する工事が工期内に精度良く，かつ，安全に完成するよう**受注者を指導監督する立場**の者である．たとえば，公共工事における，監督員（監督職員）等をいう．

一方，施工管理者とは，受注した工事の**施工計画を立て**，それに基づき工程管理，品質管理，安全管理等を行い，施工に従事する者を**指導する立場**の者をいう．法的資格要件を必要とする**主任技術者**，**監理技術者**のほか，**現場代理人**をいう．

(2) 監督員等

監理者（監督員）は発注者として，次のことに留意して現場を監理する．

①工事現場の**安全**を確保する．

②**検査基準**，**法令**等を十分理解する．

③工事現場の状況を熟知し，工事が**完全に施工**されるよう努める．

④受注者（現場代理人）と定例打合せ等を行い，施工管理に必要な事項を**事前に把握**し，**早期に対策を指示**する．

⑤指示は**文書**で行い，指示事項の**徹底**，**確認を図る**．

(3) 現場代理人

現場代理人は，受注者（代表取締役社長）の代理人として，権限の一部を委譲され，**現場を管理**する．

①公共工事では原則として現場に常駐する（常駐が課されない場合もある）．

②主任技術者，監理技術者，専門技術者を**兼ねることができる**（資格要件を満たしていれば，という条件付き）．

③受注者が現場代理人をおく場合は，**発注者に通知**する（一方，発注者が監督員をおく場合，受注者に通知する）．

point

発注者と受注者は互いに通知し合う．

(4) 業務と環境

現場代理人の職務は，次のように多岐にわたっている．

①工事写真撮影　②材料手配

③資材搬入立会い，確認　④作業員手配，指示

⑤工程管理，巡回　⑥新人研修

⑦安全管理　⑧朝礼

⑨工程会議　⑩他業種との打ち合わせ，調整

⑪監督員，発注者との連絡，調整　⑫施設管理者との調整

⑬関係機関との協議　⑭施工図作成

⑮各種提出書類作成　⑯検査立会い

⑰原価管理　ほか

対人環境は図のとおりである．

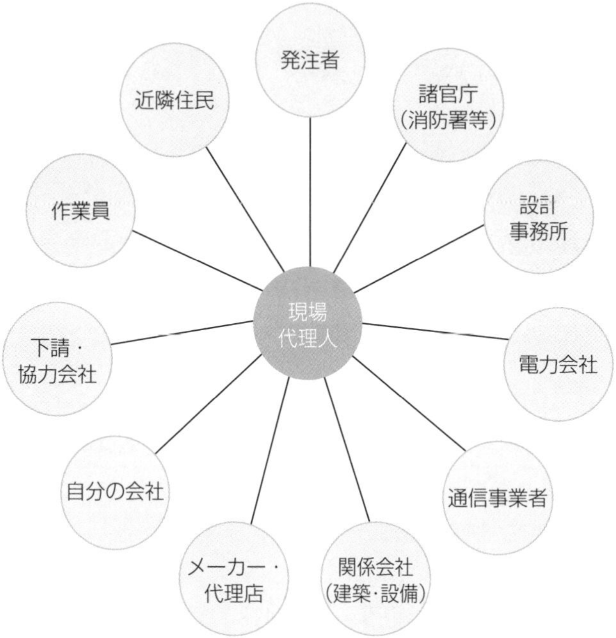

図6・1　現場代理人の対人環境

(5) 下請け会社との関係

①下請けや協力会社とは，日頃から**信頼関係**を築いておく．

②作業員は自社，他社を含め，**統一的な施工**※を指導する．

　※職人によるばらつきのない，均一な品質とする．

③下請けに**任せきりにしない**．

(6) 近隣住民との関係

①工事説明会が必要な場合は，**工事着工前**に開く．

②騒音対応等，**住民感情**を害さないようにする．

③クレームがあればすぐに現場に行き**話を聞く**．対応策は後でもよい．

2 施工管理の技術

重要度★★★

(1) 施工計画

[施工計画書]

施工計画書とは，契約事項や発注者の要求を，どういう計画で工事を行うかを書類にしたものである．

具体的には，次の2種類がある．

①**総合施工計画書**　②**工種別施工計画書**

※①を作成してから②を作成する．

(2) 作成手順

作成に当たり，まず，**事前調査**を行う．事前調査は，**契約条件の確認**と**現場条件の調査**が主な内容である．

①設計図書（図面，仕様書）に目を通す．→ **契約条件の確認**である．

- 公共工事では，現場説明書，質問回答書も設計図書に含まれるので注意する．

②現地調査を行う．→ **現場条件の調査**である．

③現場に即した施工計画書をつくる．**計画案は複数**あるとよい．

- **仮設計画**は，仮囲い，仮設事務所，足場，資材置き場等の計画である．
- **資材計画**は，使用する資材の搬入方法，保管方法等に関する計画である．
- **工程計画**は，工事が予定した期間内に完成するために，工事全体がムダなく円滑に進むように計画する．
- **機械計画**は，工事を実施するために最も適した機械の使用計画をたてる．
- **労務計画**は，作業計画に基づいて，各作業に必要な人員を準備・計画する．
- **品質管理計画**は，設計図書に示された品質水準を満たすための計画である．
- **原価管理計画**は，工事代金の収入と支出の関係について，資金の調達や利益金の把握する計画である．
- **環境管理計画**は，工事に伴って発生する公害問題や近隣環境への影響を最小限に抑えるための計画である．

(3) 留意事項

①過去の実績や経験のみで施工計画を作成するのではなく，**新工法や新技術も取り入れて**検討する．

②**複数の案**を立て，その中から選定する．

③個人の考えや技術水準だけで計画せず，企業内の関係組織を活用して，**全社的な技術水準**で検討する．

④発注者から示された工程に関わらず，経済性や安全性，品質の確保の検討を行う．

point

現場の直接の担当者だけでなく，全社的に複数の計画案を検討する．

(4) 下請けの選定基準

次のものを**総合的に勘案**して，優良な下請け会社を選定する．

①施工能力　②見積り金額

③対応力　④法令遵守（**コンプライアンス**）

⑤労務管理　⑥取引状況

⑦経営状況　⑧建設業許可の有無　ほか

【例】下請け採点表を作る．

たとえば，上の①～⑥までを重視してチェック表を作る．（5点満点）

表6・1　採点表の作成例

会社名	A	B	C
①	5	3	5
②	3	5	3
③	4	2	1
④	2	4	5
⑤	3	3	4
⑥	4	3	4
総合点	21	20	22

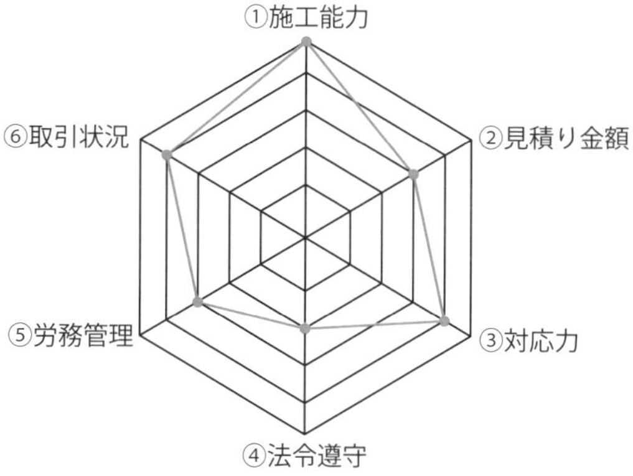

図6・2　レーダーチャート（A社）

point

下請けは複数社の中から，受注工事の個別的条件を加味して決定する.

3　工程管理

重要度★★★

(1) 3ムを無くす

①それぞれの作業には適した人数がある．**ムリ，ムダ，ムラをなくす**．この3つを3ムという.

②労働力の**平準化**をする．平準化とは，同種の作業を行う場合，1日に投入する労働者の人数がほぼ同じとなるよう平均化することをいう.

③1日の作業量は，次の式で決定される.

1日の作業量≧全作業量/作業可能日数

(2) 生産性を高める最適な人数

作業にはそれぞれ，生産性を高める**最適な人数がある**.

作業分担したほうが生産性は高く，**コストを削減**できる.

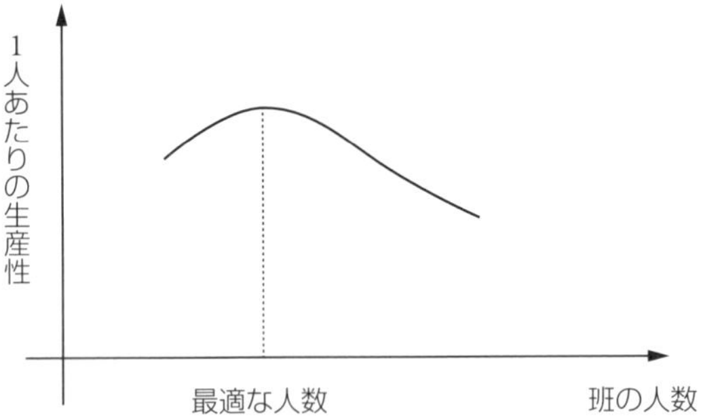

図6・3　最適な人数

4 品質管理

重要度★★★

(1) 建設現場における品質管理

[①現場に即した施工]

施工図や施工要領書どおりに施工できるか.

- 現場状況から見て，施工が困難　→　修正する.
- 施工はできるが，発注者を満足させる品質が確保できない　→　修正する.

[②施工図，施工要領書を周知]

- 基幹技能者，職長，職人等に対し，説明の場を設ける.
- 技術指導を行う.

[③施工写真を撮る]

- 特に施工個所が隠れてしまい，後で確認が困難となる**不可視部分**.
- **仮設，安全管理のミーティング風景等**，完成時に確認できないもの.
- **写真撮影担当者を決めておく**．工事全体のストーリーがわかる人がよい．手の空いている人に頼むのは統一性がなくなるのでやめる.

[④ 社内検査基準との照合]

会社で定めた**評価基準**をもとに適否を判定する．建築基準法等法令を遵守することは前提である.

[⑤測定計器類の校正]

定期的に専門機関で校正してもらう．**トレーサビリティ**（校正履歴）をとる.

[⑥資機材の保管，養生]

使用資機材の性能を損ねることなく，**適切に養生して保管**する.

point

施工要領書を手渡すだけではだめ.

(2) 品質管理における現場代理人の役割

①仕事の手順を**文書で示す**（施工計画書，施工図，施工要領書等の作成）

②その通りに施工する（工程管理）

③実施の状況を**記録する**（工事日報，打合せ記録，検査記録，工事写真等）

④**記録の整理**（データとして保存，CDR，プリントアウト）

(3) 工場検査

①原則として，現場代理人が立ち会うが，都合のつかないときは，現場代理人が立会者※（検査員）を指名して，その者に立ち会わせる．必ずしも現場代理人が立ち会わなければならないものではない．

※工場検査に精通している者が良い．

②経験の浅い場合は，社内の経験者を同行させることが望ましい．

③教育の観点から，施工管理経験の浅い人を，連れて行くとよい．

④検査の結果，指摘事項がなくても，「指摘事項なし」と明記して**書類で残す**．

⑤**検査風景**を写真で残す．

5 安全管理

重要度★★★

(1) 安全管理とは

①建設工事による**災害を防止**し，安全を確保する．

②危険因子を取り除き，**安全性を高める**．

(2) 労働災害の原因

次の要因で，**労働災害**が発生するおそれが高くなる．

［① 物的要因］

作業設備の不備や**作業環境が劣悪**であるとき．

［②人的要因］

経験不足，不注意等．また，特に次のケースは要注意．

- **今までと違う作業**をするときや**緊急な割り込み作業**をするとき．

過去問チャレンジ（章末問題）

本章（第6章）の問題は，第1章～第5章を含めた，総合的な能力問題として出題されている．

問1　R3　➡2 施工管理の技術

建設工事における法令に基づく申請書等とその提出先に関する記述として，次の①～④のうち適当なもののみを全て挙げているものはどれか．

①つり足場を90日間設置するため，機械等設置届を所轄労働基準監督署長に届け出る．
②騒音規制法の指定地域内で，特定建設作業を伴う建設工事を施工するため，特定建設作業実施届出書を市町村長に届け出る．
③道路において工事を行うため，道路使用許可申請書を道路管理者に提出して許可を受ける．
④限度超過車両（特殊車両）による建設機械の運搬のため，特殊車両通行許可申請書を所轄警察署長に提出して許可を受ける．

(1)　①②
(2)　①③
(3)　②④
(4)　③④

解説　③－道路使用許可申請書は，所轄の警察署長に提出して許可を受ける．④－特殊車両通行許可申請書は，道路管理者に提出して許可を受ける．

解答　(1)

問2　R4　➡3 工程管理

ガントチャートに関する記述として，次の①～④のうち適当なもののみを全て挙げているものはどれか．

①縦軸に部分工事をとり，横軸に各部分工事の出来高比率を棒線で記入した図表である.
②工期に影響を与える重点管理工程がわからない.
③各部分工事の所要日数がわかりやすい.
④各部分工事の進捗状況がわからない.

(1) ①②
(2) ①④
(3) ②③
(4) ③④

解説 ③－各部分工事の所要日数はわからない.
④－各部分工事の進捗状況はわかる.

解答 (1)

問3 R3

➡5 安全管理

電気による危険の防止に関する記述として，次の①～④のうち「労働安全衛生法令」上，正しいもののみを全て挙げているものはどれか.

①停電作業の終了後の通電にあたっては，当該作業に従事する労働者に感電の危険のないこと及び短絡接地器具を取りはずしたことを確認してから行う.
②架空電線の充電電路に近接する場所で建物の修理の作業を行うにあたり，当該作業に従事する労働者が作業中に感電のおそれがあるため，作業場所に注意看板を設置して作業を行う.
③分電盤の電路を開路し，その電路の点検作業を行う場合，開路した開閉器に「通電禁止」の表示をする.
④電気機械器具の充電部分に設けた感電を防止するための囲いは，1年に1回その損傷の有無を点検し，異常を認めたときは，直ちに補修する.

(1) ①②
(2) ①③
(3) ②④

(4)　③④

解説 ②－架空電線の充電電路に近接する場所で作業を行う場合は，注意看板の設置だけでは不可である.

④－電気機械器具の充電部分に設けた感電を防止するための囲いは，1ヶ月に1回その損傷の有無を点検し，異常を認めたときは，直ちに補修する.

解答　(2)

問4　R4

➡5 安全管理

酸素欠乏危険作業に関する記述として，次の①～④のうち「労働安全衛生法令」上，正しいものののみを全て挙げているものはどれか.

①酸素欠乏危険場所における空気中の酸素濃度測定は，午前，午後の各1回測定しなければならない.

②作業を行うにあたり，当該現場で行う特別の教育を受けた者のうちから，酸素欠乏危険作業主任者を選任する.

③地下に埋設されたケーブルを収容するマンホール内部での作業は，酸素欠乏危険作業である.

④空気中の酸素の濃度が18 %未満の状態は，酸素欠乏である.

(1)　①②

(2)　①③

(3)　②④

(4)　③④

解説 ①－酸素欠乏危険場所における空気中の酸素濃度測定は，作業開始前に測定する.

②－特別の教育を受けた者ではなく，技能講習を修了したもののうちから，酸素欠乏危険作業主任者を選任する.

解答　(4)

〈著者略歴〉

関 根 康 明 （せきね　やすあき）

電気通信大学卒業後，事務所ビル，学校，公園等の設計，現場監理，高等技術専門校指導員等を経て，現在，一級建築士事務所 SEEDO（SEkine Engineering Design Office）代表．株式会社 SEEDO 代表取締役．全国各地への出張講習やリモート講習にて，国家資格取得の支援を行っている．取得している主な国家資格は，1 級電気工事施工管理技士，1 級管工事施工管理技士，1 級建築施工管理技士，1 級建築士，建築設備士，建築物環境衛生管理技術者等．
著書は，『ポケット版 ビル管理試験一問一答出る問 2000』（オーム社）など，30 冊を超える．
SEEDO ホームページ：seedo.jp

これだけマスター
1 級電気通信工事施工管理技士　第一次検定

2024 年 5 月 25 日　　第 1 版第 1 刷発行

著　　者　関 根 康 明
発 行 者　村 上 和 夫
発 行 所　株式会社 オーム社
郵便番号　101-8460
東京都千代田区神田錦町 3-1
電話　03(3233)0641(代表)
URL　https://www.ohmsha.co.jp/

組版　BUCH$^+$　　印刷・製本　三美印刷
ISBN978-4-274-23190-2　Printed in Japan